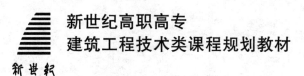

新世纪高职高专
建筑工程技术类课程规划教材

建筑工程计量与计价
学习指导与实训

第二版

新世纪高职高专教材编审委员会 组编

主 编 黄伟典 张玉敏

副主编 王艳艳 杨会芹

张 琪 靳合波

U0245114

大连理工大学出版社

图书在版编目(CIP)数据

建筑工程计量与计价学习指导与实训／黄伟典,张玉敏主编. －－2版. －大连：大连理工大学出版社,2021.1(2022.4重印)

新世纪高职高专建筑工程技术类课程规划教材

ISBN 978-7-5685-2772-9

Ⅰ.①建… Ⅱ.①黄… ②张… Ⅲ.①建筑工程－计量－高等职业教育－教学参考资料②建筑造价－高等职业教育－教学参考资料 Ⅳ.①TU723.3

中国版本图书馆 CIP 数据核字(2020)第 235880 号

大连理工大学出版社出版

地址:大连市软件园路 80 号　邮政编码:116023
发行:0411-84708842　邮购:0411-84708943　传真:0411-84701466
E-mail:dutp@dutp.cn　URL:http://dutp.dlut.edu.cn
大连图腾彩色印刷有限公司印刷　　大连理工大学出版社发行

幅面尺寸:185mm×260mm	印张:17.5	字数:403 千字
2014 年 9 月第 1 版		2021 年 1 月第 2 版
2022 年 4 月第 2 次印刷		

责任编辑:康云霞　　　　　　　　　　　　　责任校对:吴媛媛

封面设计:张　莹

ISBN 978-7-5685-2772-9　　　　　　　　　定　价:46.80 元

前　言

　　《建筑工程计量与计价学习指导与实训》(第二版)是新世纪高职高专教材编审委员会组编的建筑工程技术类课程规划教材之一。

　　本书根据"建筑工程计量与计价"教学大纲要求,按照《建筑工程计量与计价》(第二版)(大连理工大学出版社出版)教材内容的结构体系,参考近年来造价师、造价员、预算员考试内容,结合多年的教学、培训和造价工作经验体会,浓缩教材精华,剖析重点和难点,汇集考试内容,用试题案例的形式,融"教、学、做、考、练"为一体,符合职业教育的特点,容易理解,便于开展案例教学。

　　本书遵循工程造价教学实训和职业考试的特点,在做到内容全面、新颖的同时,力求理论联系实际,加强基础知识、基本技能的训练,强化实际操作,注重计算案例练习,增加实训和考试环节,增强教学过程的实践性,把实训与考试紧密结合,完善了教材体系,方便了教师教学,全面指导学生复习,以提高学生的应用能力和业务技能水平,帮助学生通过职业技能考试。

　　全书内容共分建筑工程计量与计价学习要点及课后练习、建筑与装饰工程工程量计算实务、建筑工程计量与计价综合实训案例、建筑与装饰工程造价软件应用与实训、建筑工程计量与计价课程设计与毕业设计资料几部分。学习要点与课后练习部分以单选题、多选题、名词解释、判断题、填空题、问答题、计算题等形式为主,便于学生复习考试。实训部分以综合案例及课程设计与毕业设计资料的形式,指导学生进行课程设计与毕业设计。

新世纪

本书由山东建筑大学黄伟典、济南大学张玉敏任主编；山东建筑大学王艳艳、滨州职业学院杨会芹、山东鲁班工程造价咨询有限公司张琪、青岛理工大学（临沂校区）靳合波任副主编；青岛理工大学（临沂校区）温晓慧、山东协和学院蔡明月及山东建筑大学张友全、周景阳、宋红玉、张晓丽、王大磊、张琳、万克淑参与了部分内容的编写工作。

在编写本教材的过程中，我们参考、引用和改编了国内外出版物中的相关资料和网络资源，在此对这些资料的作者表示深深的谢意。请相关著作权人看到本教材后与出版社联系，出版社将按照相关法律的规定支付稿酬。

尽管我们在教材特色的建设方面做出了许多努力，但由于编者水平有限，教材中仍可能存在一些疏漏和不妥之处，恳请读者批评指正，并将建议及时反馈给我们，以便及时修订完善。

编　者
2020 年 11 月

所有意见和建议请发往：dutpgz@163.com

欢迎访问职教数字化服务平台：http://sve.dutpbook.com

联系电话：0411-84707424　84706676

目 录

第1章
建筑工程计量与计价学习要点及课后练习

1.1 工程造价概论

一、核心内容与学习要点

1. 核心内容

(1)工程造价的含义、特点、职能、作用。

(2)建设项目的分解、特点与计价原理。

(3)建筑工程项目计价过程。

2. 学习要点

(1)工程造价是指建设一项工程预期开支或实际开支的全部固定资产投资费用或工程价格。

(2)建筑工程计价具有大额性、单件性、多次性、组合性、方法的多样性、依据的复杂性、模糊性、动态性和兼容性等特点。

(3)建筑工程计价具有预测职能、控制职能、评价职能和调控职能。

(4)建设项目可划分为若干个单项工程、单位工程、分部工程、分项工程、子项工程。

(5)建筑产品及生产具有固定性、单件性、露天作业和生产周期长的特点。

(6)建筑工程及计价程序是指工程项目从策划、评估、决策、设计、施工到竣工验收、投入生产或交付使用的整个建设过程中,各项工作必须遵循的先后工作次序。全过程计价包括投资估算、设计概算、修正概算、施工图预算、标底或招标控制价、投标报价、合同价、施工预算、工程结算和竣工决算。

二、练习题

练习题是选自《建筑工程计量与计价》(大连理工大学出版社出版,黄伟典主编)教材后面的练习题并做了解答,附在本书电子版上。

1. 单选题

(1)工程造价(　　)的特征是一个逐步深化、逐步细化和逐步接近实际造价的过程。

A. 单件性计价　　B. 多次性计价　　C. 方法多样性　　D. 组合性计价

(2)下列不属于工程造价职能的是(　　)。

A. 预测职能　　B. 控制职能　　C. 评价职能　　D. 核算职能

(3)按照建设项目的分解层次,一幢宿舍楼的土建工程应该是一个( )。

A.建设项目　　　　B.单位工程　　　　C.单项工程　　　　D.分部工程

(4)具有独立的设计文件,竣工后可以独立发挥生产能力或效益的工程是( )。

A.单位工程　　　　B.单项工程　　　　C.分部工程　　　　D.分项工程

2.多选题

(1)下列项目属于非生产性建设项目的是( )。

A.体育馆　　　　B.工厂　　　　C.实验楼　　　　D.林业项目

E.教学楼

(2)工程造价的计价特征有( )等。

A.单件性计价　　　　　　　　B.多次性计价

C.组合性计价　　　　　　　　D.计价方法的多样性

E.计价程序的复杂性

3.判断题

(1)建筑产品的固定性,导致了建筑产品必须单件设计、单件施工、单独定价。 ( )

(2)在工业工程建设中,建设一个车间就是一个建设项目。 ( )

(3)单位工程是指在一个建设项目中,具有独立的设计文件,建成后能够独立发挥生产能力或效益的工程。 ( )

4.名词解释

(1)单项工程　　(2)单位工程　　(3)招标控制价　　(4)投标报价

5.填空题

(1)建筑产品的生产特点具体表现在:①建筑产品的_____;②建筑产品的_____;③工程建设_____;④建筑产品_____。

(2)为便于对建设工程管理和确定建筑产品价格,将建设项目的整体根据其组成进行科学的分解,划分为若干个_____、_____、_____、_____、子项工程。

6.问答题

(1)单位工程与单项工程有何区别?

(2)设计概算、施工图预算、施工预算有何区别?

(3)施工预算和施工图预算各起什么作用?

(4)标底和招标控制价有何区别?

(5)投标报价与合同价有何区别?

(6)竣工结算与竣工决算有什么区别?

1.2　建筑工程计价定额

一、核心内容与学习要点

1.核心内容

(1)建筑工程定额的概念、性质及分类。

(2)建筑工程消耗量的概念、性质、作用、编制原则、依据,计量单位和消耗指标的确定,消耗量的内容和使用方法。

(3)建筑工程计价定额及价目表的概念、组成、确定和使用方法。

2.学习要点

(1)建筑工程消耗量定额是由国家或其授权单位统一组织编制和颁发的一种法令性指标。有关部门必须严格遵守执行,不得任意变动。

(2)《建筑工程消耗量定额手册》主要由目录、总说明、分部说明、定额项目表以及有关附录组成。

(3)建筑工程消耗量定额的换算可以分为配合比材料换算、用量调整、系数调整、运距调整和厚度调整。建筑工程计价定额的补充采用定额代用法和补充定额法两种。

(4)建筑工程价目表又称为地区单位估价汇总表,简称价目表。

(5)建筑工程价目表主要由定额编号、工程项目名称、基价、人工费、材料费、机械费和地区单价组成。

(6)建筑工程计价定额又称为单位估价表,是以货币形式确定定额计量单位分部分项工程或结构构件和施工技术措施项目的费用文件。

(7)建筑工程计价定额单价的调整换算可以分为半成品单价换算、增减费用调整、系数调整、运距调整、厚度调整和材料单价换算等。

二、练习题

1.单选题

(1)工程建设定额中不属于计价性定额的是(　　)。

A.费用定额　　　　B.概算定额　　　　C.预算定额　　　　D.施工定额

E.投资估算定额

(2)企业定额水平应(　　)国家、行业和地区定额,才能适应投标报价,增强市场竞争能力的要求。

A.高于　　　　　　B.低于　　　　　　C.等于　　　　　　D.不高于

(3)下列属于人工工日单价组成内容项目的是(　　)。

A.职工医疗保险　　B.职工失业保险　　C.工程定额测定费　D.高空津贴

2.多选题

(1)根据建筑安装工程定额的编制原则,按社会平均水平编制的有(　　)。

A.预算定额　　　　B.估算指标　　　　C.概算定额　　　　D.施工定额

E.企业定额

(2)在确定人工定额消耗量时,人工消耗量指标包括(　　)。

A.基本用工　　　　B.辅助用工　　　　C.超运距用工　　　D.人工幅度差

E.其他用工

(3)制定材料消耗定额的基本方法有(　　)。

A.现场技术测定法　　　　　　　　B.实验室试验法

C.理论计算法　　　　　　　　　　D.现场统计法

E.经验估算法

3. 判断题

(1)周转性材料是指在建筑安装工程中不直接构成工程实体,可多次周转使用的工具材料。 （ ）

(2)消耗量定额一般由文字说明、定额项目表及附录三部分组成。 （ ）

(3)凡物体的截面有一定形状和大小,只是长度有变化时,应以延长米为计量单位。 （ ）

(4)二次装修工程、300 m² 以上的零星添建工程仍执行修缮定额。 （ ）

(5)材料基价=[(供应价格+运杂费)×(1+运输损耗率)]×(1+采购及保管费率) （ ）

(6)运输损耗费是指材料在运输、装卸过程中不可避免的损耗等费用。 （ ）

4. 名词解释

(1)定额水平   (2)基本用工   (3)主要材料   (4)建筑工程计价定额   (5)材料价格

5. 填空题

(1)定额中的材料消耗量包括_____、_____、_____及_____。其他材料以占材料费的百分比表示。施工用的周转材料已在相应定额中列出一次性摊销数量。

(2)建筑工程计价定额的换算可以分为_____、_____、_____、_____和其他换算。

(3)建筑工程计价定额的补充方法一般有两种:①_____;②_____。

6. 问答题

(1)建筑工程计价定额共分几节?简述其内容。

(2)建筑工程计价定额与建筑工程价目表有什么不同?

(3)请举出10种主要材料的名称。

(4)计算人工、材料、机械消耗量应套定额还是使用价目表?

(5)影响人工工资单价的因素有哪些?

(6)影响材料价格的因素有哪些?

7. 计算题

(1)某宿舍楼人工挖沟槽(普通土,2 m以内),按消耗量定额工程量计算规则计算,工程量为120 m³,试计算其消耗量和直接工程费。

(2)某混凝土独立基础工程23 m³,混凝土强度等级C30(40),定额混凝土强度等级C20(40),试计算其材料数量。

(3)某住宅工程现浇钢筋混凝土矩形柱(C30现浇碎石混凝土)60 m³,截面尺寸600 mm×600 mm,施工支模采用组合钢模板、钢支撑。试确定该分项工程的定额编号及单价,计算完成该分项工程的人工、材料、机械费及预算价格。

(4)某工程细石混凝土找平层60 mm厚,按定额工程量计算规则计算,工程量为320 m²,试计算直接工程费用。

1.3　工程量清单计价计量规范

一、核心内容与学习要点

1. 核心内容

(1)"计价计量规范"的主要内容及特点,计价规范总则与术语。

(2)计价方式和计价风险的一般规定。

(3)招标工程量清单的编制和工程量清单计价的基本要求。

2. 学习要点

(1)计价规范共十六节,包括总则、术语、一般规定、工程量清单编制、招标控制价、投标报价、合同价款约定、工程计量、合同价款调整、合同价款期中支付、竣工结算与支付、合同解除的价款结算与支付、合同价款争论的解决、工程造价鉴定、工程计价资料与档案和工程计价表格。

(2)计量规范正文内容包括总则、术语、工程计量、工程量清单编制。每个专业附录中均包括项目编码、项目名称、项目特征、计量单位、工程量计算规则和工程内容六部分。

(3)计价计量规范具有强制性、统一性、实用性、竞争性和通用性的特点。

(4)使用国有资金投资的建设工程发承包,必须采用工程量清单计价。非国有资金投资的建设工程,宜采用工程量清单计价。

(5)分部分项工程、措施项目和其他项目清单应采用综合单价计价。

(6)采用工程量清单方式招标,招标工程量清单必须作为招标文件的组成部分,连同招标文件一并发(或售)给投标人,其准确性和完整性应由招标人负责。

(7)招标工程量清单应以单位(项)工程为单位编制,应由分部分项工程项目清单、措施项目清单、其他项目清单、规费和税金项目清单组成。

(8)分部分项工程项目清单必须载明项目编码、项目名称、项目特征、计量单位和工程量。

(9)国有资金投资的建设工程招标,招标人必须编制招标控制价。当招标控制价复查结论与原公布的招标控制价误差大于±3%时,应当责成招标人改正。

(10)投标报价不得低于工程成本。投标人的投标报价高于招标控制价的应予废标。

二、练习题

1. 单选题

(1)建设工程工程量清单计价活动应遵循(　　)的原则。

A. 公正、公平、科学　　　　　　　　B. 公正、公平、择优

C. 客观、公正、公平　　　　　　　　D. 公开、公正、公平

(2)招标人与中标人应当根据(　　)订立合同。

A. 标底　　　　　B. 中标价　　　　　C. 投标价　　　　　D. 协议价

(3)工程量清单与计价表中项目编码的第四级为(　　)。

A. 分类码　　　　　B. 章顺序码　　　　　C. 清单项目码　　　　　D. 具体清单项目码

(4)某工程采用工程量清单方式招标,投标人在投标报价时,对其他项目清单中暂估价材料应(　　)。

A.按市场价计入综合单价 　　　　　B.按定额单价计入综合单价

C.按暂估价单价计入综合单价 　　　D.按暂估的单价计入其他项目清单

2.多选题

(1)分部分项工程量清单是由构成工程实体的各分部分项清单项目组成,基本内容应包括(　　)。

A.工程量 　　　　B.项目编码 　　　　C.计量单位 　　　　D.项目特征

E.计算规则

(2)我国在现阶段实施工程量清单计价,其意义主要有以下几个方面(　　)。

A.有利于贯彻"客观、公正、公平"的原则

B.有利于简化项目的建设程序,缩短建设周期

C.有利于引导承包商编制企业定额,进行项目成本核算,提高其管理水平和竞争能力

D.有利于监理工程师进行工程计量,造价工程师进行工程结算,加快结算进度

E.有利于对业主和承包商之间承担的工程风险进行明确的划分

3.判断题

(1)计价计量规范具有强制性、统一性、实用性、竞争性、通用性的特点。 　　　(　　)

(2)清单项目名称应严格按照计量规范规定,不得随意更改项目名称。 　　　　(　　)

(3)计量规范中,计量单位均为基本计量单位,不得使用扩大单位(如10 m)。 (　　)

(4)计量规范的计量原则是以实体安装就位的净尺寸计算。 　　　　　　　　(　　)

(5)工程量清单应采用统一格式编制。 　　　　　　　　　　　　　　　　(　　)

(6)工程量清单应由具有编制招标文件能力的招标人,或受其委托具有相应资质的工程造价咨询单位根据工程量清单计算规则进行编制。 　　　　　　　　　　　　(　　)

4.名词解释

(1)招标工程量清单 　　(2)工程成本 　　(3)工程造价信息 　　(4)工程量偏差
(5)总价项目 　　(6)工程造价鉴定

5.填空题

(1)计量规范正文共四章,包括_____、_____、_____、_____。

(2)计价规范规定,综合单价由_____、_____、_____、_____、_____组成。

(3)工程量清单应由_____清单、_____清单、_____清单、_____清单、税金项目清单组成。

(4)计量规范中的五要件是指_____、_____、_____、_____和工程量五部分。

6.问答题

(1)简述计价规范包括的主要内容。

(2)简述计价规范适用的计价活动范围。

(3)工程量清单计价适用于哪些工程?

(4)简述编制招标工程量清单的依据。

(5)分部分项工程量清单的项目编码各位数字的含义是什么？

(6)投标报价应根据哪些依据编制和复核？

1.4　建筑工程费用项目组成

一、核心内容与学习要点

1.核心内容

建筑安装工程费用项目组成、工程类别划分标准、建筑工程费率以及建筑工程费用计算程序。

2.学习要点

(1)建筑安装工程费用由人工费、材料费、施工机具使用费、企业管理费、利润、规费和税金组成。

(2)建筑工程的工程类别按工业建筑工程、民用建筑工程、构筑物工程、单独土石方工程、桩基础工程分列,并分若干类别。

(3)建设工程费用由分部分项工程费、措施项目费、其他项目费、规费和税金组成。

二、练习题

1.单选题

(1)施工排水、降水费属于(　　　)。

A.直接工程费　　　B.措施费　　　C.间接费　　　D.规费

(2)砂石散状材料堆放地的硬化所发生的费用属于(　　　)。

A.材料费　　　B.环境保护费　　　C.措施费　　　D.文明施工费

(3)科研单位独立的实验室按(　　　)确定工程类别。

A.工业建筑工程　　B.民用建筑工程　　C.构筑物工程　　D.独立工程

(4)工程类别的确定,以(　　　)为划分对象。

A.单项工程　　　B.单位工程　　　C.分部分项工程　　D.群体项目工程

2.多选题

(1)下列费用中,应列入建筑安装工程人工费的是(　　　)。

A.生产工人停工学习　　　　　B.劳动保护费

C.工会经费　　　　　　　　　D.奖金

E.劳动保险费

(2)施工过程中的材料费应包括以下内容(　　　)。

A.材料原价　　　　　　　　　B.检验试验费

C.已完工程及设备保护费　　　D.运输损耗费

E.采购及保管费

(3)下列费用中,属于企业管理费的有(　　　)。

A.劳动保护费　　　B.劳动保险费　　　C.失业保险费　　　D.工会经费

E.职工教育经费

3.判断题

(1)企业管理费=(直接工程费+措施费)×企业管理费费率　　　　　　　(　　)

(2)临时设施费包括:临时设施的搭设、维修、拆除费或摊销费。　　　　(　　)

(3)施工现场的三通一平系指通水、通电、通道路和场地平整(由施工单位提供)。(　　)

(4)规费=(直接费+间接费+利润)×规费费率　　　　　　　　　　　(　　)

(5)工程类别划分标准,是根据不同的单项工程,按其施工难易程度,结合建筑市场的实际情况确定的。　　　　　　　　　　　　　　　　　　　　　　　　(　　)

(6)建筑物、构筑物高度,自设计室外地坪算起,至屋面檐口高度。　　(　　)

(7)同一建筑物结构形式不同时,按建筑面积大的结构形式确定工程类别。(　　)

(8)工程类别划分标准中有两个指标者,确定类别时需满足其中一个指标。(　　)

4.名词解释

(1)临时设施费　　　(2)夜间施工费　　　(3)二次搬运费　　　(4)单独土石方工程

5.填空题

(1)直接费是指在工程施工过程中直接耗费的_____和_____的各项费用。

(2)材料价格一般由材料原价(或供应价格)、_____、_____和_____等组成。

(3)社会保障费包括_____、_____、_____、_____和_____。

(4)建筑工程的工程类别按_____、_____、_____、单独土石方工程、桩基础工程和装饰工程分列。

6.问答题

(1)什么叫采购及保管费? 建设单位、供料施工单位应怎样计取保管费?

(2)什么叫检验试验费?

(3)临时设施包括哪些内容?

(4)工程类别标准是怎样划分的?

7.计算题

(1)某建筑工程需要Ⅱ级螺纹钢材,由三家钢材厂供应,其中:甲厂供应800吨,出厂价为4900元/吨;乙厂供应1200吨,出厂价为5000元/吨;丙厂供应400吨,出厂价为5250元/吨。试求:本工程螺纹钢材的原价。

(2)某工程采购某种钢材1000吨,出厂价为3000元/吨,运输费用为50元/吨,运输损耗率为0.5%,采购及保管费率为5%,运输包装费为60元/吨,包装品回收值共为3万元,工程实际消耗该类钢材950吨,试计算该类钢材的材料费。

(3)某机械预算价格为20万元,耐用总台班为4000台班,大修理间隔台班为800台班,一次大修理费为4000元,试计算其台班大修理费。

1.5 建筑工程计量计价方法

一、核心内容与学习要点

1. 核心内容

(1)建筑工程计价的基本方法和工程量计算的基本要求。

(2)统筹法计算工程量的方法。

2. 学习要点

(1)建筑工程计价依据和步骤。

(2)建筑工程造价计算的基本方法。

(3)工程量计算的要求、计算顺序、计算方法与技巧,会计算基数。

二、练习题

1. 单选题

(1)两算对比是指( )的对比。

A. 施工图预算和竣工结算   B. 施工图预算和施工预算

C. 施工图预算和设计概算   D. 施工预算和竣工结算

(2)规费、税金必须按( )计取,不得增减。

A. 合同约定   B. 合同规定   C. 相关规定   D. 相关约定

2. 多选题

(1)建筑工程计价的依据有( )。

A. 计价规范   B. 计量规范   C. 价目表   D. 人工工资单价

E. 材料价格

(2)工料单价法可分为( )。

A. 计价定额单价法   B. 实物法

C. 观测法   D. 实验法

E. 综合单价法

3. 判断题

(1)建筑工程量计算规则的计算尺寸,以设计图纸表示的尺寸或设计图纸能读出的尺寸为准。   (   )

(2)采用实物法计算工程费用时,所有人工、材料、机械消耗量都要进行计算。 (   )

(3)在列工程量计算式时,应将图纸上标明的毫米数,换算成米数,各个数据应按宽、高(厚)、长、数量、系数的次序填写。   (   )

(4)工程量是以规定的计量单位表示的工程数量。   (   )

4. 名词解释

(1)计价依据   (2)基数   (3)统筹法   (4)五线、三面、一册

5. 填空题

(1)在建筑工程中,计算工程量的原则是先分后合,先零后整。分别计算工程量后,如果

各部分均套同一定额,可以合并套用。

(2)工程量计算的一般方法有分段法、分层法、分块法、补加补减法、平衡法或近似法。

(3)计算机计算工程量的优点是:快速、准确、简便、完整。

6. 问答题

(1)简述建筑工程定额计价的步骤。

(2)计算工程量最常用的基数有哪些?

(3)统筹法计算工程量的基本要点是什么?

(4)简述工程量计算统筹图法的优点。

7. 实训作业题

某住宅平面图如图 1-1 所示,内外墙厚度均为 240 mm。计算图示相关基数。

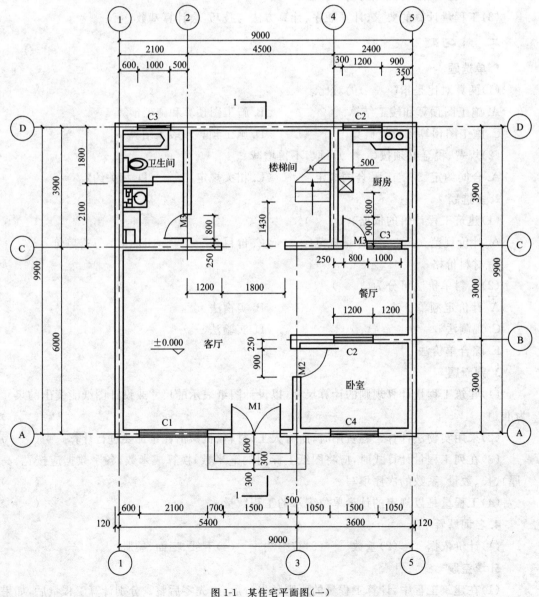

图 1-1 某住宅平面图(一)

1.6　建筑面积计算规范

一、核心内容与学习要点

1.核心内容

(1)计算建筑面积(包括一半面积)和不计算建筑面积的具体规定。

(2)坡屋面、门厅、大厅、架空走廊、走廊、雨篷、阳台、室外楼梯、屋顶建筑物等的建筑面积计算方法。

2.学习要点

(1)《建筑工程建筑面积计算规范》主要规定了计算全部面积、计算一半面积和不计算面积三个方面的范围和规定。

(2)使用功能全面,计算全面积;使用功能受限,计算一半面积。层高在 2.20 m 以内或净高在 1.20~2.10 m,建筑面积计算一半。

二、练习题

1.单选题

(1)不封闭的建筑物挑阳台,应(　　)建筑面积。

A.不计算

B.按其水平投影面积的 1/2 计算

C.按其水平投影面积计算

D.按其水平投影面积的 1/4 计算

(2)建筑物外有永久性顶盖无围护结构的挑廊,(　　)建筑面积。

A.不计算

B.按结构底板水平面积计算 1/2 的

C.按结构底板水平面积计算

D.按顶板水平投影面积计算

(3)下列项目应该计算建筑面积的是(　　)。

A.无顶盖地下室采光井

B.室外台阶

C.建筑物内的操作平台

D.外墙外侧保温隔热层

2.多选题

(1)下列各项中,层高不足 2.2 m 者应计算 1/2 建筑面积的是(　　)。

A.多层建筑物

B.场馆看台

C.多层建筑坡屋顶

D.建筑物外有围护结构的走廊

E.地下室

(2)按顶盖水平投影面积的一半计算建筑面积的有(　　)。

A.独立柱的雨篷

B.有围护结构的电梯间

C.单排柱站台

D.有围护结构的眺望间

E.单排柱的货棚

(3)计算建筑面积规定中按自然层计算的内容有（　　）。

A.室外楼梯　　　　B.电梯井、管道井　　C.门厅、大厅　　　　D.楼梯间

E.变形缝

3.判断题

(1)单层建筑物的建筑面积,按其勒脚外墙结构外围水平面积计算。　　　　　（　　）

(2)建筑物的门厅、大厅按一层计算建筑面积。　　　　　　　　　　　　　　（　　）

(3)建筑物外有永久性顶盖、无围护结构的檐廊,按其结构底板水平面积计算。（　　）

(4)有永久性顶盖的室外楼梯,应按建筑物自然层的水平投影面积计算建筑面积。（　　）

(5)建筑物外墙外侧有保温隔热层的,应按外墙结构外围计算建筑面积。　　　（　　）

(6)高度大于 2.2 m 的建筑物内的设备管道夹层应计算 1/2 的建筑面积。　　（　　）

4.名词解释

(1)檐廊　　　(2)骑楼　　　(3)过街楼　　　(4)飘窗

5.填空题

(1)层高是指_____或_____的垂直距离。

(2)单层建筑物的建筑面积,应按其外墙_____结构_____计算。

(3)雨篷结构的外边线至外墙结构外边线的宽度超过_____者,应按雨篷结构板的水平投影面积的_____计算。

6.问答题

(1)门斗、橱窗、挑廊、走廊等建筑面积应怎样计算?

(2)阳台、雨篷、外廊的建筑面积应怎样计算?

(3)宿舍楼下面的储藏室、上面的阁楼应怎样计算建筑面积?

(4)走廊、挑廊、檐廊、回廊、架空走廊有何区别?

(5)挑阳台、眺望间、飘窗有何区别?

7.计算题

某住宅平面图如图 1-2 所示,外墙厚度 370 mm,内墙厚度 240 mm。计算其建筑面积和各房间的净面积。

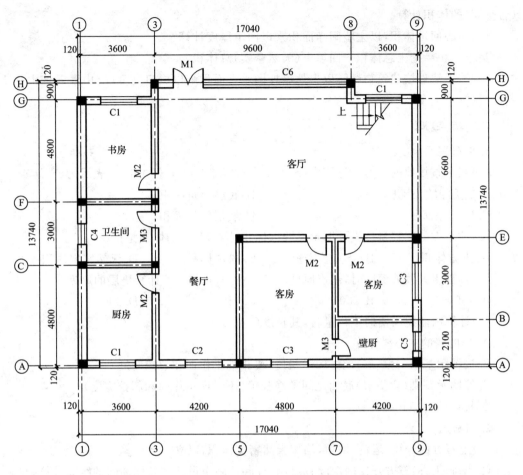

图 1-2　某住宅平面图(二)

1.7　土石方工程

一、核心内容与学习要点

1.核心内容

主要内容包括平整场地、挖地槽、挖地坑(大开挖)、回填土、运土和竣工清理等工程量计算。

2.学习要点

(1)定额规定场地平整按建筑物(构筑物)首层结构外边线每边各加 2 m 计算;规范规定平整场地按建筑物首层建筑面积计算。

(2)规范规定按设计图示以基础垫层底面积乘以挖土深度计算,外墙沟槽按外墙中心线长度计算;内墙沟槽按图示基础(含垫层)底面之间净长度计算(不考虑工作面和超挖宽度);外、内墙突出部分的沟槽体积,按突出部分的中心线长度并入相应部位工程量内计算。按定额计算工程量另外需要考虑工作面和放坡因素。

(3)槽坑回填体积,按挖方体积减去设计室外地坪以下的地下建筑物(构筑物)或基础

(含垫层)的体积计算。

(4)房心回填体积,以主墙间净面积乘以回填厚度计算。

运土体积＝挖土总体积－回填土(天然密实)总体积

(5)竣工清理按建筑物勒脚以上外墙外围水平面积乘以檐口高度(有山墙者按山尖 1/2 高度)以"m³"计算。

二、练习题

1. 单选题

(1)在平整场地的工程量计算中,$S_{平}＝S＋2×L_{外}＋16$ 的公式中,S 表示为(　　)。

A. 底层占地面积　　　　　　　　　　B. 底层建筑面积

C. 底层净面积　　　　　　　　　　　D. 底层结构面积

(2)挖土方的工程量按设计图示尺寸以体积计算,此处的体积是指(　　)。

A. 虚方体积　　　　B. 夯实后体积　　　　C. 松填体积　　　　D. 天然密实体积

(3)计算土方放坡深度时,垫层厚度小于(　　)mm 时,不计算垫层的厚度。

A. 150　　　　　　　B. 200　　　　　　　C. 250　　　　　　　D. 300

(4)计算内墙挖沟槽的工程量时,其长度(　　)。

A. 按内墙的中心线计算

B. 按图示基础(含垫层)挖方的净长度(要扣减工作面和超挖宽度)

C. 按图示基础(含垫层)底面之间的净长度(不考虑工作面和超挖宽度)

D. 按内墙的净长线计算

2. 判断题

(1)土石方的开挖、运输、回填,均按天然密实体积,以立方米计算。　　　　　(　　)

(2)基础土方、石方开挖的深度,应按设计底标高至设计室外标高间的距离计算,当施工现场标高达不到设计要求时,应按交付施工时的场地标高计算。　　　　　(　　)

(3)关于放坡,按定额规定需要放坡,而施工中实际未放坡,或实际放坡系数小于定额规定,要按实际进行调整。　　　　　　　　　　　　　　　　　　　　(　　)

(4)定额土壤及岩石按普通土、坚土、松石、坚石分为四类。　　　　　　　(　　)

(5)挖土方应按平均厚度乘设计底面积以体积计算,平均厚度按设计地面标高至自然地面测量标高间的平均高度确定。　　　　　　　　　　　　　　　　　(　　)

(6)人工挖桩孔,按桩的设计断面面积(不另加工作面)乘以桩孔中心线深度,以立方米计算。　　　　　　　　　　　　　　　　　　　　　　　　　　　(　　)

(7)槽坑回填体积,按挖方虚方体积－设计室外地坪以下埋设的垫层、基础体积。(　　)

3. 名词解释

(1)单独土石方　　(2)平整场地　　(3)工作面　　(4)主墙　　(5)竣工清理

4. 填空题

(1)建筑工程中坡度通常用　　　　表示,K 称为　　　　　。

(2)土石方的开挖、运输,均按开挖前的　　　　　体积,以立方米计算。土方回填,按回填后的　　　　体积,以立方米计算。不同状态的土方体积,可以换算。

(3)土类为单一土质时,普通土开挖深度大于　　　　m,坚土开挖深度大于　　　　m,

允许放坡;土类为混合土质时,开挖深度大于_____m时,允许放坡。

(4)混凝土垫层厚度大于_____时,其工作面宽度按_____的工作面计算。

5. 问答题

(1)单独土石方、基础土石方、沟槽、地坑是如何划分的?

(2)土方的放坡深度和挖土深度是否一致?区别在哪?

(3)机械挖土方的工程量应该怎样计算?

(4)房心回填土和槽坑回填土如何计算?

(5)竣工清理工程量怎样计算?

6. 计算题

根据现行定额规定,计算图 1-3 所示办公楼基础工程相关的分项工程的工程量。

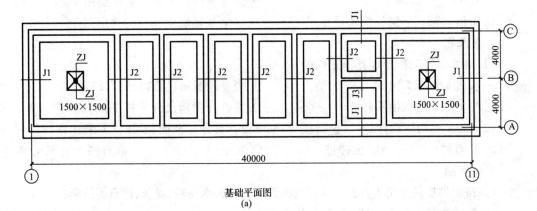

基础平面图
(a)

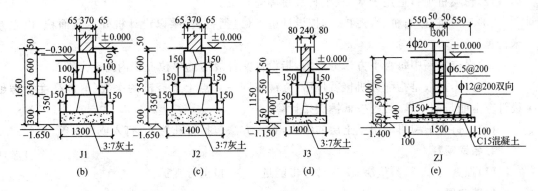

图 1-3 办公楼基础工程

1.8 地基处理与边坡支护工程

一、核心内容与学习要点

1. 核心内容

地基处理与边坡支护工程分为地基处理和基坑与边坡支护两个分部工程,适用于地基与边坡的处理、加固。

2. 学习要点

(1)板桩长度(桩长)相同以根计算工程量;长度不同按设计图示尺寸桩长(包括桩尖)以

米计算工程量。

(2)强夯地基按设计图示处理范围以面积计算工程量。

(3)土钉长度相同以根计算工程量;长度不同按设计图示尺寸钻孔深度以米计算工程量。

(4)边坡喷射混凝土、砂浆按设计图示尺寸以面积计算工程量。

二、练习题

1. 单选题

(1)下列各桩中属于预制桩的是(　　)。

A.砂石挤密桩　　　B.冲孔灌注桩　　　C.素土挤密桩　　　D.钢板桩

(2)褥垫层是(　　)解决地基不均匀的一种方法。

A.CFG复合地基中　　　　　　B.满堂基础底下铺设的垫层用于

C.条形基础底下铺设的垫层用于　　D.独立基础底下铺设的垫层用于

2. 多选题

(1)地基强夯工程量计算不正确的是(　　)。

A.按设计图示尺寸以面积计算　　　B.按设计图示尺寸以体积计算

C.按实际尺寸以面积计算　　　　　D.按设计图示尺寸外扩2 m以面积计算

(2)(　　),均按设计桩长(包括桩尖)乘以设计桩外径截面积,以立方米计算。

A.粉喷桩　　　B.振冲桩　　　C.灰土桩　　　D.砂石桩　　　E.水泥桩

3. 判断题

(1)挤密桩项目适用于各种成孔方式的灰土、石灰、水泥粉、煤灰、碎石等挤密桩。(　　)

(2)粉喷桩项目适用于水泥、生石灰粉等喷粉桩。(　　)

(3)灰土桩、砂石桩、水泥桩,均按设计桩长(包括桩尖)乘以设计桩外径截面积,以立方米计算。(　　)

(4)强夯定额中每百平方米夯点数,指设计文件规定的单位面积内的夯点数量。(　　)

(5)夯击击数是指强夯机械就位后,夯锤在同一夯点上下夯击的次数(落锤高度应满足设计夯击能量的要求,否则按低锤满拍计算)。(　　)

(6)土钉支护项目适用于土层的锚固,置入方法包括钻孔置入、打入或射入等。(　　)

4. 名词解释

(1)强夯　　(2)褥垫层　　(3)夯击能量　　(4)土钉支护

5. 填空题

(1)定额规定,_____及_____夯填灰土就地取土时,应扣除灰土配合比中的黏土。

(2)地基处理与边坡支护工程分为_____和_____两个分部工程,适用于地基与边坡的处理、加固。

(3)清单计量规范规定,地基强夯的工程量按设计图示尺寸以面积计算;工程内容:①_____;②_____;③_____。

6. 问答题

(1)常见的深基坑支护结构类型有哪些?

(2)砂浆土钉、锚杆机钻孔防护工程量应怎样计算?

(3)什么地基情况下采用褥垫层?

7. 练习题

某工程地基强夯范围如图 1-4 所示。设计要求间隔夯击,先夯奇数点,再夯偶数点,间隔夯击点不大于 8 m。设计击数为 10 击,分两遍夯击,第一遍 5 击,第二遍 5 击,第二遍要求低锤满拍。设计夯击能量为 400 t·m,设计地耐力要求大于 100 kN/m^2。计算工程量。

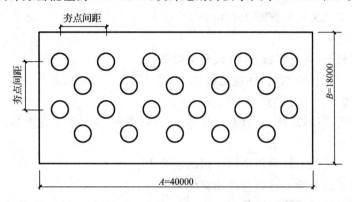

图 1-4　某工程地基强夯范围

1.9　桩基工程

一、核心内容与学习要点

1. 核心内容

预制钢筋混凝土桩和灌注混凝土桩定额说明及工程量计算规则。

2. 学习要点

(1)预制钢筋混凝土桩按设计桩长(包括桩尖)乘以桩断面面积,以立方米计算。

(2)打孔灌注混凝土桩、钻孔灌注混凝土桩,按设计桩长(包括桩尖,设计要求入岩时,包括入岩深度)增加 0.5 m(定额规定),乘以设计桩外径(钢管箍外径)截面面积,以立方米计算。

(3)夯扩成孔灌注混凝土桩,按设计桩长增加 0.3 m(定额规定),乘以设计桩外径截面面积,另加设计夯扩混凝土体积,以立方米计算。

(4)人工挖孔灌注混凝土桩的桩壁和桩芯,分别按设计尺寸以立方米计算。

二、练习题

1. 单选题

(1)灌注桩桩长 15 m(含桩尖),外径 600 mm,其定额混凝土工程量为(　　)。

A. 5.38 m^3　　　　B. 4.38 m^3　　　　C. 6.00 m^3　　　　D. 8.50 m^3

(2)打孔灌注桩工程量按设计规定的桩长乘以打入钢管(　　)面积,以平方米计算。

A. 管箍外径截面　B. 管箍内径截面　　C. 钢管外径　　　D. 钢管内径

2. 多选题

(1)规范规定,预制钢筋混凝土桩计量单位为(　　)。

A. m^3　　　　　　B. m^2　　　　　　C. m　　　　　　D. 根　　　　　E. 个

(2)混凝土灌注桩项目包括(　　)。

A. 人工挖孔灌注桩　B. 钻孔灌注桩　　　C. 爆破灌注桩　　D. 打管灌注桩

E. 振动灌注桩

3. 判断题

(1)打预制混凝土桩的体积按设计桩长(不包括桩尖)乘以桩截面面积计算。　　(　　)

(2)电焊接桩按设计接头以个计算;硫黄胶泥接桩按桩断面面积以平方米计算。(　　)

(3)灌注桩单位工程的桩基工程量在 60 m³ 以内时属小型工程,相应定额人工、机械乘以小型工程系数 1.05。　　　　　　　　　　　　　　　　　　　　(　　)

(4)打试验桩时,相应定额人工、机械乘以系数 2.0。　　　　　　　　(　　)

(5)打 2 m 以内的送桩时,相应定额人工、机械乘以送桩深度系数 1.25。　(　　)

4. 名词解释

(1)试验桩　　(2)送桩　　(3)凿桩头　　(4)截桩　　(5)充盈系数

5. 填空题

(1)预制钢筋混凝土桩项目适用于预制混凝土_____、_____和_____等。打试验桩,应按预制钢筋混凝土桩项目单独编码列项。

(2)接桩项目适用于预制混凝土_____、_____和_____的接桩。

(3)混凝土灌注桩项目适用于_____、_____、爆破灌注桩、_____、振动灌注桩等。

6. 问答题

(1)预制钢筋混凝土桩工程量应怎样计算?

(2)打孔、钻孔灌注混凝土桩工程量应怎样计算?

(3)夯扩成孔灌注混凝土桩工程量应怎样计算?

7. 练习题

(1)某工程打预制钢筋混凝土离心管桩,如图 1-5 所示,共 80 根,混凝土为 C30。计算工程量。

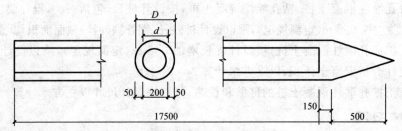

图 1-5　预制钢筋混凝土离心管桩

(2)某工程采用 C30 商品混凝土灌注桩,C30 商品混凝土单价为 280.00 元/m³,单根桩设计长度为 8 m,桩截面为 φ800,共 36 根。计算工程量。

1.10　砌筑工程

一、核心内容与学习要点

1. 核心内容

垫层、砌砖、砌块定额说明和工程量计算规则。

2.学习要点

(1)垫层定额按地面垫层编制。若为基础垫层,人工、机械分别乘以下列系数:条形基础1.05;独立基础1.10;满堂基础1.00。

(2)地面垫层按室内主墙间净面积乘以设计厚度,以立方米计算。条形基础垫层,外墙按外墙中心线长度、内墙按其设计净长度乘以垫层平均断面面积计算。独立基础垫层和满堂基础垫层,按设计图示尺寸乘以平均厚度计算。

(3)砌筑工程包括砌砖、石、砌块及轻质墙板等内容。

(4)砌筑砂浆的强度等级、砂浆的种类,设计与定额不同时可换算,消耗量不变。

条形基础工程量$=L\times$基础断面积$-$嵌入基础的构件体积

墙体工程量$=[(L+a)\times H-$门窗洞口面积$]\times h-\Sigma$ 构件体积

二、练习题

1.单选题

(1)一般而言,砖基础与砖墙身的划分(不含地下室)应以(　　　)为界。

A.设计室内地坪　　B.设计室外地坪　　C.外围墙勒脚线　　D.室内踢脚线

(2)地面垫层按(　　　)乘以设计厚度,以立方米计算。

A.室内主墙间净面积　　　　　　　B.室内主墙轴线间面积

C.外墙中心线间面积　　　　　　　D.外墙间净面积

(3)计算砖墙工程量时,(　　　)的体积应该并入墙体体积计算。

A.窗台虎头砖　　　　　　　　　B.门窗套

C.三皮砖的腰线、挑檐　　　　　　D.凸出墙面的墙垛

2.多选题

(1)定额规定计算墙体砌砖工程量时,不增加墙体体积的有(　　　)。

A.三皮砖以上的挑檐　　　　　　B.门窗套

C.三皮砖以内的挑檐　　　　　　D.压顶线

E.凸出墙面的砖垛

(2)建筑物墙体按长度乘以厚度再乘以高度,以立方米计算,应扣除(　　　)等所占体积。

A.混凝土柱、过梁、圈梁　　　　　B.外墙板头、梁头

C.过人洞、空圈　　　　　　　　D.面积在 0.3 m³内的孔洞的体积

E.门窗洞口

(3)下列按体积计算工程量的有(　　　)。

A.石砌地沟　　B.砌砖地沟　　C.石砌明沟　　D.砌砖明沟

E.砌砖散水

3.判断题

(1)砖、石围墙,以设计室外地坪为界线,其下为基础,其上为墙身。　　　　　　　(　　　)

(2)计算砖墙基础工程量时,基础大放脚 T 形接头重叠部分应予以扣除。　　　　(　　　)

(3)定额中计算墙体时,应扣除梁头、外墙板头、垫木、木楞头、墙内的加固钢筋等所占体积。　　　　　　　　　　　　　　　　　　　　　　　　　　　　　　　　(　　　)

(4)计算砖墙体时应扣除门窗洞口、过人洞、空圈、嵌入墙身的钢筋混凝土柱、梁(包括过梁、圈梁、挑梁)、砖平碹,平砌砖过梁和暖气包壁龛及内墙板头的体积。　　　　　　(　　)

(5)楼地面垫层按室内主墙间净面积以平方米计算。　　　　　　　　　　　　(　　)

4.名词解释

(1)填充墙　　(2)檐高　　(3)壁龛　　(4)过人洞　　(5)空圈

5.填空题

(1)实心轻质砖包括蒸压_____、蒸压_____、煤渣砖、_____、页岩烧结砖、黄河淤泥烧结砖等。

(2)黏土砖砌体计算厚度,1/2砖墙按_____mm;3/4砖墙按_____mm;1.5砖墙按_____mm计算。

(3)_____、_____、_____的腰线和挑檐等体积,按其外形尺寸并入墙身体积计算。

(4)垫层定额按地面垫层编制。若为基础垫层,人工、机械分别乘以下列系数:条形基础_____;独立基础_____;满堂基础_____。

6.问答题

(1)简述砖基础工程量计算规则。

(2)墙体工程量怎样计算?

(3)地面垫层工程量应怎样计算?

(4)条形基础垫层工程量应怎样计算?

7.计算题

某基础工程尺寸如图1-3所示,C15混凝土垫层100 mm厚;砖基础,M5.0水泥砂浆砌筑;钢筋混凝土圈梁断面为240 mm×240 mm。按定额计算规则计算砖基础和混凝土垫层的工程量。

1.11　混凝土及钢筋混凝土工程

一、核心内容与学习要点

1.核心内容

主要内容包括混凝土构件和钢筋两大部分,工程量按实计算,钢筋要结合平法标注规定,弄清每根钢筋长度。

2.学习要点

(1)混凝土构件体系应分别计算各构件的工程量,划分界线以主要构件的侧边为界。

(2)定额按钢筋的不同品种、规格,并按现浇构件钢筋、预制构件钢筋、预应力钢筋及箍筋分别列项。

(3)定额内混凝土构件按制作、混凝土搅拌和混凝土运输分项。定额中已列出常用混凝土强度等级,如与设计要求不同时,可以换算。

(4)钢筋计算公式

纵向钢筋图示用量=(构件长度-两端保护层+弯钩长度+弯起增加长度+钢筋搭接长度)×线密度(钢筋单位理论质量)

箍筋长度=构件截面周长-8×最外钢筋保护层厚度-4×箍筋直径+2×(1.9d+10d或75中较大值);箍筋根数=配置范围÷@+1

现浇混凝土钢筋工程量=设计图示钢筋长度×钢筋单位理论质量

钢筋每米理论质量=0.006165×d^2(d为钢筋直径)

马凳钢筋质量=(板厚×2+0.2)×板面积×受撑钢筋次规格的线密度

墙体拉结S钩重量=(墙厚+0.15)×(墙面积×3)×0.395

(5)混凝土构件计算公式

带形基础工程量=外墙中心线长度×设计断面面积+设计内墙基础图示长度×设计断面面积

满堂基础工程量=图示长度×图示宽度×厚度+翻梁体积

独立基础工程量=设计图示体积

矩形柱工程量=图示断面面积×柱高

圆形柱工程量=柱直径×柱直径×π÷4×图示高度

构造柱工程量=(图示柱宽度+折加咬口宽度)×厚度×图示高度

或　　构造柱工程量=构造柱折算截面积×构造柱计算高度

梁混凝土工程量=图示断面面积×梁长+梁垫体积

混凝土板工程量=图示长度×图示宽度×板厚+附梁及柱帽体积

墙混凝土工程量=(中心线长度×设计宽度-门窗洞口面积)×墙厚

二、练习题

1.单选题

(1)钢筋混凝土基础有垫层时,钢筋保护层为(　　)mm,以保护受力钢筋不受锈蚀。

A.25　　　　　　B.35　　　　　　C.40　　　　　　D.70

(2)某建筑采用现浇整体楼梯,楼梯共3个自然层,楼梯间净长6 m,净宽4 m,楼梯井宽450 mm,长3 m,则该现浇楼梯的混凝土工程量为(　　)m²。

A.22.65　　　　B.24.00　　　　C.48.00　　　　D.72.00

(3)用预应力后张法采用JM型锚具的24 m钢筋混凝土屋架下弦,其一根预应力钢筋的长度为(　　)m。

A.24　　　　　　B.25　　　　　　C.25.8　　　　　D.23.65

2.多选题

(1)关于钢筋混凝土工程量的计算规则,下列说法中正确的是(　　)。

A.无梁板体积包括板和柱帽的体积

B.现浇混凝土楼梯按水平投影面积计算

C.外挑雨篷上的反挑檐并入雨篷计算

D.预制钢筋混凝土楼梯按设计图示尺寸以体积计算

E.预制构件的吊钩应按预埋铁件以重量计算

(2)计算现浇混凝土墙工程量时,应扣除(　　　)。

A. 墙内钢筋　　　　　　　　　　B. 预埋铁件

C. 0.3 m² 以外的孔洞所占体积　　D. 门窗洞口

E. 墙垛

3. 判断题

(1)混凝土柱与柱基的划分以室内外地坪为分界线,其上为柱,其下为基础。　(　　)

(2)钢筋混凝土构造柱嵌接墙体的部分并入墙身体积计算。　　　　　　　　(　　)

(3)计算柱混凝土工程量时,当柱的截面不同时,按柱最大截面计算。　　　(　　)

(4)按照定额的规定,圈梁与过梁连接时,圈梁体积不扣除伸入圈梁内的梁体积。(　　)

(5)有梁板包括主、次梁及板,工程量按梁、板体积之和计算。　　　　　　(　　)

(6)钢筋每米理论质量=0.006165×d^2(d 为钢筋直径)　　　　　　　　(　　)

(7)钢筋重量按理论重量计算后,应适当考虑钢筋的损耗量。　　　　　　　(　　)

4. 名词解释

(1)基础梁　　(2)异形梁　　(3)无梁板　　(4)后浇带　　(5)马凳

5. 填空题

(1)对现浇混凝土构件,定额分为_____、_____和_____三个项目。

(2)现浇混凝土带形基础,外墙按设计_____长度、内墙按_____长度乘设计断面面积计算。

(3)预制构件的工程量计算一般要列_____、_____、_____、细石混凝土灌缝等项。

(4)钢筋工程,应区别_____、_____构件,不同_____和_____;计算时分别按设计长度乘单位理论重量,以吨计算。

6. 问答题

(1)有梁式和无梁式带形基础是如何区分的?

(2)钢筋混凝土整体楼梯包括哪些内容?工程量怎样计算?

(3)钢筋混凝土阳台、雨篷工程量怎样计算?

(4)箍筋长度和根数应怎样计算?

(5)混凝土构件预埋铁件工程量怎样计算?

7. 计算题

(1)钢筋混凝土基础如图 1-6 所示,垫层混凝土强度等级为 C15,基础混凝土强度等级为 C25,搅拌机现场搅拌,塔吊水平运输及垂直运输。计算工程量。

(2)某商店为钢筋混凝土框架结构,如图 1-7、图 1-8、图 1-9、图 1-10 所示。层高 3.90 m,满堂基础顶标高为 -0.45 m。顶板厚:室内为 150 mm 厚;室外为 110 mm 厚;墙体厚度:钢筋混凝土墙为 250 mm 厚,砌块墙为 300 mm 厚。M1 洞口尺寸为 1800 mm×3300 mm;C1 洞口尺寸为 1500 mm×2400 mm;C2 洞口尺寸为 1800 mm×2400 mm;窗台高 900 mm。门窗洞口上设钢筋混凝土过梁,截面为 300 mm×240 mm,过梁两端各伸入洞边 250 mm。纵向钢筋最小锚固长度为 38d,钢筋的保护层厚度:板为 15 mm,梁为 20 mm,柱为 20 mm。混凝土强度均为 C30。计算柱、梁、板的混凝土和钢筋的工程量。

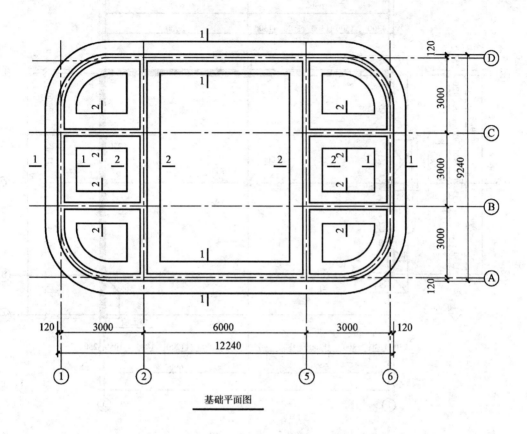

基础平面图

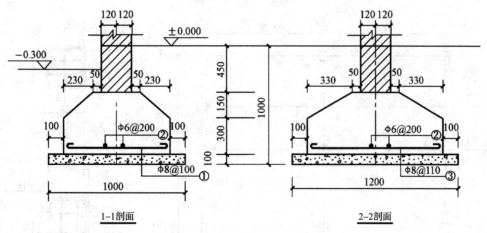

1-1剖面　　　　　　　　　　　　　2-2剖面

图 1-6　钢筋混凝土基础

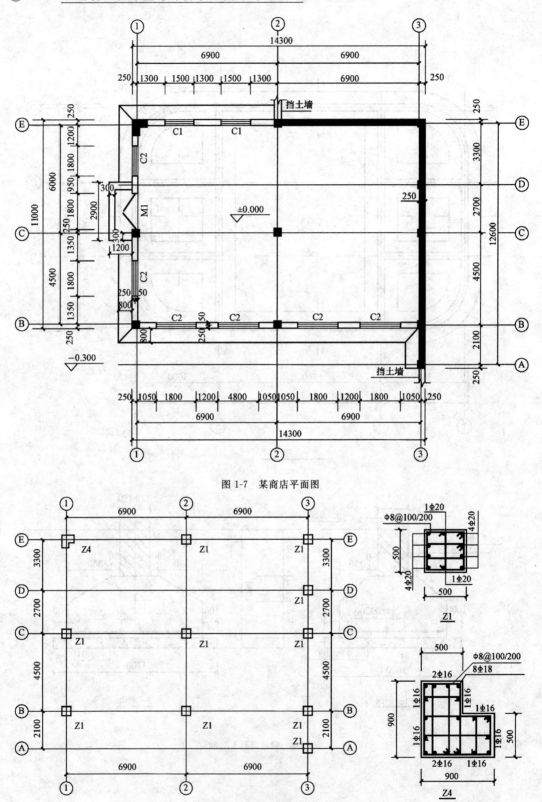

图 1-7 某商店平面图

图 1-8 钢筋混凝土柱配筋图

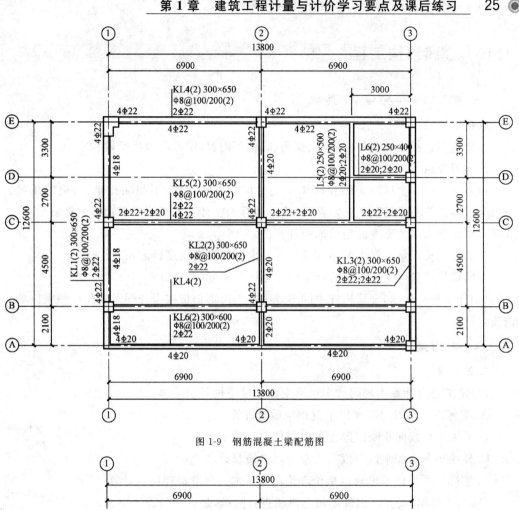

图 1-9　钢筋混凝土梁配筋图

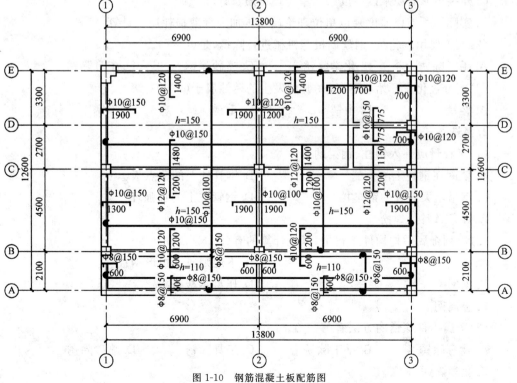

图 1-10　钢筋混凝土板配筋图

1.12　金属结构工程

一、核心内容与学习要点

1.核心内容

主要内容包括金属构件的制作、探伤、除锈等内容,定额不包括运输和安装。

2.学习要点

(1)定额规定,金属结构制作按图示钢材尺寸以吨计算,不扣除孔眼、切边的质量。焊条、铆钉、螺栓等质量已包括在定额内,不另计算。在计算不规则或多边形钢板质量时,均以其最大对角线乘最大宽度的矩形面积计算。

多边形钢板质量＝最大对角线长度×最大宽度×面密度(kg/m^2)

金属杆件质量＝金属杆件设计长度×型钢线密度(kg/m)

(2)计量规范规定,金属构件中的不规则或多边形钢板按设计图示实际面积乘以单位理论质量计算。

二、练习题

1.单选题

(1)定额规定计算不规则或多边形钢板质量应按其(　　)。

A.实际面积乘以厚度乘以单位理论质量计算

B.最大对角线面积乘以厚度乘以单位理论质量计算

C.外接矩形面积乘以厚度乘以单位理论质量计算

D.实际面积乘以厚度乘以单位理论质量再加上裁剪损耗质量计算

(2)人工使用砂轮机、钢丝刷机等机械进行除锈,是(　　)。

A.手工除锈　　　　B.化学除锈　　　　C.喷砂除锈　　　　D.工具除锈

(3)部分氧化皮开始脱落,红锈开始发生的锈蚀属于(　　)。

A.轻锈　　　　　　B.中锈　　　　　　C.重锈　　　　　　D.不锈

2.多选题

(1)工程量应并入钢柱、钢梁的有(　　)。

A.依附在钢柱上的牛腿　　　　　　　B.钢管柱上的节点板

C.钢吊车梁设置的钢车挡　　　　　　D.钢管柱上的加强环

E.焊条、铆钉、螺栓

(2)下列金属结构构件工程量,以吨计算的有(　　)。

A.钢屋架　　　　　　　　　　　B.不规则或多边形钢板

C.钢网架　　　　　　　　　　　D.压型钢板楼板

E.金属网

(3)金属构件除锈的方法有(　　)。

A.物理除锈　　　B.手工除锈　　　C.工具除锈　　　D.喷砂除锈

E.化学除锈

3. 判断题

(1)金属结构制作,按图示尺寸以吨计算,应扣除孔眼、切边的质量。　　　　　　(　　)

(2)钢柱和钢梁都是以设计图示轴线尺寸乘以截面面积计算的。　　　　　　　(　　)

(3)钢屋架、钢托架的定额工程量应包括制作平台摊销费用。　　　　　　　　(　　)

(4)钢筋混凝土组合屋架钢拉杆,按屋架钢支承计算。　　　　　　　　　　　(　　)

(5)定额未包括加工点至安装点的构件运输,构件运输按构件运输及安装工程规定计算。　　　　　　　　　　　　　　　　　　　　　　　　　　　　　　(　　)

(6)金属板材对接焊缝超声波探伤,以焊缝面积为计量单位。　　　　　　　　(　　)

4. 名词解释

(1)轻钢屋架　　　(2)钢托架　　　(3)压型钢板　　　(4)化学除锈　　　(5)无损探伤

5. 填空题

(1)钢零星构件系指定额＿＿＿＿＿＿、单体重量在＿＿＿＿＿＿以内的钢构件。

(2)除锈按方法不同可分为＿＿＿＿＿、＿＿＿＿＿、＿＿＿＿＿和＿＿＿＿＿四种。

(3)除锈工程分为＿＿＿＿、＿＿＿＿、＿＿＿＿三个标准。

6. 问答题

(1)金属构件制作子目中,是否包括除锈和刷油漆?

(2)金属结构制作工程量应怎样计算?

(3)X射线焊缝无损探伤工程量应怎样计算?

7. 计算题

(1)某厂房屋面钢屋架8榀,每榀重6 t,跨度22 m,由金属构件厂加工,场外运输12 km,现场拼装,采用汽车吊跨外安装,安装高度为12 m。确定定额项目。

(2)某单位自行车车棚,高度3.9 m。用6根H200×100×5.5×8钢梁,长度5.80 m;用36根槽钢18a钢梁,长度4.5 m。由附属加工厂制作,刷防锈漆1遍,运至安装地点,运距1.5 km。计算工程量,确定定额项目。

1.13　木结构工程

一、核心内容与学习要点

1. 核心内容

木结构工程包括木屋架、木构件和屋面木基层等项目。

2. 学习要点

为了保护地球生态资源,以钢代木,现在用木结构的项目越来越少,不作为学习重点。

二、练习题

1. 单选题

(1)以下按平方米计算清单工程量的是(　　)。

A. 木屋架　　　　B. 木檩条　　　　C. 木楼梯　　　　D. 其他木构件

(2)下列说法正确的是(　　)。

A.檩木按竣工木料按长度以米计算

B.简支檩条按设计长度计算,如两端出山,算至博风板

C.连续檩长度按设计规定以立方米计算

D.檩条接头长度按总长度增加10%计算

2.判断题

(1)定额的木材消耗量均包括后备长度及刨光损耗和制作及安装损耗,使用时不再调整。　　　　　　　　　　　　　　　　　　　　　　　　　　　　(　　)

(2)屋架的跨度应以上、下弦中心线两交点之间的距离计算。　　　　　　(　　)

(3)按照定额规定,钢木屋架单位为 10 m^3 ,指的是竣工木料的材积量。　　(　　)

(4)木楼梯按水平投影面积计算,不扣除宽度小于 500 mm 的楼梯井面积,踢脚板、平台和伸入墙内部分不另计算。　　　　　　　　　　　　　　　　　　(　　)

3.名词解释

(1)钢木屋架　　　(2)马尾屋架　　　(3)竣工木料　　　(4)屋面板

4.填空题

(1)木材干燥费用包括干燥时发生的_____、_____、_____及干燥损耗。

(2)木材按加工与用途不同,可分为_____、_____、_____、_____等几种。

(3)带气楼的屋架和马尾、折角以及正交部分半屋架,应按_____计算,按相关_____编码列项。

(4)屋面基层由_____、_____、_____等组成。

5.问答题

(1)定额木材用量折成原木和锯材的系数是多少?

(2)钢木屋架工程量应怎样计算?

(3)木楼梯工程量应怎样计算?

6.计算题

某建筑物屋面采用木结构,如图 1-11 所示,屋面坡度系数为 1.118,木板净厚 30 mm,刷防腐油、灰色调和漆两遍。编制封檐板、博风板工程量清单并进行清单报价。

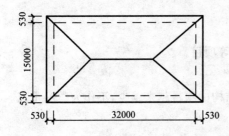
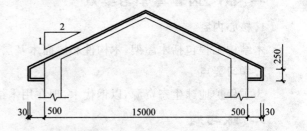

图 1-11　封檐板、博风板

1.14 门窗工程

一、核心内容与学习要点

1.核心内容

门窗工程包括木门、金属门、金属卷帘门、厂库房大门及特种门、其他门、木窗、金属窗、钢门窗、门窗套、窗台板、窗帘盒、窗帘轨等项目,其中木窗、钢门窗均属淘汰项目。

2.学习要点

(1)各类门窗制作、安装工程量,除注明者外,均按图示门窗洞口面积计算。规格相同也可以按樘计算。

(2)木门扇设计有纱扇的,纱扇按扇外围面积计算,套用相应定额。计算规范规定纱窗扇按框外围尺寸计算面积。

(3)木材种类、玻璃厚度、窗纱种类等设计与定额不同时,应该进行换算。

二、练习题

1.单选题

(1)以下木材哪个属于一类木种?(　　　)

A.柏木　　　　　　B.柞木　　　　　　C.樟子松　　　　　　D.冷杉

(2)镶嵌玻璃的高度在门扇高度 1/3 以内,其余镶木板是(　　　)。

A.镶木板门　　　B.半截玻璃镶板门　C.玻璃镶板门　　　D.全玻璃自由门

(3)铁窗栅制作以扁、方、圆钢为准,如带花饰的,人工乘系数(　　　)。

A.1.1　　　　　　B.1.2　　　　　　C.1.3　　　　　　D.1.4

2.判断题

(1)定额中木门扇制作、安装项目中均不包括纱扇、纱亮内容,纱扇、纱亮按相应定额项目另行计算。　　　　　　　　　　　　　　　　　　　　　　　　　　(　　　)

(2)玻璃厚度、颜色、种类设计与定额不同时可以换算。　　　　　　　　(　　　)

(3)木门扇设计有纱扇的,纱扇按扇外围面积计算,套用相应定额。　　　(　　　)

(4)门连窗的工程量只考虑门的工程量,窗的工程量套用窗的定额。　　　(　　　)

(5)按照定额规定,厂库房大门及特种门的安装各部分应单独计算脚手架。(　　　)

3.名词解释

(1)胶合板门　　　(2)特殊五金　　　(3)玻璃镶板门　　　(4)门窗套　　　(5)筒子板

4.填空题

(1)门窗工程是按_____和_____综合编制的。不论实际采用何种操作方法,均按本定额执行。

(2)定额中木门扇制作、安装项目中均不包括_____、_____内容,纱扇、纱亮按相应定额项目另行计算。

(3)铝合金卷闸门安装按洞口高度增加_____mm乘以门实际宽度,以平方米计算

（卷闸门宽按设计宽度计入）。电动装置安装以套计算，小门安装以＿＿＿＿＿＿计算。

（4）特种门是指＿＿＿＿＿＿、冷藏冻结间门、＿＿＿＿＿＿＿＿＿＿、＿＿＿＿＿＿、密闭钢门、射线防护门等。

5.问答题

（1）何谓塑料门窗？

（2）夹板门门扇工程量应怎样计算？

（3）厂库房大门及特种门项目中钢骨架是否可以调整？

（4）钢质防火门、钢防盗门包括哪些内容？

（5）厂库房大门、特种门及木构件是否包括面层刷油漆？

6.计算题

（1）某住宅用带纱镶木板门24樘，洞口尺寸如图1-12所示，刷底油一遍，按定额计算带纱镶木板门制作和安装、门锁及附件工程量。确定定额项目。

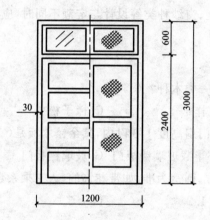

图1-12　带纱镶木板门

（2）某商店采用全玻璃自由门，不带纱扇，如图1-13所示。木材为水曲柳，不刷底油，共2樘。计算全玻璃自由门制作和安装工程量，以及人工、材料、机械数量及费用。

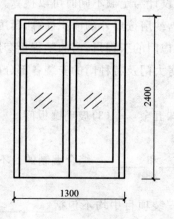

图1-13　全玻璃自由门

1.15　屋面及防水工程

一、核心内容与学习要点

1. 核心内容

重点是瓦屋面、平屋面和地下室防水等几个分项工程的清单编制及清单计价表编制。

2. 学习要点

(1)设计屋面材料规格与定额规格(定额未注明具体规格的除外)不同时,可以换算,其他不变。

(2)各种瓦屋面(包括挑檐部分),均按设计图示尺寸的水平投影面积乘以屋面坡度系数,以平方米计算。

(3)屋面防水,按设计图示尺寸的水平投影面积乘以坡度系数,以平方米计算,不扣除房上烟囱、风帽底座、风道和屋面小气窗等所占面积,屋面的女儿墙、伸缩缝和天窗等处的弯起部分,按设计图示尺寸并入屋面工程量内计算。

二、练习题

1. 单选题

(1)瓦屋面工程量按(　　)计算。

A. 设计图示尺寸以水平投影面积　　　　B. 设计图示尺寸以斜面面积

C. 设计图示尺寸以外墙外边水平面积　　D. 设计图示尺寸以外墙轴线水平面积

(2)屋面防水构造中,女儿墙的弯起部分一般为(　　)mm。

A. 150　　　　　B. 200　　　　　C. 250　　　　　D. 300

2. 多选题

(1)卷材防水屋面工程量按设计图示尺寸以面积计算,不应扣除(　　)所占的面积。

A. 屋面小气窗　　　　　　　　　　B. 女儿墙、伸缩缝和天窗等处的弯起部分

C. 风帽底座　　　　　　　　　　　D. 卷材屋面的附加层、接缝收头

E. 找平层的嵌缝

(2)下列按米计算工程量的有(　　)。

A. 排水管　　　　B. 屋面天沟　　　　C. 墙基下防水　　　　D. 变形缝

E. 块料踢脚线

3. 判断题

(1)偶延尺系数 D 可用于计算四坡屋面斜脊长度,斜脊长＝斜坡水平长×D　　　(　　)

(2)卷材防水层中的卷材接缝、收头、防水薄弱处的附加层及找平层的嵌缝、冷底子油基层等人工、材料,已计入定额中,不另行计算。　　　　　　　　　　　　　　(　　)

(3)刚性防水中,分格嵌缝的工料已包括在定额内,不另套用。　　　　　　　　(　　)

(4)水落管、镀锌铁皮天沟、檐沟,按设计图示尺寸以米计算。　　　　　　　　(　　)

(5)水斗、下水口、雨水口、弯头、短管等,均以个计算。　　　　　　　　　　(　　)

(6)墙基防水、防潮层,外墙按外墙中心线长度、内墙按墙体净长度乘以宽度,以平方米计算。　　　　　　　　　　　　　　　　　　　　　　　　　　　　　　　(　　)

4.名词解释

(1)偶延尺系数　　(2)下水口　　(3)风道　　(4)斜脊　　(5)卷材防水

5.填空题

(1)油毡防水屋面基本层次包括结构层、_____、_____、_____、保护层。

(2)卷材防水中,防水薄弱处的_____、_____、_____及_____均包括在定额内,不再另套项目。

(3)变形缝是指_____、_____和_____的总称。

6.简答题

(1)瓦屋面工程量应怎样计算?

(2)地面防水、防潮层工程量应怎样计算?

(3)屋面防水定额工程量应怎样计算?

(4)墙面、楼地面及屋面防水中上卷部分怎样套定额?

(5)刚性防水中的分格嵌缝工料应怎样计算?

7.计算题

(1)某别墅屋顶外檐尺寸如图 1-14 所示。屋面做法如下:钢筋混凝土斜屋面板上刷素水泥浆一遍,1∶3 水泥砂浆找平层 20 mm 厚,刷聚氨酯防水涂蜡两遍,贴憎水珍珠岩块 80 mm 厚,1∶2 防水砂浆(掺无机铝盐防水剂)找平 20 mm 厚,1∶3 水泥砂浆粘贴西班牙瓦。计算工程量。

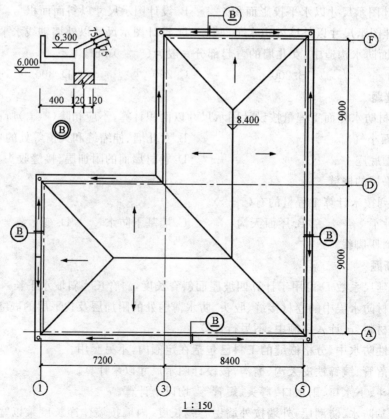

1∶150

图 1-14　某别墅屋顶外檐尺寸

(2)某屋顶平面如图 1-15 所示,墙厚 240 mm,天沟宽 440 mm。屋面做法如下:素水泥浆一遍,1:3 水泥砂浆找平层 20 mm 厚,冷底子油一遍,石油沥青隔气层一遍,1:8 水泥膨胀珍珠岩找坡 2%(最薄处 40 mm 厚),干铺憎水性膨胀珍珠岩块 80 mm 厚,1:3 水泥砂浆找平层 30 mm 厚(φ4@200 双向配筋),聚合物复合改性沥青涂料一遍,粘贴 SBS 改性沥青卷材一层。计算工程量。

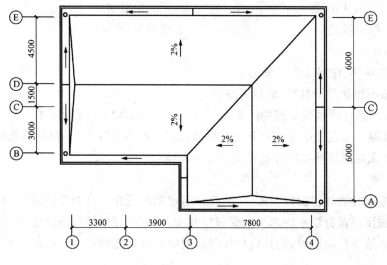

图 1-15　某屋顶平面

1.16　保温隔热防腐工程

一、核心内容与学习要点

1.核心内容

主要内容包括保温、隔热、防腐面层工程。常用项目是屋面保温工程。

2.学习要点

(1)保温层种类和保温材料配合比,设计与定额不同时可以换算,其他不变。

(2)保温层按设计图示尺寸以立方米计算(另有规定的除外)。

双坡屋面保温层平均厚度＝保温层宽度÷2×坡度÷2＋最薄处厚度

单坡屋面保温层平均厚度＝保温层宽度×坡度÷2＋最薄处厚度

二、练习题

1.单选题

(1)下列说法正确的是(　　)。

A.保温屋面应扣除柱、垛所占面积

B.保温柱按保温层实铺面积计算

C.隔热墙工程量应扣除门窗洞口所占面积

D.外墙内保温的内墙保温踢脚线不包括在报价内

(2)下列项目中,( )不是以平方米为单位计算的。

A. 防腐砂浆　　　　　　　　　　　　B. 砌筑沥青浸渍砖

C. 防腐涂料　　　　　　　　　　　　D. 隔离层

2. 多选题

(1)下列工程量计算时,不包括黏结层厚度的有( )。

A. 防腐混凝土面层　　　　　　　　　B. 屋面保温层

C. 墙体保温隔热　　　　　　　　　　D. 楼地面隔热

E. 块料防腐面层

(2)关于隔热、保温工程正确的是( )。

A. 铺贴不包括胶结材料,应以净厚度计算

B. 保温隔热使用稻壳加药物防虫剂时,应在清单项目栏中进行描述

C. 柱保温以保温层中心线展开长度乘以保温层高度及厚度(不包括黏结层厚度)计算

D. 墙体保温隔热不扣除管道穿墙洞口所占体积

3. 判断题

(1)保温层种类和保温材料配合比,设计与定额不同时可以换算,其他不变。　　( )

(2)单坡屋面保温层平均厚度=保温层宽度×坡度÷2+最薄处厚度。　　( )

(3)计算墙体保温层时,内外墙均按保温层中心线长度乘以设计高度及厚度以立方米计算。　　( )

(4)墙面保温铺贴块体材料,包括基层涂沥青一遍。　　( )

(5)按照清单要求,立面防腐应扣除砖垛等突出墙面的部分。　　( )

(6)按照清单要求,踢脚板防腐不扣除门洞所占面积,但应增加门洞侧壁面积。　( )

4. 名词解释

(1)水玻璃　　(2)保温隔热层　　(3)夹心保温　　(4)外保温

5. 填空题

(1)混凝土板上保温和架空隔热,适用于_____、_____、_____的保温和架空隔热。

(2)屋面保温材料分为_____、_____、_____等三大类。

(3)聚氯乙烯泡沫塑料产品按其形态分为_____、_____两种。

(4)坡屋顶的保温有_____和_____两种做法。

6. 简答题

(1)什么是聚氨酯发泡防水保温层?

(2)保温层种类不同怎样换算?

(3)屋面保温层工程量应怎样计算?简述平均厚度计算公式。

7. 计算题

保温平屋面尺寸如图 1-16 所示,女儿墙圆弧半径为 2 m,内天沟宽 300 mm。屋面做法:炉渣找坡,最薄处厚度 30 mm;现浇水泥蛭石 1∶8 保温层厚 60 mm,拒水粉防水,采用无纺布,上铺混凝土保护层。计算相关项目工程量和定额直接费。

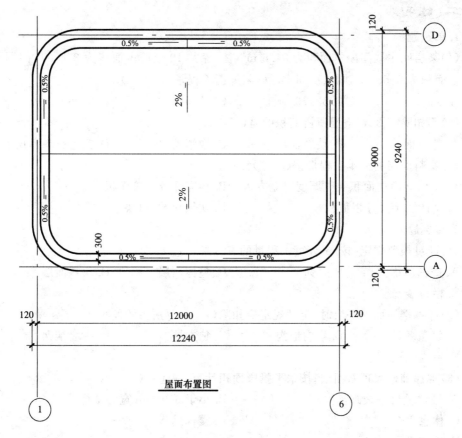

图 1-16　保温平屋面

1.17　楼地面装饰工程

一、核心内容与学习要点

1. 核心内容

内容包括楼地面、踢脚线、楼梯、台阶和零星装饰项目,定额与规范工程量计算规则基本相同。

2. 学习要点

楼地面找平层和整体面层工程量＝主墙间净长度×主墙间净宽度－构筑物等所占面积

楼地面块料面层工程量＝净长度×净宽度－不做面层的面积＋增加的其他面积

楼梯工程量＝楼梯间净宽×(休息平台宽＋踏步宽×步数)×(楼层数－1)

台阶工程量＝台阶长×踏步宽×步数

踢脚板工程量＝踢脚板净长度×高度

或:踢脚线工程量＝踢脚线净长度

二、练习题

1. 单选题

(1)某房间主墙间净空面积为 54.6 m²,柱、垛共 10 个所占面积为 2.4 m²,门洞开口部分所占面积为 0.56 m²,则该房间水泥砂浆地面工程量为(   )m²。

A. 52.20   B. 52.76   C. 57.56   D. 54.60

(2)不扣除 0.3 m² 空洞所占面积的是(   )。

A. 整体面层   B. 块料面层   C. 橡塑面层   D. 其他材料面层

(3)块料面层的清单工程量按(   )计算。

A. 主墙间净空面积乘以厚度以立方米   B. 相应部分建筑面积

C. 设计图示尺寸以面积   D. 实铺块数,以块

2. 多选题

(1)计量规范规定,按 m² 计算工程量的有:(   )。

A. 楼梯装饰   B. 台阶   C. 整体面层   D. 块料面层

E. 栏板装饰

(2)计算楼地面找平层时,定额规定应扣除(   )等所占的面积。

A. 设备基础   B. 室内地沟   C. 独立柱   D. 附墙烟囱

E. 室内铁道

(3)楼梯铺贴大理石面层,按水平投影面积计算,应包括(   )。

A. 楼梯最后一级踏步宽   B. 小于 800 mm 宽的楼梯井

C. 休息平台   D. 楼梯踏步

E. 楼梯平台梁

3. 判断题

(1)细石混凝土、钢筋混凝土整体面层设计厚度与定额不同时,厚度可以调整。(   )

(2)水磨石楼地面定额子目不包括水磨石面层的分格嵌条。(   )

(3)楼地面中若有填充层和隔离层,其所需费用应计入相应清单项目的报价中。(   )

(4)块料面层中的楼地面项目、楼梯项目,均不包括踢脚板、楼梯侧面、牵边。(   )

(5)楼梯面层按水平投影面积计算,不包括最后一级踏步宽。(   )

4. 名词解释

(1)整体面层   (2)楼地面点缀   (3)楼梯、台阶的牵边

5. 填空题

(1)楼地面工程中的_____、_____、_____等配合比,设计规定与定额不同时,可以换算,其他不变。

(2)整体面层、块料面层中的_____、_____,均不包括踢脚板、楼梯侧面、牵边;台阶不包括侧面、牵边;设计有要求时,按相应定额项目计算。

(3)_____、_____整体面层设计厚度与定额不同时,混凝土厚度可按比例换算。

6. 问答题

(1)整体面层包括哪些清单项目?

(2)踢脚线分为哪些清单项目?

（3）零星项目适用于哪些情况？

7.计算题

（1）某部门办公室如图 1-17 所示,房间地面做细石混凝土垫层 60 mm 厚,1∶3 水泥砂浆找平层 20 mm 厚,1∶2.5 水泥砂浆面层 20 mm 厚,室内柱尺寸为 240 mm×240 mm,墙垛尺寸为 240 mm×120 mm,轻钢龙骨石膏板隔断墙厚 120 mm,门框居中,门框厚 80 mm,门洞尺寸为 2000 mm×900 mm,试确定清单项目,编制工程量清单。

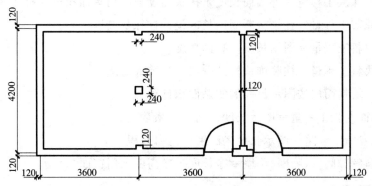

图 1-17　某部门办公室

（2）某教学楼过道楼面（干粉型胶黏剂）铺设 600 mm×600 mm 米黄色全瓷玻化砖,200 mm 宽黑金砂镶边,120 mm 高黑金砂踢脚,楼面拼花如图 1-18 所示。试编制图示分部分项工程的工程量清单并计价。

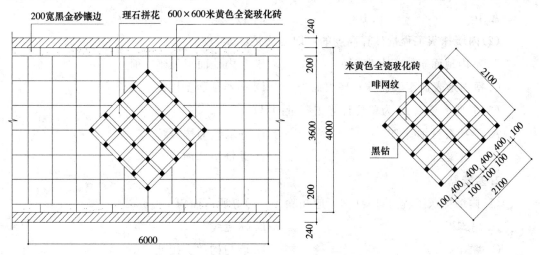

图 1-18　某教学楼过道楼面图

1.18　墙柱面装饰与隔断幕墙工程

一、核心内容与学习要点

1.核心内容

内容包括墙柱面抹灰、块料面层、饰面及其零星项目和隔断、幕墙工程项目,定额与规范工程量计算规则基本相同。

2. 学习要点

内墙抹灰工程量＝主墙间净长度×墙面高度－门窗等面积＋垛的侧面抹灰面积

内墙裙抹灰工程量＝主墙间净长度×墙裙高度－门窗所占面积＋垛的侧面抹灰面积

柱抹灰工程量＝柱结构断面周长×设计柱抹灰高度

外墙抹灰工程量＝外墙面长度×墙面高度－门窗等面积＋垛梁柱的侧面抹灰面积

外墙装饰抹灰工程量＝外墙面长度×抹灰高度－门窗等面积＋垛梁柱的侧面抹灰面积

柱装饰抹灰工程量＝柱结构断面周长×设计柱抹灰高度

墙面贴块料工程量＝图示长度×装饰高度

柱面贴块料工程量＝柱装饰块料外围周长×装饰高度

零星镶贴块料面层按图示尺寸的实贴面积计算

墙、柱饰面龙骨工程量＝图示长度×高度×系数

木间壁、隔断工程量＝图示长度×高度－门窗面积

铝合金(轻钢)间壁、隔断、幕墙＝净长度×净高度－门窗面积

二、练习题

1. 单选题

(1)外墙的垂直投影面积为 100 m²,门窗洞口所占面积为 4 m²,附墙柱的侧面积为 2 m²,门洞口侧壁面积之和为 3 m²,其外墙一般抹灰工程量为(　　　)m²。

A. 101　　　　　　B. 100　　　　　　C. 98　　　　　　D. 99

(2)内墙抹灰工程量计算高度的计取方法是(　　　)。

A. 室内地面至楼板上表面　　　　　B. 室内地面至天棚底面

C. 室内地表面至天棚抹灰底表面　　D. 墙裙顶面至楼板上表面

(3)下列不是以 m² 为单位计算工程量的是(　　　)。

A. 干挂石材钢骨架　　　　　　　　B. 外墙装饰抹灰

C. 石材梁面　　　　　　　　　　　D. 装饰板墙面

2. 多选题

(1)内墙抹灰工程量计算时,不应扣除(　　　)等所占面积。

A. 踢脚板　　　　　　　　　　　　B. 挂镜线

C. 墙裙　　　　　　　　　　　　　D. 墙与构件交接处

E. 单个面积在 0.3 m² 以内的孔洞

(2)一般抹灰中的"零星项目"适用于(　　　)。

A. 2 m² 以内的抹灰　　　　　　　　B. 池槽

C. 花台　　　　　　　　　　　　　D. 暖气壁龛

E. 过人洞

(3)块料镶贴和装饰抹灰的"零星项目"适用于(　　　)。

A. 挑檐　　　　B. 天沟　　　　C. 雨篷底面　　　　D. 栏板　　　　E. 压顶

3. 判断题

(1)计量规范规定,柱的一般抹灰,以柱断面周长乘以高度计算。　　　　(　　)

(2)墙面抹灰的工程量不应扣除零星抹灰所占面积。　　　　　　　　　(　　)

(3)柱面贴块料面层的工程量按柱结构断面周长乘以装饰高度以平方米计算。(　　)

(4)墙柱饰面中的面层、基层、龙骨均未包括刷防火涂料。　　　　　　　(　　)

(5)木间壁、隔断按图示尺寸长度乘以高度,以平方米计算。有门窗者,扣除门窗面积,门窗扇执行门窗工程有关规定。　　　　　　　　　　　　　　　　　(　　)

(6)带骨架幕墙计算面积时,即使门窗的材料与其同质,也应予以扣除。　(　　)

4. 名词解释

(1)主墙　　(2)间壁墙　　(3)带肋全玻璃幕墙　　(4)墙垛,柱垛,附墙垛　　(5)护角线

5. 填空题

(1)定额中凡注明_____、_____、饰面材料_____的,设计与定额不同时,可按设计规定调整,但人工数量不变。

(2)按照定额要求,墙面一般抹灰应扣除_____和_____,不扣除_____、_____、单个面积在 0.3 m² 以内的孔洞、墙与构件交接处的面积,洞侧壁和顶面亦不增加面积。

(3)_____、斩假石、_____、_____等,应按墙面抹灰中的装饰抹灰项目编码列项。

(4)墙面镶贴块料高度大于_____ mm 时,按墙面、墙裙项目套用;小于_____ mm 按踢脚线项目套用。

6. 问答题

(1)墙面抹灰工程量怎样计算?

(2)一般抹灰包括哪些项目?

(3)柱面一般抹灰工程量怎样计算?

(4)零星镶贴块料面层项目适用于哪些项目?

7. 计算题

(1)某营业厅外墙面装饰做法如图 1-19 所示,墙面、墙裙干挂花岗石板,缝宽 5 mm;挑檐为钢骨架、细木工板基层,贴铝塑板面层,密缝,使用规范和当地单位估价表,编制工程量清单和清单报价。其中,管理费为人工费的 78%,利润为人工费的 25%。

(2)某大厅有四根方柱包成圆柱,柱子装饰如图 1-20 所示,基层龙骨为 40 mm×30 mm 成品木龙骨、18 mm 厚细木工板,基层为双层 3 夹板,面层为象牙白铝塑板(吉祥牌),踢脚为 150 mm 高、25 mm 厚的大花绿大理石,柱上有 30 mm 宽镜面不锈钢装饰条 5 根。计算分项工程的清单工程量及综合单价。

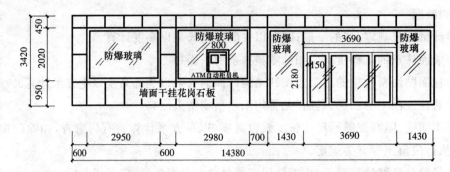

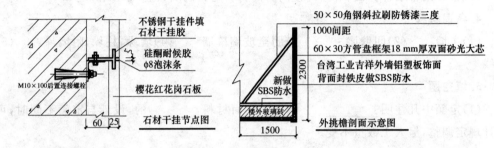

图 1-19　某营业厅外墙面装饰

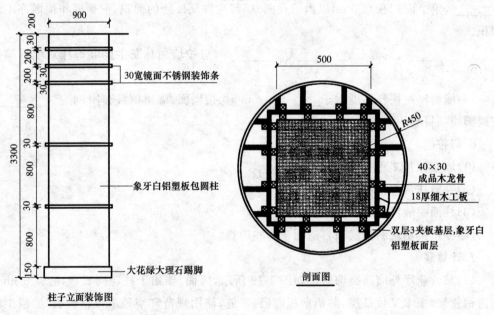

图 1-20　圆柱装饰

1.19　天棚工程

一、核心内容与学习要点

1.核心内容

内容包括天棚抹灰、天棚吊顶项目。

2. 学习要点

顶棚抹灰工程量＝主墙间的净长度×主墙间的净宽度＋梁侧面面积

装饰线工程量＝Σ(房间净长度＋房间净宽度)×2

二至三级顶棚龙骨工程量＝跌级高差最外边线长度×跌级高差最外边线宽度

一级吊顶顶棚龙骨工程量＝主墙间的净长度×主墙间的净宽度－二至三级顶棚龙骨工程量

顶棚饰面工程量＝主墙间的净长度×主墙间的净宽度－独立柱等所占面积

跌落等艺术形式顶棚饰面工程量＝Σ展开长度×展开宽度

计量规范规定天棚吊顶按设计图示尺寸以水平投影面积计算工程量(包括龙骨)。天棚面中的灯槽及跌级、锯齿形、吊挂式、藻井式天棚面积不展开计算;不扣除间壁墙、检查口、附墙烟囱、柱垛和管道所占面积,扣除单个面积大于 0.3 m^2 的孔洞、独立柱及与天棚相连的窗帘盒所占的面积。

二、练习题

1. 单选题

(1)下列项目中不是按自然计量单位计算清单工程量的是( )。

A. 灯带　　　　　B. 送风口　　　　　C. 门窗　　　　　D. 特殊五金

(2)某顶棚抹灰装饰,开间 4.5 m,进深 3.6 m,墙厚 240 mm,顶棚带梁,其侧面积为 200 m^2,则该顶棚抹灰的定额工程量为( ) m^2。

A. 216.2　　　　　B. 14.31　　　　　C. 16.2　　　　　D. 214.31

(3)吊顶天棚面层工程量的计算,不正确的说法是( )。

A. 灯槽展开增加的面积不另计算　　　　B. 灯槽展开增加的面积另行计算

C. 应扣除 0.3 m^2 以上孔洞所占的面积　　D. 不扣除间壁墙、检查洞所占面积

2. 判断题

(1)按照计量规范要求,天棚抹灰按水平投影面积计算,应扣除间壁墙、垛、柱、附墙烟囱、检查口和管道所占的面积。　　　　　　　　　　　　　　　　　　　　( )

(2)密肋梁和井字梁顶棚抹灰面积,按展开面积计算。　　　　　　　　　　( )

(3)檐口顶棚及阳台、雨篷底的抹灰面积,并入相应的顶棚抹灰工程量内计算。( )

(4)楼梯底面包括侧面及连接梁、平台梁、斜梁等抹灰,按水平投影面积计算,并入顶棚抹灰工程量内。　　　　　　　　　　　　　　　　　　　　　　　　　　( )

(5)天棚面层油漆防护,应按油漆、涂料、裱糊工程中相应分项工程项目编码列项。( )

3. 名词解释

(1)混凝土天棚抹灰　　(2)檐口天棚　　(3)天棚吊顶　　(4)跌级天棚

4. 填空题

(1)天棚抹灰项目基层类型是指_____、_____、_____等。

(2)_____及_____、_____的抹灰面积,并入相应的顶棚抹灰工程量内计算。

(3)天棚抹灰的工程内容包括:_____、_____、_____。

(4)定额中凡注明_____、_____、饰面材料_____的,设计规定与定额不同时,可按设计规定换算,其他不变。

5.问答题

(1)何谓天棚抹灰基层类型?

(2)何谓龙骨类型?

(3)吊筒吊顶适用于哪些项目?

(4)天棚吊顶工程量如何计算?

1.20　油漆涂料裱糊工程

一、核心内容与学习要点

1.核心内容

内容包括楼地面、顶棚面、墙、柱面的喷(刷)涂料、门窗油漆、金属面油漆、抹灰面油漆和裱糊等项目,定额与规范工程量计算规则基本相同。

2.学习要点

定额涂刷工程量＝抹灰面工程量×各项相应系数

定额油漆工程量＝基层项工程量×各项相应系数

门油漆工程量＝设计图示单面洞口宽度×设计图示单面洞口高度×数量

窗油漆工程量＝设计图示单面洞口宽度×设计图示单面洞口高度×数量

基层处理工程量＝面层工程量

木材面刷防火涂料＝板方框外围投影面积

二、练习题

1.单选题

(1)按 t 计算工程量的是(　　　)。

A.门窗五金安装　　　B.金属门　　　　　C.金属面油漆　　　　D.门窗油漆

(2)以下不正确的是(　　　)。

A.门窗油漆,计量单位为樘　　　　　　B.金属面油漆,计量单位为 m^2

C.木扶手油漆,计量单位为 m　　　　　D.栏杆刷乳胶漆,计量单位为 m^2

(3)以下油漆清单工程量的计算以 m 为单位的是(　　　)。

A.木扶手　　　　　B.木材面　　　　　C.金属面　　　　　D.门油漆

(4)下列油漆工程量计算规则中,正确的说法是(　　　)。

A.门、窗油漆按展开面积计算　　　　　B.木扶手油漆按平方米计算

C.金属面油漆按构件质量计算　　　　　D.抹灰面油漆按图示尺寸以面积和遍数计算

2.判断题

(1)定额项目中刷涂料、刷油漆采用手工操作,喷塑、喷涂、喷油采用机械操作,实际操作方法不同时,不做调整。　　　　　　　　　　　　　　　　　　　　　　　　(　　　)

(2)定额已综合考虑在同一平面上的分色及门窗内外分色的因素,需做美术图案的另行计算。　　　　　　　　　　　　　　　　　　　　　　　　　　　　　　　　(　　　)

(3)按照计量规范要求,工程量以面积计算的油漆项目,如线角、线条、压条等不展开计算。　　　　　　　　　　　　　　　　　　　　　　　　　　　　　　　　　(　　　)

（4）喷塑、涂料、裱糊按设计图示尺寸以面积计算，计量单位为 m²。　　　　　（　　）

（5）定额项目中均不包括油漆和防火涂料。实际发生时按油漆、涂料定额的相应规定计算。　　　　　（　　）

3. 名词解释

（1）油灰　　（2）满刮腻子　　（3）乳胶漆　　（4）弹涂

4. 填空题

（1）抹灰线条油漆是指宽度_____ mm 以内者,当宽度超过_____ mm 时,应按_____并入相应抹灰面油漆中。

（2）木材面刷防火涂料,按_____计算工程量;木方面刷防火涂料,按_____、板面的投影面积计算工程量。

（3）_____、_____油漆的工程量分别按油漆、涂料系数表的规定,并乘以系数表内的系数以平方米计算。

5. 问答题

（1）油漆、涂料、裱糊工程工程量清单共分哪些项目?

（2）门窗分为哪些类型?

（3）木材面油漆项目包括哪些内容?

（4）设置油漆、涂料工程量系数表的主要目的是什么?

（5）木线角、线条、压条的油漆怎样计算?

6. 计算题

（1）某工程装饰门 45 樘,如图 1-21 所示,门刷聚酯漆有光色漆,底油一遍,面油三遍。人工、材料、机械单价选用市场信息价,根据企业情况确定管理费率为 5.1%,利润率为 17%。编制装饰门油漆项目工程量清单,计算综合单价。

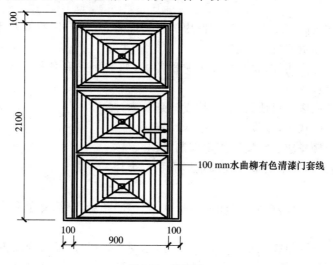

图 1-21　装饰门

（2）某宾馆客房制作明式木窗帘盒长度 3.6 m,高度 0.15 m,共 80 个,润油粉,漆片,刷硝基清漆 6 遍。人工、材料、机械单价选用市场信息价,根据企业情况确定管理费率为 5.1%,利润率为 17%。编制窗帘盒油漆项目工程清单及综合单价。

1.21　其他装饰工程

一、核心内容与学习要点

1. 核心内容

内容包括橱柜、装饰线条、扶手栏杆、暖气罩、浴厕配件、雨篷旗杆、招牌灯箱和美术字项目,定额与规范工程量计算规则基本相同。

2. 学习要点

装饰线条、扶手栏杆。

二、练习题

1. 单选题

(1)不锈钢、塑铝板包门框按(　　)以平方米计算。

A. 门框面积　　　　B. 展开面积　　　　C. 投影面积　　　　D. 框饰面面积

(2)栏杆、扶手的定额工程量应按(　　)计算。

A. 设计图示数量　　　　　　　　B. 设计图示长度

C. 设计图示体积　　　　　　　　D. 设计图示延长米

(3)楼梯斜长部分的栏板、栏杆、扶手,按平台梁与连接梁外沿之间的水平投影长度乘以系数(　　)计算。

A. 1. 1　　　　　B. 1. 15　　　　　C. 1. 2　　　　　D. 1. 31

(4)美术字安装,按字的(　　)以个计算。

A. 实际面积　　　　B. 展开面积　　　　C. 投影面积　　　　D. 最大外围矩形面积

2. 判断题

(1)定额中的成品安装项目,实际使用的材料品种、规格与定额取定不同时,可以换算,但人工、机械的消耗量不变。　　　　　　　　　　　　　　　　　　　　　　(　　)

(2)定额中除有注明外,龙骨均按木龙骨考虑,如实际采用细木工板、多层板等做龙骨,执行定额不再调整。　　　　　　　　　　　　　　　　　　　　　　　　　(　　)

(3)装饰线条应区分材质及规格,按设计延长米计算。　　　　　　　　　(　　)

(4)栏板、栏杆、扶手,按设计长度以米计算。　　　　　　　　　　　　　(　　)

(5)美术字定额按成品字安装固定编制,区分字体。　　　　　　　　　　(　　)

(6)美术字安装,按字的最大外围矩形面积以个计算。　　　　　　　　　(　　)

3. 名词解释

(1)装修材料　　　(2)招牌、灯箱一般形式　　　(3)招牌、灯箱复杂形式

4. 填空题

(1)橱柜木龙骨项目按橱柜_____计算,基层板、造型层板及饰面板按_____计算,抽屉按抽屉_____计算。

(2)_____、_____、_____及窗帘盒是按基层、造型层和面层分别列项,使用时分别套相应定额。

(3)明式窗帘盒按_____计算工程量,套用木扶手(不带托板)项目;暗式窗帘盒按_____计算工程量,套用其他木材面油漆项目。

(4)招牌、灯箱的龙骨按_____计算,基层及面层按_____计算。

5. 问答题

(1)其他工程工程量清单共分哪些项目?

(2)柜类及货架项目分哪些种类?

(3)暖气罩项目包括哪些内容?

(4)美术字项目包括哪些内容?

6. 计算题

(1)某住宅,室内设衣柜一个,尺寸如图 1-22 所示。木骨架,背面、上面及侧面三合板围板,底板、隔板及门扇为 18 mm 厚细木工板,外围及框的正面贴榉木板面层。编制工程量清单和清单报价。

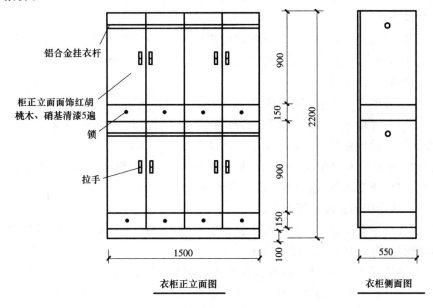

图 1-22　衣柜

(2)某单位雨篷吊挂铝合金扣板饰面 32 m²。编制雨篷吊挂铝合金扣板饰面工程量清单和清单报价。

(3)某工程厕浴间如图 1-23 所示。6 mm 厚车边镜面,20 mm 厚黑色大理石台面、裙边和挡水板。编制工程量清单和清单报价。

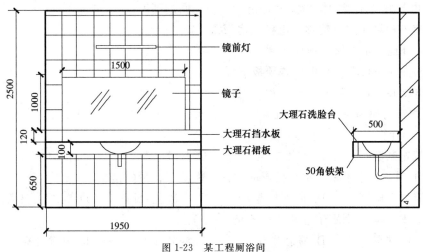

图 1-23　某工程厕浴间

1.22　措施项目

一、核心内容与学习要点

1. 核心内容

(1)包括脚手架工程,垂直运输机械及建筑物超高人工、机械增加,构件运输及安装,混凝土模板及支撑工程,大型机械安装、拆卸及场外运输,施工排水与降水。

(2)脚手架工程包括外脚手架、里脚手架、悬空及悬挑脚手架、安全网等内容。

2. 学习要点

(1)计算内、外墙脚手架时,均不扣除门窗洞口、空圈洞口等所占的面积。外脚手架工程量按外墙外边线长度乘以外脚手架高度以平方米计算;内脚手架工程按墙面垂直投影面积计算,套用里脚手架项目。

(2)檐口高度在3.6 m以内的建筑物不计算垂直运输机械。

(3)凡定额计量单位为平方米的,均按"建筑面积计算规则"规定计算。钢筋混凝土满堂基础,按其工程量计算规则计算出的立方米体积计算。

(4)预制混凝土构件运输及安装均按图示尺寸,以实体积计算;钢构件按构件设计图示尺寸以吨计算,所需螺栓、电焊条等质量不另计算。木门窗、铝合金门窗、塑钢门窗按框外围面积计算。成型钢筋按吨计算。

(5)现浇混凝土及预制钢筋混凝土模板工程量,除另有规定者外,应区别模板的材质,按混凝土与模板接触面的面积,以平方米计算。

(6)现浇混凝土柱、梁、墙、板的模板支撑,定额按支模高度3.60 m编制。支模高度超过3.60 m时,执行相应"每增3 m"子目(不足3 m,按3 m计算),计算模板支撑超高。

二、练习题

1. 单选题

(1)下列需要单独计算脚手架的是(　　)。

A. 圈梁　　　　　　B. 楼梯　　　　　　C. 构造柱　　　　　　D. 框架柱

(2)电梯井脚手架的搭设高度是指(　　)之间的高度。

A. 室外地坪至建筑物顶层电梯机房板顶

B. 室外地坪至电梯井顶板下坪

C. 电梯井底板上坪至电梯井顶板下坪

D. 电梯井底板上坪至建筑物顶层电梯机房板顶

(3)建筑物超高时,其人工、机械增加,按±0.00以上的全部人工、机械数量乘以相应子目的(　　)计算。

A. 规定基数　　　B. 实体工程量　　　C. 降效系数　　　D. 措施项目

(4)下列各项中不是按水平投影面积计算模板工程量的是(　　)。

A. 混凝土雨篷　　B. 混凝土楼梯　　C. 混凝土台阶　　D. 混凝土斜板模板

(5)下列井点类别属于管井井点的是(　　)。

A. 一级井点　　　B. 喷射井点　　　C. 深井井点　　　D. 电渗井点

2. 多选题

(1)需要单独计算脚手架的柱子有(　　)。

A.现浇混凝土独立柱　　　　　　B.现浇混凝土框架柱

C.现浇混凝土构造柱　　　　　　D.砖柱

E.石柱

(2)下列(　　)不需要单独计算脚手架。

A.现浇混凝土挑檐板　　　　　　B.现浇混凝土平板

C.现浇混凝土楼梯平台板　　　　D.现浇混凝土雨棚板

E.现浇混凝土阳台板

(3)下列内容不计算模板支撑高度的是(　　)。

A.构造柱　　　　B.圈梁　　　　C.大钢模板墙　　　D.过梁

E.现浇混凝土墙

(4)下列各项中按水平投影面积计算模板工程量的是(　　)。

A.混凝土雨篷　　B.混凝土楼梯　　C.混凝土台阶　　　D.混凝土斜板模板

E.混凝土水槽

3. 判断题

(1)按照定额要求,计算内、外墙脚手架时均不扣除门窗洞口、空圈洞口等所占面积。

　　　　　　　　　　　　　　　　　　　　　　　　　　　　　　　　　　　(　　)

(2)同一建筑物高度不同时,应按不同高度分别计算脚手架的工程量。　　(　　)

(3)某工程现浇混凝土独立基础高 1.2 m,不计算脚手架。　　　　　　　(　　)

(4)石砌围墙或厚2砖以上的砖围墙,增加一面双排里脚手架。　　　　　(　　)

(5)各种现浇混凝土板、现浇混凝土楼梯,不单独计算脚手架。　　　　　(　　)

(6)设备管道井脚手架可以借用电梯井脚手架定额。　　　　　　　　　　(　　)

(7)高出屋面的电梯间不计算脚手架。　　　　　　　　　　　　　　　　(　　)

(8)里脚手架按内墙内边线长度乘以里脚手架高度计算。　　　　　　　　(　　)

(9)高度在 3.6 m 以下时,不计算内墙脚手架。　　　　　　　　　　　　(　　)

(10)立挂式安全网按架网部分的实际长度乘以实际高度以平方米计算。　(　　)

(11)构筑物垂直运输机械的工程量以平方米为单位计算。　　　　　　　(　　)

(12)钢屋架安装单榀质量在 1 t 以下者,按轻钢屋架子目计算。　　　　(　　)

(13)现浇混凝土模板工程,基础与基础相交时重叠的模板面积不应扣除。(　　)

(14)构造柱、圈梁、大钢模板墙,不计算模板支撑超高。　　　　　　　　(　　)

(15)定额未列子目的大型机械,不计算安装、拆卸及场外运输。　　　　(　　)

(16)大型机械场外运输超过 25 km 时,一般工业与民用建筑工程,不另计取。(　　)

4. 名词解释

(1)外脚手架　　(2)里脚手架　　(3)超高工程　　(4)檐高　　(5)构件运输　　(6)砖混凝土胎模　　(7)井点降水

5. 填空题

(1)砌筑工程,当高度在_____ m 以下时,其定额工程量应按_____脚手架计算。

(2)建筑物内墙脚手架,凡设计室内地坪至顶板下表面的高度在_____ m 以下时,按单排里脚手架计算。

(3)建筑物檐口高度在_____ m 以内时,不计算垂直运输机械。

(4)建筑物设计室外地坪至檐口高度超过_____ m 时,按照超高工程计算。

(5)构造柱与砌体交错咬槎连接时,其模板工程量按_____计算。

(6)井点降水分为_____、_____、_____、水平井点、电渗井点和射流泵井点。

6.简答题

(1)外脚手架的高度应怎样确定?

(2)独立柱(现浇混凝土框架柱)脚手架工程量应怎样计算?

(3)建筑物垂直封闭工程量应怎样计算?

(4)超高人工、机械增加的计算基数不包括哪些工程内容?

(5)建筑物垂直运输机械工程量应怎样计算?

(6)施工单位自制成品模板时,应考虑哪些费用因素?

(7)构造柱模板工程量应怎样计算?

(8)现浇钢筋混凝土墙、板中的孔洞模板应怎样计算?

(9)施工排水与降水(施工技术措施项目)工程量应怎样计算?

7.计算题

(1)某建筑物尺寸如图 1-24 所示。墙体厚度为 240 mm,施工组织设计中外脚手架为钢管脚手架,室内砌筑用工具式脚手架。计算施工中内、外脚手架的工程量。

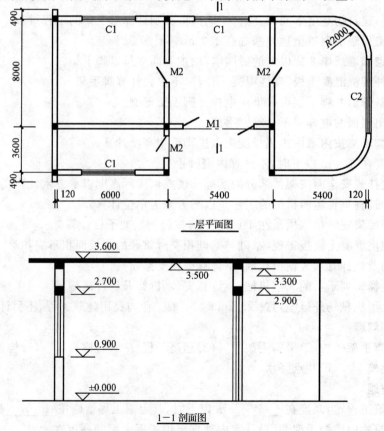

图 1-24　某建筑物

（2）某教学楼首层框架结构如图 1-25 所示,设计室外地坪标高为－0.450 m,首层板顶标高为 3.900 m,计算图中框架柱和框架梁脚手架的工程量。

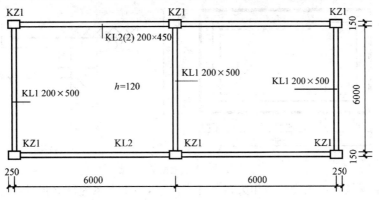

图 1-25　某教学楼首层框架结构

（3）某商业住宅楼群,现浇钢筋混凝土地下车库为二层,层高为 4.20 m,建筑总面积为16256.46 m²。其中,钢筋混凝土满堂基础的混凝土体积为 1545.85 m³,地下室墙面需要抹灰。施工组织设计中采用塔式起重机 6 t。人工、机械单价选用市场信息价,根据企业情况确定管理费率为 5.1%,利润率为 2.4%。计算±0.00 以下垂直运输机械费用。

（4）某工程钢屋架 15 榀,每榀重 5 t,由金属构件厂加工,平板拖车运输,运距 8 km。计算场外运输工程量,计算工程直接费。

（5）某工程采用成品门窗。其中,木门 80 樘,木窗 15 樘,铝合金推拉窗 100 樘。根据设计图纸可知,门洞尺寸为 1000 mm×2400 mm,安装木窗的洞口尺寸为 800 mm×1000 mm,安装推拉窗的洞口尺寸为 1500 mm×1800 mm。加工场距工地 8 km。计算该工程的门窗运输工程量,计算工程直接费。

（6）某构造柱圈梁工程如图 1-26 所示,构造柱与砖墙咬口宽 60 mm,现浇混凝土圈梁断面为 240 mm×240 mm,满铺。人工、材料、机械单价选用价目表参考价,根据企业情况确定管理费率为 5.1%,利润率为 2.4%。施工组织设计构造柱采用组合钢模板木支撑,计算该分项工程的模板的工程量及相应措施费用。

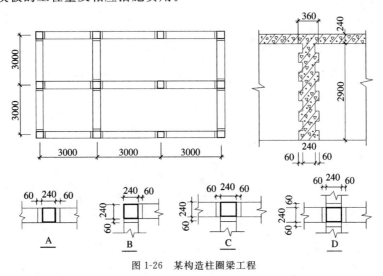

图 1-26　某构造柱圈梁工程

(7)某住宅楼屋面挑檐,如图 1-27 所示,圈梁尺寸为 240 mm×220 mm。施工组织设计中挑檐和圈梁采用组合木模板木支撑。进行该分项工程的模板工程量计算。

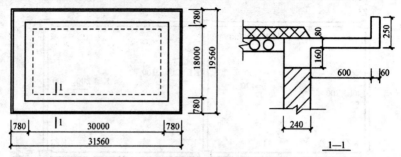

图 1-27　某住宅楼屋面挑檐

(8)某工程施工组织设计采用大口径井点降水,施工方案为环形布置,井点间距 5 m,抽水时间为 30 天。已知降水范围闭合区间长为 30 m,宽为 20 m。计算大口径井点降水工程量。

第2章
建筑与装饰工程工程量计算实务

2.1 建筑与装饰工程工程量计算实训任务书

建筑与装饰工程工程量计算实训是实现建筑与装饰工程造价相关专业培养目标、保证教学质量、培养合格人才的综合性实践教学环节,是整个教学计划中不可缺少的重要组成部分。通过实训,使学生了解建筑与装饰工程工程量清单编制和投标报价工程量计算工作的全过程,从而建立理论与实践相结合的完整概念,提高在实际工作中从事建筑与装饰工程工程量计算工作的能力,培养认真细致的工作作风,使所学知识进一步得到巩固、深化和扩展,提高学生所学知识的综合应用能力和独立工作能力。

一、实训选题

根据本专业实际工作的需要,学生通过实训,应会编制较复杂的建筑与装饰工程工程量清单和投标报价工程量计算。

建筑与装饰工程工程量计算实训选题,以工程量清单编制和投标报价工程量计算为主线,选择民用建筑混合结构或框架结构工程,含有土建和装饰内容的施工图纸。

二、实训的具体内容

建筑与装饰工程工程量计算实训具体内容包括:

1. 会审图纸

对收集到的土建、装饰施工图纸(含标准图),进行全面的识读、会审,掌握图纸内容。

2. 编制工程量清单

根据施工图纸和《房屋建筑与装饰工程工程量计算规范》,按表格方式手工计算工程量,编制工程量清单,最后上机打印。

3. 投标报价的工程量计算

根据施工图纸、《建筑工程工程量计算规则》、《建筑工程消耗量定额》和施工说明等资料,按表格方式统计出建筑与装饰工程量。

4. 招标控制价和投标报价内容

有条件的学校可以安排学生上机练习,完成计价文件的全部内容。

三、实训的步骤

1. 布置任务

布置建筑与装饰工程工程量计算实训任务,发放实训相关资料。

2. 审查施工图纸

学生通过看图纸(含标准图),对图纸所描述的建筑物有一个基本印象,对图纸存在的问题全面提出,指导教师进行图纸答疑和问题处理。

3. 工程量清单的编制

根据《房屋建筑与装饰工程工程量计算规范》中的工程量计算规则,按收集的图纸的具体要求,进行各项工程量的计算,确定项目编码、项目名称,描述项目特征,编制工程量清单。

4. 投标报价工程量计算

根据施工图纸和《建筑工程工程量计算规则》,按表格方式手工计算,并统计出建筑与装饰工程量,列出定额编号和项目名称。

5. 打印装订

经检查确认无误后,存盘、打印,设计封面,装订成册。

四、实训内容时间分配表(表 2-1)

表 2-1   实训内容时间分配表

内　容	学时	说　明	备　注
布置课程实训任务	1	全面了解设计任务书	
会审图纸	3	收集有关资料,看图纸	
编制工程量清单	8	用表格计算清单工程量	
工程量计算	16	用表格计算建筑与装饰工程量	
整理资料	4	按要求整理、打印装订	
合　计	32	最后 1 周完成(应提前进入)	

五、需要准备的资料和实训成果要求

1. 需要准备的资料

(1)某工程图纸一套及相配套的标准图;

(2)《建筑工程工程量清单计价规范》;

(3)《房屋建筑与装饰工程工程量计算规范》;

(4)《建筑工程工程量计算规则》;

(5)《企业定额》或《建筑工程消耗量定额》;

(6)《建筑工程工程量清单计价规则》;

(7)《建筑工程计量与计价实务》、《建筑工程计量与计价实训指导》等教材及《工程造价资料速查手册》等相关手册。

2. 实训成果要求

工程量计算实训要求学生根据房屋建筑与装饰工程工程量计算规范和相关定额,编制工程量清单和投标报价工程量计算。本着既节约费用,又能呈现出一份较完整资料的原则,需要打印的表格及成果资料应该有:

(1)建筑与装饰工程工程量清单 1 套(含实训成果封面、招标工程量清单封面、总说明、分部分项工程和单价措施项目清单与计价表、总价措施项目清单与计价表、其他项目清单与计价汇总表、暂列金额明细表、材料暂估单价及调整表、规费和税金项目清单与计价表等)。

(2)建筑与装饰工程投标报价工程量计算单 1 套,附封面。

(3)工程量计算单底稿(手写稿)1 套,附封面。

六、封面格式

××××学校

建筑与装饰工程工程量计算实训

建筑与装饰工程工程量清单与投标报价工程量计算

(正本)

工程名称:

院　　系:

专　　业:

指导教师:

班　　级:

学　　号:

学生姓名:

起止时间:　　自　　年　月　日至　　年　月　日

2.2　建筑与装饰工程工程量计算实训指导书

一、编制说明

1. 内容

(1)工程量清单编制。

(2)投标报价工程量计算。

2. 依据

某工程施工图纸和有关标准图；房屋建筑与装饰工程工程量计算规范、建筑工程工程量计算规则、企业定额或建筑工程消耗量定额。

3. 目的

通过建筑与装饰工程工程量计算实训，使学生基本掌握工程量清单编制和投标报价工程量计算的方法和基本要求。套价取费工作留给学生上机练习。

4. 要求

在教师的指导下，手工计算工程量，用计算机进行工程量清单编制和投标报价工程量计算书的编制。

二、施工及做法说明

(1) 施工单位：××建筑工程公司（二级建筑企业）；

(2) 施工驻地和施工地点均在市区内，相距 2 km；

(3) 设计室外地坪与自然地坪基本相同，现场无障碍物、无地表水；基槽采用人工开挖，人工钎探（每米 1 个钎眼）；打夯采用蛙式打夯机械；手推车运土，运距 40 m；

(4) 模板采用工具式钢模板，钢支撑；钢筋现场加工；混凝土现场搅拌；

(5) 脚手架均为金属脚手架；采用塔吊垂直运输和水平运输；

(6) 措施费主要考虑安全文明施工、夜间施工、二次搬运、已完工程及设备保护费。其中临时设施全部由乙方按要求自建。水、电分别为自来水和低压配电，并由发包方供应到建筑物中心 50 m 范围内；

(7) 预制构件均在公司基地加工生产，汽车运输到现场；

(8) 施工期限合同规定：自当年 8 月 1 日开工准备，次年 10 月底交付使用。

(9) 其他未尽事宜自行设定。

三、建筑做法说明

(1) 门窗均为红白松木；玻璃均为 3 mm 厚普通玻璃。M1 门为自由门（地弹簧）；M2 门为玻璃镶板门。窗均为无纱单层窗。

(2) 门窗油漆均为一遍底油，二遍调和漆。内侧为乳白色，外侧为浅驼色。

(3) 水磨石地面（无踢脚线）：素土夯实；C15 混凝土 60 mm 厚；1∶3 水泥砂浆找平 15 mm 厚；1∶1.5 彩色镜面水磨石地面，厚 25 mm。镶嵌铜条，铜条方格间距为 900 mm×900 mm。

(4) 缸砖铺地：素土夯实；C15 混凝土 60 mm 厚；1∶3 水泥砂浆找平 15 mm 厚；1∶1 水泥细砂浆 8 mm 厚贴缸砖；素水泥浆扫缝，缝宽不大于 2 mm。缸砖规格为 100 mm×100 mm×10 mm。

(5) 雨篷面砖贴面：1∶3 水泥砂浆打底找平 10 mm 厚；1∶1 水泥砂浆 10 mm 厚贴面砖；1∶1 水泥细砂浆勾缝，缝宽 2 mm。滴水贴面砖，滴水宽 40 mm。

(6)外墙白水泥水刷石墙面:1:1:6 水泥石灰砂浆打底找平 12 mm 厚;1:0.2:2 白水泥石灰膏白石子面层 10 mm 厚(中八厘);用水冲刷露出石面;介格条间距 950 mm。

(7)外墙拼碎花岗石墙面:1:3 水泥砂浆打底找平 12 mm 厚;1:2 水泥砂浆结合层 12 mm 厚;镶贴红黑间隔拼碎花岗石板。

(8)门斗及花坛内侧墙面做法:B 轴墙和④轴墙外侧同拼碎花岗石墙面;其余墙面同白水泥水刷石墙面。

(9)内墙裙:内墙裙 1 m 高,墙面刷防腐油,铺钉油毡;铺钉木龙骨,刷防火涂料两遍;铺钉中密度板基层,粘贴泰柚木板,木封口条 20 mm×20 mm 封口;刷硝基清漆六遍。

(10)内墙面中级抹灰:1:3 石灰砂浆打底找平 15 mm 厚;麻刀石灰砂浆面层 3 mm 厚;面层刮仿瓷涂料(三遍成活)。

(11)雨篷底面、门斗顶板底面做法(中级抹灰):1:1:6 混合砂浆勾缝打底 3 mm 厚;1:2.5 石灰砂浆找平 12 mm 厚;麻刀石灰砂浆面层 3 mm 厚;喷乳胶漆三遍。

(12)房间顶棚:7 mm 厚 1:3 水泥砂浆打底,7 mm 厚 1:2.5 水泥砂浆罩面,贴锦缎;周边钉 25 mm×25 mm 木压线,刷硝基清漆五遍。

(13)屋面构造:预应力空心板上 1:3 水泥砂浆找平 20 mm 厚;1:12 现浇水泥珍珠岩保温层(找坡)最薄处 40 mm 厚;1:3 水泥砂浆找平 15 mm 厚;PVC 橡胶卷材防水层。

(14)粘贴花岗石柱面:1:3 水泥砂浆打底找平 12 mm 厚;1:2 水泥砂浆结合层 12 mm 厚;粘贴 300 mm×300 mm×20 mm 红色花岗石板。

(15)门洞、漏窗洞马赛克贴面:1:3 水泥砂浆打底找平 25 mm 厚;1:3 水泥砂浆 8 mm 厚贴马赛克;素水泥浆扫缝。

四、结构设计说明

(1)基础用 MU30 乱毛石,M5.0 混合砂浆砌筑。

(2)地基土−1.500 m 以下为松石,以上为坚土。

(3)墙体采用 MU7.5 机制红砖;M5.0 混合砂浆砌筑。

(4)所用混凝土强度等级除 JQL1、JQL2 为 C15,预应力空心板为 C30,其余均为 C25。

(5)预应力空心板混凝土体积分别为:YKB39-21,0.238 m³/块;YKB36-21,0.211 m³/块。板厚为 180 mm,与梁电焊连接,Φ12 预埋铁件 22 kg。

(6)钢筋混凝土构件钢筋保护层:板为 20 mm,其余均为 25 mm。

(7)门窗洞口无过梁者均采用钢筋砖过梁,配筋为 2φ12;Z2 构造柱与墙体间设拉接钢筋 2φ6.5@500,长度 2300 mm。

五、其他说明

其他未尽事项可以根据规范、规程及标准图选用,也可由教师给定。

2.3　某湖边茶社建筑与结构施工图纸

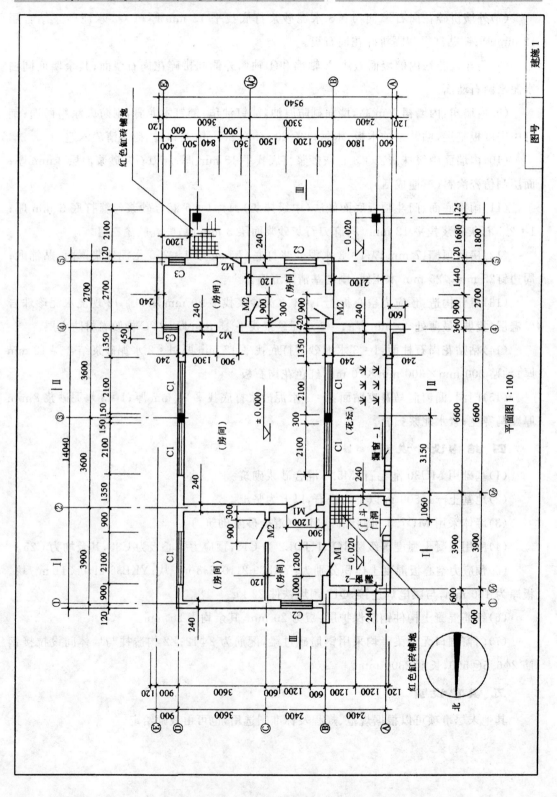

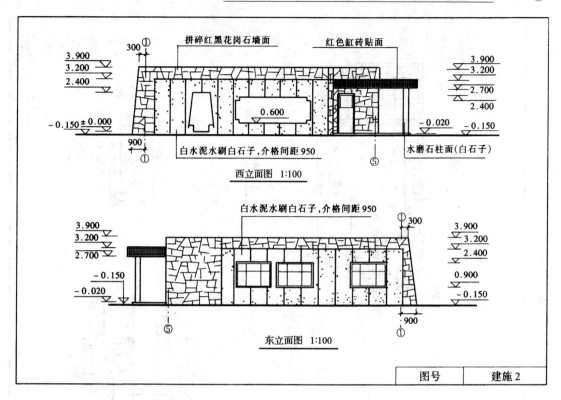

拼碎红黑花岗石墙面　　红色缸砖贴面

3.900
3.200
2.400

0.600

−0.150 ±0.000

300 ①

900
①

白水泥水刷白石子,介格间距950

西立面图　1:100

3.900
3.200
2.700
2.400

−0.020　　−0.150

水磨石柱面(白石子)

白水泥水刷白石子,介格间距950

3.900
3.200
2.700

−0.150
−0.020

① 300

⑤

3.900
3.200
2.400

0.900

−0.150

900
①

东立面图　1:100

图号	建施2

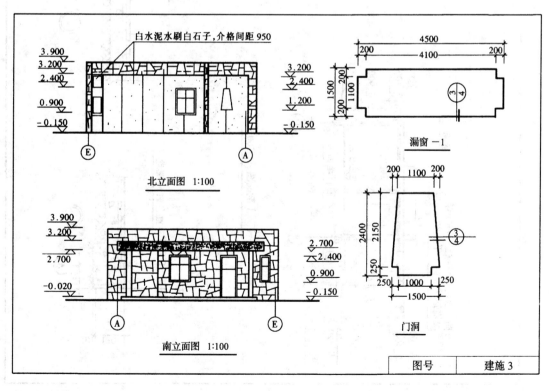

白水泥水刷白石子,介格间距950

3.900
3.200
2.400

0.900

−0.150

3.200
2.400
1.200

−0.150

Ⓔ　　　　Ⓐ

北立面图　1:100

4500
200　4100　200

1500
200 1100 200

③
④

漏窗 — 1

3.900
3.200
2.700

−0.020

2.700
2.400
0.900
−0.150

Ⓐ　　　　　Ⓔ

南立面图　1:100

200 1100 200

2400
2150
250

250 1000 250
1500

③
④

门洞

图号	建施3

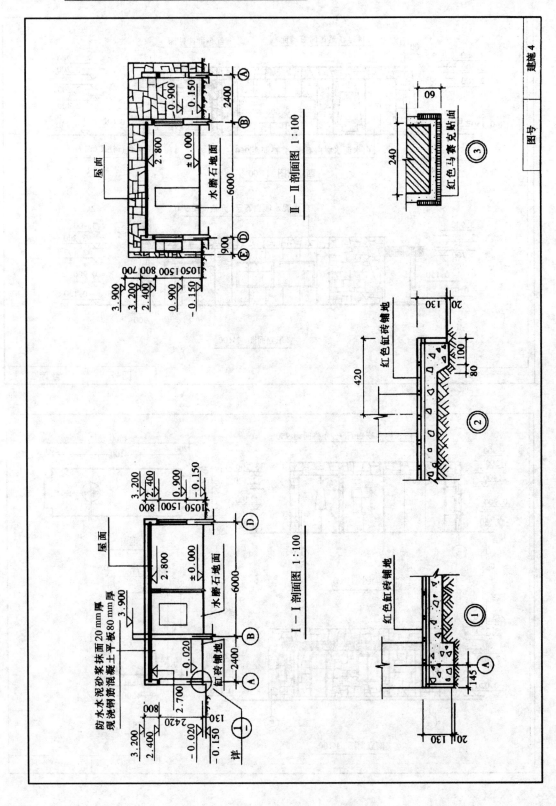

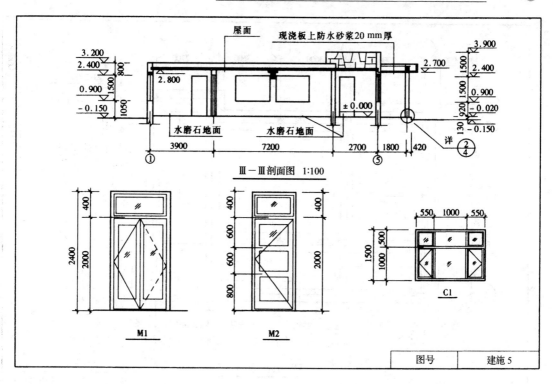

Ⅲ—Ⅲ剖面图 1:100

M1

M2

C1

窗代号	尺寸(宽×高)	数量	门代号	尺寸(宽×高)	数量
C1	2100×1500	5	M1	1200×2400	2
C2	1200×1500	2	M2	900×2400	5
C3	600×1500	2			

门窗表

图号　建施 5

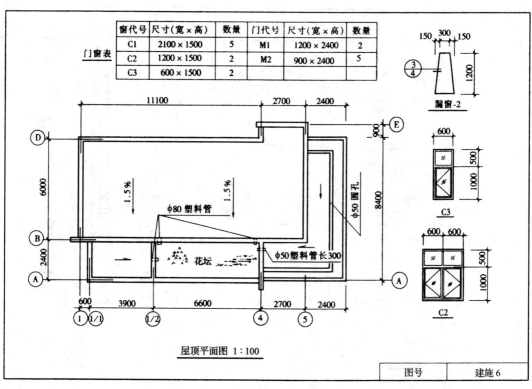

漏窗-2

C3

C2

屋顶平面图 1:100

图号　建施 6

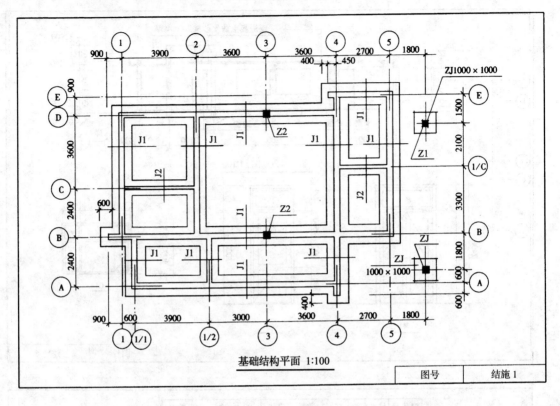

基础结构平面 1:100

图号	结施1

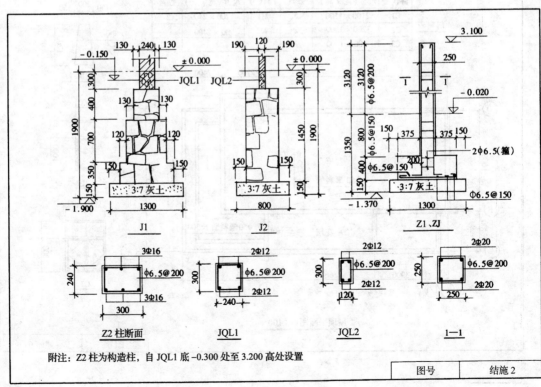

附注：Z2柱为构造柱，自JQL1底 −0.300 处至3.200 高处设置

图号	结施2

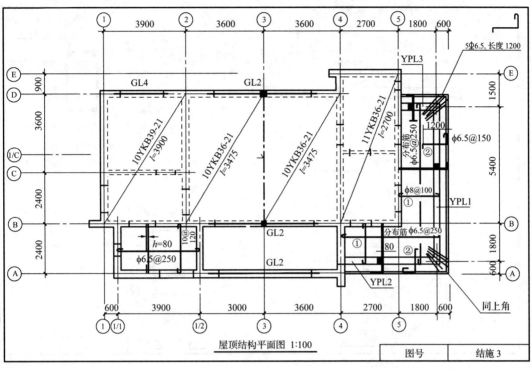

屋顶结构平面图 1:100

图号	结施3

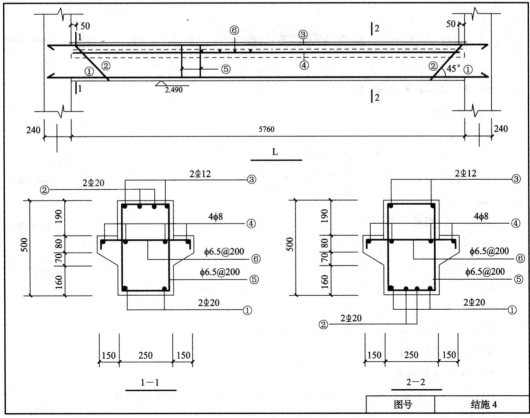

图号	结施4

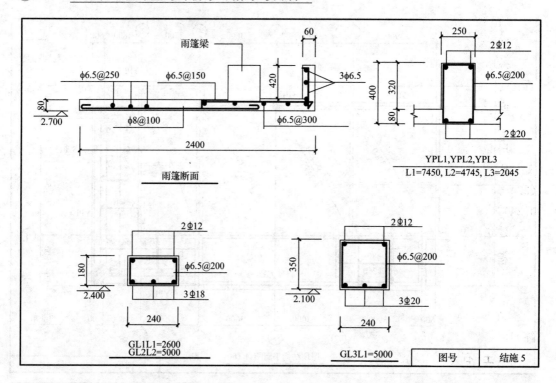

2.4   某湖边茶社工程工程量清单编制

一、建筑工程工程量计算

1.基数计算

外墙中心线长度:

方法(一),从左上角起顺时针计算:

$L_{中}=3.9+3.6+3.6+0.9+2.7+3.6+3.3+2.7+2.4+6.6+3.9+2.4+0.6+2.4+3.6+2.4+6.6-0.24=54.96$ m

方法(二),按轴线编号计算:

$L_{中}=3.9+6.6+0.6+6.6+2.7+3.9+3.6+3.6+2.7+2.4+3.6+2.4+2.4-0.12+2.4-0.12+0.9+3.3+3.6=54.96$ m

方法(三),按统筹法计算:

$L_{中}=(14.04-0.24+9.54-0.24)\times2+2.4+6.6-0.24=54.96$ m

垛基础净长度 $a_{基}=0.9-0.12+0.45-0.12+0.6-0.12=1.59$ m

垛垫层净长度 $a_{垫}=0.6+0.4+0.4=1.40$ m

内墙净长线长度:

240 墙 $L_{内}=3.9-0.24+(2.4+3.6-0.24)\times2=15.18$ m

120 墙 $L_{内}=3.9-0.24+2.7-0.24=6.12$ m

垫层净长线长度:

240 墙 　　　　$L_{净}=3.9-1.3+(2.4+3.6-1.3)\times2=12.00$ m

120 墙 　　　　$L_{净}=3.9-1.3+2.7-1.3=4.00$ m

外墙外边线长度：

$L_{外}=(14.04+9.54)\times2+2.4-0.24+6.6-0.24=55.68$ m

或　　　　$L_{外}=(L_{中})54.96+0.24\times4-0.24=55.68$ m

$a=0.9-0.12+0.45-0.12+0.6-0.12=1.59$ m

房心净面积：

$S_{房}=(①\sim②)(3.9-0.24)\times(2.4+3.6-0.24-0.12)+(②\sim④)(3.6+3.6-0.24)\times$
$(2.4+3.6-0.24)+(④\sim⑤)(2.7-0.24)\times(3.3+3.6-0.24-0.12)+(A\sim B)(3.9-$
$0.24)\times(2.4-0.24)=20.642+40.09+16.088+7.906=84.73$ m²

建筑面积：

$S_{建}=(B\sim D)14.04\times(2.4+3.6+0.24)+(D\sim E)(2.7+0.24)\times0.9+(A\sim B)(3.9+$
$6.6+0.24)\times2.4-(花坛)(6.6-0.24)\times(2.4-0.24)+(雨篷)(2.7+8.4)\times(2.4-0.12)\div$
$2=87.61+2.646+25.776-13.738+12.654=114.95$ m²

或 $S_{建}=(S_{房})84.73+(L_{中})54.96\times0.24+(L_{内})15.18\times0.24+(L_{内})6.12\times0.12+(雨$
篷)$12.654=114.95$ m²

2. 土(石)方工程量计算

010101001001 平整场地：

$S=114.95$ m²

010101003001 挖沟槽土方：

J1 　　　　$S=1.3\times(54.96+1.4+12)=88.87$ m²

$V=88.87\times1.35=119.97$ m³

J2 　　　　$S=0.8\times4=3.20$ m²

$V=3.2\times1.35=4.32$ m³

合计 　　　　$V=119.97+4.32=124.29$ m³

010101004001 挖基坑土方：

Z1 　　　　$V=1.3\times1.3\times1.22\times2=4.12$ m³

010102002001 挖沟槽石方：

J1 　　　　$S=1.3\times(54.96+1.4+12)=88.87$ m²

$V=88.87\times0.4=35.55$ m³

J2 　　　　$S=0.8\times4=3.20$ m²

$V=3.2\times0.4=1.28$ m³

合计 　　　　$V=35.55+1.28=36.83$ m³

010103001001 回填方：

室内夯填土 $V=(84.73+6.12\times0.12$ 不扣除 120 mm 墙体$)\times(0.15-0.06-0.015-$
$0.025)=4.27$ m³

槽边夯填土 $V=124.29+36.83-(J1$ 垫层$)1.3\times0.15\times(54.96+1.4+12.0)-(J2$ 垫
层$)0.8\times0.15\times4-(J)82.05-(JQL)5.38=124.29+36.83-13.33-0.48-82.05-5.38$
$=59.88$ m³

坑边夯填土 $V=4.12-$（垫层）$1.3\times1.3\times0.15\times2-0.8-0.25\times0.25\times0.8\times2=2.71$ m³

合计 $V=4.27+59.88+2.71=66.86$ m³

010103002001 余土弃置：

$V=124.29+4.12-66.86=128.41-66.86=61.55$ m³

3. 砌筑工程量计算

010401003001 实心砖墙：

240 砖墙 M2.5 混合砂浆

A 轴 $S=(3.9+6.6)\times3.2-$（门洞）$[(1.1+1.5)\times2.15/2+0.25\times1]-(4.1\times1.5+1.1\times0.2\times2)=33.6-3.045-6.59=23.965$ m²

B 轴 $S=(0.6+0.6+3.9+6.6+2.7)\times3.9-1.2\times2.4-2.1\times1.5\times2-0.9\times2.4=56.16-2.88-6.3-1.26=45.72$ m²

D 轴 $S=(3.9+3.6\times2)\times3.2-2.1\times1.5\times3=35.52-9.45=26.07$ m²

E 轴 $S=(0.45+2.7)\times3.9=12.285$ m²

1 轴 $S=(2.4+3.6-0.24)\times3.2-1.2\times1.5=18.432-1.8=16.632$ m²

1/1 轴 $S=(2.4-0.24)\times3.2-(0.3+0.6)\times1.2/2=6.912-0.54=6.372$ m²

2 轴 $S=(2.4+3.6-0.24)\times(2.8+0.18)-1.2\times2.4=17.165-2.88=14.285$ m²

1/2 轴 $S=(2.4-0.24)\times3.2=6.912$ m²

4 轴 $S=(0.6+2.4-0.12)\times3.9+(2.4+3.6-0.24)\times(2.8+0.18)-0.9\times2.4+0.9\times3.2-0.6\times1.5=11.232+17.165-2.16+2.88-0.9=28.217$ m²

5 轴 $S=(3.3+3.6)\times3.9-1.2\times1.5-0.9\times2.4-0.6\times1.5=26.91-1.8-2.16-0.9=22.05$ m²

工程量 $V=(23.965+45.72+26.07+12.285+16.632+6.372+14.285+6.912+28.217+22.05)\times0.24-0.46-0.94=47.20$ m³

010401003002 实心砖墙：

120 砖墙 M2.5 混合砂浆

C 轴 $S=(3.9-0.24)\times(2.8+0.18)-0.9\times2.4=10.907-2.16=8.747$ m²

1/C 轴 $S=(2.7-0.24)\times(2.8+0.18)-0.9\times2.4=7.331-2.16=5.171$ m²

工程量 $V=(8.747+5.171)\times0.115=1.60$ m³

010403001001 石基础：

MU30 乱毛石基础，M5.0 混合砂浆砌筑

J1 $V=(1\times0.35+0.76\times0.7+0.5\times0.4)\times(54.96+1.59+15.18)=77.61$ m³

J2 $V=0.5\times1.45\times6.12=4.44$ m³

合计 $V=77.61+4.44=82.05$ m³

010404001001 垫层：

3：7 灰土独基垫层 $V=1.3\times1.3\times0.15\times2=0.51$ m³

010404001002 垫层：

3：7 灰土条基垫层

J1 $V=(54.96+1.4+12)\times(1.3+0.2\times2)\times(0.15+0.2)=40.67$ m³

J2　　　　　　　$V=4\times(0.8+0.2\times2)\times(0.15+0.2)=1.68$ m³

合计　　　　　　$V=40.67+1.68=42.35$ m³

4. 混凝土及钢筋混凝土工程量计算

(1)混凝土构件工程量计算：

010501003001 独立基础：

C25J　　　　　　$V=1\times1\times0.4\times2=0.80$ m³

010502001001 矩形柱：

C25Z　　　　　　$V=0.25\times0.25\times(0.8+3.12)\times2=0.49$ m³

010502002002 矩形柱：

C25GZ　　　　　$V=0.3\times0.24\times3.2\times2=0.46$ m³

010503003001 异形梁：

C25L　　　　　　$V=[0.25\times0.5+(0.08+0.15)\times0.15]\times5.76=0.92$ m³

010503004001 圈梁：

JQL1　　　　　　$V=0.24\times0.3\times(54.96+1.59+15.18)=5.16$ m³

JQL2　　　　　　$V=0.12\times0.3\times6.12=0.22$ m³

C20JQL 合计　　$V=5.16+0.22=5.38$ m³

010503005001 过梁：

GL1　　　　　　$V=0.24\times0.18\times2.6=0.112$ m³

GL2　　　　　　$V=0.24\times0.18\times(5-0.3)\times2=0.406$ m³

GL3　　　　　　$V=0.24\times0.35\times5=0.42$ m³

C25GL 合计　　$V=0.112+0.406+0.42=0.94$ m³

010505001001 有梁板：

YPL1、YPL2、YPL3　　$V=0.25\times0.32\times(7.45+4.745+2.045)=1.139$ m³

YP 底板　　　　$V=2.4\times(2.7+8.4)\times0.08=2.131$ m³

YP 翻沿　　　　$V=0.06\times0.42\times(2.7+2.4+8.4+2.4)=0.401$ m³

C25YP 合计　　$V=1.139+2.131+0.401=3.67$ m³

010505003001 平板：

C25XB　　　　　$V=3.9\times2.4\times0.08=0.75$ m³

010512002001 空心板：

YKB36-21　　　　$10+10+11=31$ 块

　　　　　　　　$V=0.211/3.6\times3.475\times20+0.211/3.6\times2.7\times11=5.81$ m³

YKB39-21　　　　10 块

　　　　　　　　$V=0.238\times10=2.38$ m³

合计　　　　　　$V=5.81+2.38=8.19$ m³

(2)现浇混凝土构件钢筋计算：

2ZJ：

φ6.5 钢筋　　　$n=[(1-0.05)/0.15+1]\times2\times2=32$ 根

　　　　　　　　$L=(1-0.05+2\times6.25\times0.0065)\times32=33.00$ m

2Z1：

4ϕ20　　　　$L=(3.12+1.2+0.2-0.05+10\times0.02)\times4\times2=37.36$ m

ϕ6.5 箍筋　　$n=[2+0.8/0.15+(3.12-0.025)/0.2+1]\times2\approx24\times2=48$ 根

　　　　　　　$L=(0.25\times4-0.05)\times48=45.60$ m

2Z2：

4ϕ16　　　　$L=(3.5-0.05+10\times0.016\times2)\times6\times2=45.24$ m

ϕ6.5 箍筋　　$n=[(3.5-0.05)/0.2+1]\times2\approx18\times2=36$ 根

　　　　　　　$L=[(0.24+0.3)\times2-0.05]\times36=37.08$ m

L：

①号筋 2ϕ20　　$L=(5.76+0.48-0.05)\times2=12.38$ m

②号筋 2ϕ20　　$L=[5.76+0.48-0.05+2\times0.414\times(0.5-0.25\times2)]\times2=13.12$ m

③号筋 2ϕ12　　$L=(5.76+0.48-0.05)\times2=12.38$ m

④号筋 2ϕ8　　$L=(5.76-0.05)\times4=22.84$ m

⑤ϕ6.5 箍筋　$n=(5.76+0.48-0.05)\div0.2+1\approx31$ 根

　　　　　　　$L=[(0.25+0.5)\times2-0.05]\times31=44.95$ m

⑥ϕ6.5 钢筋　$n=(5.76-0.05)\div0.2+1\approx30$ 根

　　　　　　　$L=[0.55-0.05+(0.08-0.02\times2)\times2]\times30=17.40$ m

GL1：

3ϕ18　　　　$L=(2.6-0.05)\times3=7.65$ m

2ϕ12　　　　$L=(2.6-0.05)\times2=5.10$ m

ϕ6.5 箍筋　　$n=(2.6-0.05)\div0.2+1\approx14$ 根

　　　　　　　$L=[(0.18+0.24)\times2-0.05]\times14=11.06$ m

2GL2：

3ϕ18　　　　$L=(5-0.05)\times3\times2=29.70$ m

2ϕ12　　　　$L=(5-0.05)\times2\times2=19.80$ m

ϕ6.5 箍筋　　$n=(5-0.05)\div0.2+1\approx26\times2=52$ 根

　　　　　　　$L=[(0.18+0.24)\times2-0.05]\times52=41.08$ m

GL3：

3ϕ20　　　　$L=(5-0.05)\times3=14.85$ m

2ϕ12　　　　$L=(5-0.05)\times2=9.90$ m

ϕ6.5 箍筋　　$n=(5-0.05)\div0.2+1\approx26$ 根

　　　　　　　$L=[(0.24+0.35)\times2-0.05]\times26=29.38$ m

YPL1：

2ϕ20　　　　$L=(7.45-0.05)\times2=14.80$ m

2ϕ12　　　　$L=(7.45-0.05)\times2=14.80$ m

ϕ6.5 箍筋　　$n=(7.45-0.05)\div0.2+1\approx38$ 根

　　　　　　　$L=[(0.25+0.4)\times2-0.05]\times38=47.50$ m

YPL2：

2ϕ20　　　　$L=(4.745-0.05)\times2=9.39$ m

2Φ12　　　　　$L=(4.745-0.05)\times 2=9.39$ m

Φ6.5 箍筋　　$n=(4.745-0.05)\div 0.2+1\approx 25$ 根

　　　　　　　$L=[(0.25+0.4)\times 2-0.05]\times 25=31.25$ m

YPL3：

2Φ20　　　　　$L=(2.045-0.05)\times 2=3.99$ m

2Φ12　　　　　$L=(2.045-0.05)\times 2=3.99$ m

Φ6.5 箍筋　　$n=(2.045-0.05)\div 0.2+1\approx 11$ 根

　　　　　　　$L=[(0.25+0.40)\times 2-0.05]\times 11=13.75$ m

JQL1：

A 轴　　　　　$L=3.9+3+3.6+0.24-0.05=10.69$ m

B 轴　　　　　$L=0.9+0.6+3.9+3+3.6+2.7+0.12-0.05=14.77$ m

D 轴　　　　　$L=3.9+3.6+3.6+0.24-0.05=11.29$ m

E 轴　　　　　$L=0.45+2.7+0.12-0.05=3.22$ m

1 轴　　　　　$L=2.4+3.6+0.24-0.05=6.19$ m

1/1 轴　　　　$L=2.4+0.24-0.05=2.59$ m

2 轴　　　　　$L=2.4+3.6+0.24-0.05=6.19$ m

1/2 轴　　　　$L=2.4+0.24-0.05=2.59$ m

4 轴　　　　　$L=0.6+2.4+2.4+3.6+0.9+0.12-0.05=9.97$ m

5 轴　　　　　$L=3.3+2.1+1.5+0.24-0.05=7.09$ m

搭接　　　　　$L=4\times 35\times 0.012=1.68$ m

4Φ12 $L=(10.69+14.77+11.29+3.22+6.19+2.59+6.19+2.59+9.97+7.09+1.68)\times 4=305.08$ m

Φ6.5 箍筋 $n=10.69/0.2+1+14.77/0.2+1+11.29/0.2+1+3.22/0.2+1+6.19/0.2+1+2.59/0.2+1+6.19/0.2+1+2.59/0.2+1+9.97/0.2+1+7.09/0.2+1\approx 55+75+58+17+32+14+32+14+51+37=385$ 根

　　　　　　　$L=[(0.24+0.3)\times 2-0.05]\times 385=396.55$ m

JQL2：

4Φ12　　　　　$L=(3.9+0.24-0.05+2.7+0.24-0.05)\times 4=27.92$ m

Φ6.5 箍筋　　$n=4.09/0.2+1+2.89/0.2+1\approx 22+16=38$ 根

　　　　　　　$L=[(0.12+0.3)\times 2-0.05]\times 38=30.02$ m

XB：

Φ6.5　　　　　$n=(2.4-0.04)/0.25+1\approx 11$ 根

　　　　　　　$L=(3.9-0.04+2\times 6.25\times 0.0065)\times 11=43.35$ m

Φ10　　　　　$n=(3.9-0.04)/0.12+1\approx 34$ 根

　　　　　　　$L=(2.4-0.04+2\times 6.25\times 0.01)\times 34=84.49$ m

YPB：

①号筋 Φ8@100

$n=(2.7+1.8-0.125-0.02)/0.1+(1.8+5.4-0.25)/0.1-1\approx 44+70-1=113$ 根

　　　　　　　$L=(1.8+0.125-0.02+2\times 6.25\times 0.008)\times 113=226.57$ m

横向分布筋φ6.5@250

$n=(1.8-0.125-0.02)/0.25\approx7$ 根

$L=(2.7+35\times0.0065+2\times6.25\times0.0065)\times7=21.06$ m

纵向分布筋φ6.5@250

$n=(1.8-0.125-0.02)/0.25\approx7$ 根

$L=(5.4+0.125+35\times0.0065+2\times6.25\times0.0065)\times7=40.84$ m

②号筋φ6.5@150

$n=(2.7+1.8+0.125-0.04)/0.15+1+(1.8+5.4+0.25)/0.15+1+(1.8+0.125-0.04)/0.15+1+5\times2\approx32+51+14+10=107$ 根

$L=(0.08-0.02+1.2-0.02+0.045+0.08-0.02+0.42-0.02+2\times6.25\times0.0065)\times107=195.41$ m

负筋分布筋φ6.5@300

$n=(1.2-0.02)/0.3+1\approx5$ 根

平均 $L=[2.7+1.8+0.6+0.6+1.8+5.4+0.6+0.6+1.8-0.02\times2-0.61\times4+4\times35\times0.0065(搭接长度)]\times5=71.65$ m

翻沿分布筋3φ6.5

$L=[2.7+1.8+0.6+0.6+1.8+5.4+0.6+0.6+1.8-0.02\times2-0.04\times4+4\times35\times0.0065(搭接长度)]\times3=49.83$ m

砖过梁钢筋：

2φ12　　$L=[(C1)1.2\times2+(C3)0.6\times2+(M1)1.2\times2+(M2)0.9\times5+(门洞)1.1+(漏窗)0.3+(0.25\times2+2\times3.5\times0.012)\times(2+2+2+5+1+1)]\times2=38.98$ m

Z2拉接筋：

φ6.5@500　　$n=0.9/0.5+(0.8-0.18)/0.5+0.9/0.5+(0.8+0.7-0.18)/0.5)\times2\approx(2+2+2+3)\times2\approx18$ 根

$L=2.3\times18=41.40$ m

板缝钢筋：

φ6.5　　$L=3.9\times9+3.475\times9\times2+2.7\times10=124.65$ m

预埋铁件：

φ12　　$Q=22$ kg

钢筋铁件合计：

010515001001 现浇构件钢筋：

φ6.5(HPB300级钢筋)

$Q=(33+17.4+43.35+21.06+40.84+195.41+71.65+49.83)\times0.26=123$ kg

010515001002 现浇构件钢筋：

φ8(HPB300级钢筋) $Q=(22.84+226.57)\times0.395=99$ kg

010515001003 现浇构件钢筋：

φ10(HPB300级钢筋)　　$Q=84.49\times0.617=52$ kg

010515001004 现浇构件钢筋：

Φ12(HRB335 级钢筋)

$Q=(12.38+5.1+19.8+9.9+14.8+9.39+3.99+305.08+27.92)\times0.888=363$ kg

010515001005 现浇构件钢筋：

Φ16(HRB335 级钢筋)　　$Q=45.24\times1.578=71$ kg

010515001006 现浇构件钢筋：

Φ18(HRB335 级钢筋)　　$Q=(7.65+29.7)\times1.998=75$ kg

010515001007 现浇构件钢筋：

Φ20(HRB335 级钢筋)

$Q=(37.36+12.38+13.12+14.85+14.8+9.39+3.99)\times2.466=261$ kg

010515001008 现浇构件钢筋：

φ6.5 箍筋(HPB300 级钢筋)质量

$Q=(45.6+37.08+46.4+11.06+41.08+29.38+47.5+31.25+13.75+396.55+30.02)\times0.26=190$ kg

010515001009 现浇构件钢筋：

Φ12 砌体加固筋(HRB335 级钢筋)质量　$Q=38.98\times0.888=35$ kg

010515001010 现浇构件钢筋：

φ6.5 拉接筋(HPB300 级钢筋)质量　$Q=(41.4+124.65)\times0.26=43$ kg

010516002001 预埋铁件：

$$Φ12Q=22 \text{ kg}$$

5. 门窗工程量计算

010801001001 木质自由门：

M1　　　　　$S=1.2\times2.4\times2=5.76$ m²

010801001002 木质玻璃镶板门：

M2　　　　　$S=0.9\times2.4\times5=10.80$ m²

010801006001 玻璃门锁安装：

M1　　　　2 个

010801006002 执手门锁安装：

M2　　　　5 套

010806001001 带扇木质平开窗：

C1 带扇木窗部分　　$S=0.55\times2\times1.5\times5=8.25$ m²

C2 双扇木窗　　　　$S=1.5\times1.2\times2=3.60$ m²

合计　　　　　　　$S=8.25+3.6=11.85$ m²

010806001002 木质平开窗：

C3 单扇木窗　　　　$S=0.6\times1.5\times2=1.80$ m²

010806001003 矩形木固定窗：

C1 固定木窗部分　　$S=1\times1.5\times5=7.50$ m²

010809001001 木窗台板：

$L=2.2\times5+1.3\times2+0.7\times2=15.00$ m

$S=15\times0.12=1.80$ m²

6. 屋面及防水工程量计算

010902001001 屋面卷材防水：

防水工程量

$S=11.1\times(6-0.24)+(6+0.9-0.24)\times(2.7-0.24)+(11.1+2.7-0.24+6+0.9-0.24)\times2\times0.06=82.75$ m²

010902006001 屋面泄水管：

$3\phi50$ 塑料排水管　　　　　　　$L=0.3\times3=0.9$ m

010902006002 屋面泄水管：

$3\phi80$ 塑料排水管　　　　　　　$L=0.3\times3=0.9$ m

010904003001 楼面砂浆防水：

门斗防水砂浆

$S=(3.9-0.24)\times(2.4-0.24)+[(3.9-0.24)+(2.4-0.24)\times2]\times0.42=7.906+3.352=11.26$ m²

雨篷防水砂浆

$S=(2.4-0.12-0.06)\times(2.7+8.4-0.06\times2)+(2.7+2.4+8.4+2.4-0.24-0.06\times4)\times0.42+(2.7+1.8+1.8+5.4+1.8-0.24)\times0.42\times2=24.376+6.476+11.138=41.99$ m²

合计 $S=11.26+41.99=53.25$ m²

7. 保温工程量计算

011001001001 保温隔热屋面：

保温层 $S=11.1\times(6-0.24)+(2.7-0.24)\times(6+0.9-0.24)=80.32$ m²

二、装饰工程工程量计算

1. 楼地面工程量计算

011101002001 现浇水磨石楼地面：

水磨石地面 $S=(3.9+3.6+3.6-0.24\times2)\times(2.4+3.6-0.24)-(有基础隔墙)0.12\times(3.9-0.24)+(2.7-0.24)\times(3.3+3.6-0.24-0.12)=10.62\times5.76-0.439+2.46\times6.54=76.82$ m²

011102003001 块料楼地面：

缸砖地面 $S=(3.9-0.24)\times(2.4-0.24)+(3.6-1.2+3.3+0.12+2.1+2.7)\times2.1=30.21$ m²

011105003001 块料踢脚线：

缸砖踢脚线 $S=(2.1+3.6-1.2+3.3+0.12+2.1+2.1+2.7)\times0.13=1.93$ m²

2. 墙柱面工程量计算

011201001001 墙面一般抹灰：

内墙抹灰

$S=[(3.9-0.24)\times4+(6-0.24-0.12)\times2+(3.6+3.6-0.24+6-0.24)\times2+(2.7-0.24)\times4+(3.3+3.6-0.24-0.12)\times2]\times(2.8-1)-1.2\times(2.4-1)\times3-0.9\times(2.4-1)\times8-2.1\times(1.5-0.1)\times5-1.2\times(1.5-0.1)\times2-0.6\times(1.5-0.1)\times2=74.28$

$\times 1.8 - 34.86 = 98.84$ m²

011201002001 墙面装饰抹灰：

砖墙面水刷白石子

西立面 $S = (3.9 + 6.6) \times (3.2 + 0.15) - [(1.1 + 1.5) \times 2.15/2 + 1.0 \times 0.25] - (4.1 \times 1.5 + 1.1 \times 0.2 \times 2) = 35.175 - 3.045 - 6.59 = 25.54$ m²

东立面 $S = (3.6 + 3.6 + 3.9) \times (3.2 + 0.15) - 2.1 \times 1.5 \times 3 = 37.185 - 9.45 = 27.735$ m²

北立面 $S = (9.54 - 0.24 \times 2) \times (3.2 + 0.15) - 0.6 \times 1.5 - 1.2 \times 1.5 - (0.3 + 0.6) \times 1.2/2 = 30.351 - 3.24 = 27.111$ m²

门斗 $S = [(2.4 - 0.24) \times 2 + (3.9 - 0.24)] \times (2.7 + 0.02) - [(1.1 + 1.5) \times 2.15/2 + 1.0 \times 0.25] = 21.706 - 3.045 = 18.661$ m²

花坛内侧 $S = (2.4 - 0.24 + 6.6 - 0.24) \times (3.2 + 0.15) - (4.1 \times 1.5 + 1.1 \times 0.2 \times 2) = 28.542 - 6.59 = 21.952$ m²

工程量合计 $S = 25.54 + 27.735 + 27.111 + 18.661 + 21.952 = 121.00$ m²

011204002001 拼碎石材墙面：

拼碎花岗石墙面

西立面（含 B 轴）$S = (0.6 - 0.12 + 14.04) \times (3.9 + 0.15) - 1.2 \times 2.4 - 2.1 \times 1.5 \times 2 - 0.9 \times 2.4 - (3.9 + 0.24 + 2.7) \times (0.15 - 0.02) - 0.24 \times (3.2 - 0.02) \times 2 - (3.9 - 0.24 + 2.7) \times 0.08 + (1.2 + 2.4 \times 2 + 2.1 \times 4 + 1.5 \times 4 + 0.9 + 2.4 \times 2) \times 0.08 = 58.806 - 11.34 - 0.889 - 1.526 - 0.509 + 2.088 = 46.63$ m²

东立面（含 B 轴）$S = (2.7 + 0.12 + 0.45) \times (3.9 + 0.15) + (0.6 - 0.12) \times (3.9 + 0.15) + (14.04 - 0.24) \times (3.9 - 2.88) = 13.244 + 1.944 + 14.076 = 29.264$ m²

南立面 $S = (0.6 - 0.12 + 9.54) \times (3.9 + 0.15) - 1.2 \times 1.5 - 0.9 \times 2.4 - 0.6 \times 1.5 - 8.4 \times 0.08 - 0.06 \times 0.42 \times 2 - (2.1 + 0.12 + 3.3 + 3.6 - 1.2) \times 0.13 + (1.2 \times 2 + 1.5 \times 2 + 0.9 + 2.4 \times 2 + 0.6 \times 2 + 1.5 \times 2) \times 0.08 = 40.581 - 4.86 - 0.722 - 7.92 + 1.224 = 28.303$ m²

北立面（含④轴）$S = (9.54 - 0.12 + 0.6) \times (3.9 + 0.15) - (0.9 - 0.24) \times (3.2 + 0.15) - (6.0 - 0.24) \times (2.88 + 0.15) = 40.581 - 3.819 - 17.453 = 19.309$ m²

工程量合计 $S = 46.63 + 29.264 + 28.303 + 19.309 = 123.506$ m²

011205001001 石材柱面：

挂贴花岗岩柱面

$$S = (0.25 + 0.05 \times 2) \times 4 \times (2.7 + 0.02) \times 2 = 7.62 \text{ m}^2$$

011206002001 块料零星项目：

门洞马赛克贴面

$S = (1.1 + 1.5 + 2.4 \times 2 + 4.5 \times 2 + 1.5 \times 2) \times (0.24 + 0.066) + (1.1 + 1.5 + 2.4 \times 2 + 4.5 \times 2 + 1.5 \times 2 + 0.06 \times 4 \times 2) \times 0.06 \times 2 = 5.936 + 2.386 = 8.32$ m²

011206002002 块料零星项目：

雨篷面砖贴面

$$S = (2.4 + 8.4 + 2.4 + 2.7 - 0.24) \times (0.5 + 0.04) = 8.46 \text{ m}^2$$

011207001001 墙面装饰板：

内墙裙装饰

$S=74.28\times1-1.2\times1\times3-0.9\times1.0\times8-2.1\times0.1\times5-1.2\times0.1\times2-0.6\times0.1\times2=62.07$ m²

3. 天棚工程量计算

011301001001 天棚抹灰：

房间顶棚　　　　　$S=84.726-7.906=76.82$ m²

011301001002 天棚抹灰：

雨篷、门斗顶棚 $S=(2.7+8.4)\times(2.4-0.12)+7.906=33.21$ m²

4. 油漆、涂料、裱糊工程量计算

011401001001 木门油漆：

M1 全玻璃自由门刷调和漆 2 遍　　$S=1.2\times2.4\times2=5.76$ m²

011401001002 木门油漆：

M2 镶板木门刷调和漆 2 遍　　$S=0.9\times2.4\times5=10.80$ m²

011402001001 木窗油漆：

单层玻璃窗刷调和漆 2 遍 $S=8.25+3.6+1.8+7.5=21.15$ m²

011404002001 木墙裙油漆：

墙裙刷硝基清漆六遍

$S=74.28\times1-1.2\times1\times3-0.9\times1\times8-2.1\times0.1\times5-1.2\times0.1\times2-0.6\times0.1\times2=62.07$ m²

011404003001 窗台板油漆：

窗台板刷硝基清漆六遍 $S=(2.2\times5+1.3\times2+0.7\times2)\times(0.08+0.05)=1.95$ m²

011407001001 墙面喷刷涂料：

内墙面刮仿瓷涂料 3 遍　　　　　$S=98.84$ m²

011407002001 天棚喷刷涂料：

雨篷、门斗顶棚刷乳胶漆　　　　$S=33.21$ m²

011408002001 织锦缎裱糊：

顶棚贴锦缎

　　　　　　　$S=84.726-7.906=76.82$ m²

5. 其他工程量计算

011502002001 木质装饰线：

顶棚周边压线

$L=(3.9-0.24)\times4+(2.4+3.6-0.24-0.12)\times2+(3.6\times2-0.24+3.6+2.4-0.24)\times2+(2.7-0.24)\times4+(3.3+3.6-0.24-0.12)\times2=14.64+11.28+25.44+9.84+13.08=74.28$ m

011502002002 木质装饰线：

墙裙木封口条

$L=74.28-(M1)1.2\times3-(M2)0.9\times8-(C1)2.1\times5-(C2)1.2\times2-(C3)0.6\times2+0.12\times32-28.74=45.54$ m

三、单价措施项目工程量计算

1.脚手架工程量计算

011701002001 外脚手架：

独立柱脚手架

$$(0.25 \times 4 + 3.6) \times (0.15 + 3.1) \times 2 = 29.90 \text{ m}^2$$

011701002002 外脚手架：

外墙单排钢管脚手架

$(55.68 + 1.59) \times (3.9 + 0.15) - [3.9 + 3.6 + 3.6 + 3.9 + 6.6 + (2.4 - 0.24) \times 2 + 2.4 + 3.6 - 0.24] \times (3.9 - 3.2) = 231.94 - 19.446 = 212.49 \text{ m}^2$

011701003001 里脚手架：

$$(15.18 + 6.12) \times 2.8 = 59.64 \text{ m}^2$$

2.模板工程量计算

011702001001 独立基础模板：

$1 \times 4 \times 0.4 \times 2 = 3.20 \text{ m}^2$

011702008001 基础圈梁模板：

JQ1：$(54.96 + 1.59 + 15.18) \times 0.3 \times 2 = 43.038 \text{ m}^2$

JQ2：$6.12 \times 0.3 \times 2 = 3.672 \text{ m}^2$

合计：$43.038 + 3.672 = 46.71 \text{ m}^2$

011702002001 矩形柱模板：

$0.25 \times 4 \times (3.12 + 0.8) \times 2 = 7.84 \text{ m}^2$

011702003001 构造柱模板：

$0.3 \times 3.2 \times 2 \times 2 = 3.84 \text{ m}^2$

011702007001 花篮梁模板：

$[(0.19 + 0.15 + 0.08 + 0.166 + 0.16) \times 2 + 0.25] \times 5.76 = 10.03 \text{ m}^2$

011702009001 过梁模板：

GL1：$(0.24 + 0.18 \times 2) \times 2.6 = 1.56 \text{ m}^2$

GL2：$(0.24 + 0.18 \times 2) \times 5 \times 2 = 6.00 \text{ m}^2$

GL3：$(0.24 + 0.35 \times 2) \times 5 = 4.70 \text{ m}^2$

合计：$1.56 + 6 + 4.7 = 12.26 \text{ m}^2$

011702016001 现浇板模板：

$(3.9 - 0.24) \times (2.4 - 0.24) = 7.91 \text{ m}^2$

011702023001 雨篷模板：

雨篷板：$(2.7 + 8.4) \times (2.4 - 0.12) = 25.308 \text{ m}^2$

雨篷梁：$0.32 \times 2 \times (7.45 + 4.745 + 2.045) = 9.114 \text{ m}^2$

合计：$25.308 + 9.114 = 34.42 \text{ m}^2$

011702025001 雨篷翻沿模板：

$(2.4 + 8.4 + 2.4 + 2.7 - 0.06 \times 2) \times 0.42 \times 2 = 13.26 \text{ m}^2$

四、工程量清单的编制

工程量清单的编制见表 2-3～表 2-12。

表 2-3　　　　　　　　　　　　　　**封面**

××风景区湖边茶室工程

工程量清单

招标人：　**某市旅游公司**　（单位盖章）　　　工程造价咨询人：＿＿＿＿＿（单位资质签字盖章）

法定代表人＿＿＿＿＿＿＿＿＿＿＿＿＿＿＿＿＿　　法定代表人
或其授权人：　**赵志刚**　（签字或盖章）　　　或其授权人：＿＿＿＿＿＿＿（签字或盖章）

编制人：　**王学友**　（造价人员签字盖专用章）　　复核人：　**徐开明**　（造价工程师签字盖专用章）

编制时间：＿＿＿＿**2014.6.8**＿＿＿＿　　复核时间：＿＿＿＿＿**2014.6.18**＿＿＿＿＿

表 2-4　　　　　　　　　　　　　　**总　说　明**

工程名称：××风景区湖边茶室工程　　　　　　　　　　　　　　　　　　第 1 页　共 1 页

---

1. 报价人须知

(1)应按工程量清单报价格式规定的内容进行编制、填写、签字、盖章。

(2)工程量清单及其报价格式中的任何内容不得随意删除或修改。

(3)工程量清单报价格式中所有需要填报的单价和合价,投标人均应填报,未填报的单价和合价视为此项费用已包含在工程量清单的其他单价或合价中。

(4)金额(价格)均应以人民币表示。

2. 本工程地基土－1.500 m 以下为松石,以上为Ⅲ类土(坚土)。临时设施全部由甲方提供,能满足施工需要;水、电分别为自来水和低压配电,预制构件及木门窗制作均在公司基地加工生产,汽车运输到现场。

3. 工程招标范围:建筑工程、装饰装修工程。

4. 清单编制依据:山东省建设工程工程量清单计价办法、施工图纸及施工现场情况等。

5. 工程施工期限:自 8 月 1 日开工准备,10 月底交付使用。

6. 工程质量应达到合格标准。

7. 招标人自行采购预应力空心板,安装前 10 天运到施工现场,由承包人安装。

8. 投标人应按本办法规定的统一格式,提供"工程量清单综合单价分析表"。

9. 投标报价文件应提供一式五份。

表 2-5　　　　　　　　　　　分部分项工程量清单与计价表

工程名称：××风景区湖边茶室建筑工程　　　　　　　　　　　　　第 1 页　共 2 页

序号	项目编码	项目名称	项目特征描述	计量单位	工程量	金额（元）		
						综合单价	合价	其中：暂估价
1	010101001001	平整场地	三类土，就地挖填找平	m²	114.95			
2	010101003001	挖沟槽土方	三类土，挖土平均厚度 1.35 m，槽边堆土	m³	124.29			
3	010101004001	挖基坑土方	三类土，挖土平均厚度 1.22 m，坑边堆土	m³	4.12			
4	010102002001	挖沟槽石方	松石，开挖深度 0.4 m，人工凿石，弃渣运距 40 m	m³	26.83			
5	010103001001	回填方	夯实素土，过筛，就地回填	m³	56.86			
6	010103002001	余土弃置	废弃余土运距 40 m	m³	71.55			
7	010401003001	实心砖墙	机制标准红砖 MU10，外墙墙体厚度 240 mm，M5.0 混合砂浆	m³	46.51			
8	010401003002	实心砖墙	机制标准红砖 MU10，内墙墙体厚度 120 mm，M5.0 混合砂浆	m³	1.60			
9	010403001001	石基础	MU300 乱毛石条形基础，M5.0 混合砂浆	m³	82.05			
10	010404001001	垫层	3：7 灰土独立基础垫层，厚度 150 mm	m³	0.51			
11	010404001002	垫层	3：7 灰土条形基础垫层，厚度 150 mm	m³	42.35			
12	010501003001	独立基础	C25 混凝土现场搅拌	m³	0.80			
13	010502001001	矩形柱	C25 混凝土现场搅拌	m³	0.49			
14	010502002002	矩形柱	C25 混凝土现场搅拌	m³	0.46			
15	010503003001	异形梁	C25 混凝土现场搅拌	m³	0.92			
16	010503004001	圈梁	C25 混凝土现场搅拌	m³	5.38			
17	010503005001	过梁	C25 混凝土现场搅拌	m³	0.94			
18	010505001001	有梁板	C25 混凝土现场搅拌	m³	3.67			
19	010505003001	平板	C25 混凝土现场搅拌	m³	0.75			
20	010512002001	空心板	电焊连接，M5 水泥砂浆灌缝，YKB36-21 为 0.211 m³/块，YKB39-21 为 0.238 m³/块，安装高度 2.8 m，C30	m³	8.19			
21	010515001001	现浇构件钢筋	HPB300 级钢筋φ6.5	t	0.123			
22	010515001002	现浇构件钢筋	HPB300 级钢筋φ8	t	0.099			
23	010515001003	现浇构件钢筋	HPB300 级钢筋φ10	t	0.052			

（续表）

序号	项目编码	项目名称	项目特征描述	计量单位	工程量	金额（元）		
						综合单价	合价	其中：暂估价
24	010515001004	现浇构件钢筋	HRB335 级钢筋 Φ12	t	0.363			
25	010515001005	现浇构件钢筋	HRB335 级钢筋 Φ16	t	0.071			
26	010515001006	现浇构件钢筋	HRB335 级钢筋 Φ18	t	0.075			
27	010515001007	现浇构件钢筋	HRB335 级钢筋 Φ20	t	0.261			
28	010515001008	现浇构件钢筋	HPB300 级钢筋φ6.5 箍筋	t	0.190			
29	010515001009	现浇构件钢筋	HPB300 级钢筋φ12 砌体加固筋	t	0.035			
30	010515001010	现浇构件钢筋	HPB300 级钢筋φ6.5 拉接筋	t	0.043			
31	010516002001	预埋铁件	HRB335 级钢筋 Φ12	t	0.022			
32	010801001001	木质自由门	M1 洞口尺寸 1.2 m×2.4 m,红白松木,镶 5 mm 平板玻璃	m²	5.76			
33	010801001002	木质玻璃镶板门	M2 洞口尺寸 0.9 m×2.4 m,红白松木,无纱镶 3 mm 平板玻璃	m²	10.80			
34	010801006001	玻璃门锁安装	不锈钢圆形锁,直径 200 mm	个	2			
35	010801006002	执手门锁安装	不锈钢锁,200 mm×50 mm	套	5			
36	010806001001	带扇木质平开窗	C1 带扇木窗带上亮部分,尺寸 0.55 m×2×1.5 m;C2 双扇木窗带上亮,洞口尺寸 1.5 m×1.2 m;红白松木,3 m 平板玻璃	m²	11.85			
37	010806001002	木质平开窗	C3 单扇带上亮木窗,洞口尺寸 0.6 m×1.5 m,红白松木,3 m 平板玻璃	m²	1.80			
38	010806001003	矩形木固定窗	C1 固定木窗部分,尺寸 1 m×1.5 m,红白松木,3 m 平板玻璃	m²	7.50			
39	010809001001	木窗台板	木龙骨,中密度板基层,粘贴泰柚木板面层	m²	1.80			
40	010902001001	屋面卷材防水	PVC 防水,单层,FL－15 胶黏剂黏结	m²	82.75			
41	010902006001	屋面泄水管	φ50 塑料排水管,每根 0.3 m	m	0.90			
42	010902006002	屋面泄水管	φ80 塑料排水管,每根 0.3 m	m	0.90			
43	010904003001	楼面砂浆防水	屋面防水砂浆 20 mm 厚,1∶2 水泥砂浆,掺 5％防水粉,翻边高度 420 mm	m²	53.25			
44	011001001001	保温隔热屋面	1∶12 现浇水泥珍珠岩保温层(找坡)最薄处 40 mm 厚	m²	80.32			

表 2-6　　　　　　　　　**分部分项工程量清单与计价表**

工程名称:××风景区湖边茶室装饰工程　　　　　　　　　　　　　　第 1 页　共 2 页

序号	项目编码	项目名称	项目特征描述	计量单位	工程量	金额(元)		
						综合单价	合价	其中:暂估价
1	011101002001	现浇水磨石楼地面	C15 细石混凝土基层 60 mm,1:3 水泥砂浆找平 15 mm 厚,1:1.5 彩色镜面水磨石地面 25 mm 厚,镶嵌铜条,铜条方格间距为 900 mm×900 mm	m²	76.82			
2	011102003001	块料楼地面	C15 细石混凝土基层 60 mm,1:3 水泥砂浆找平 15 mm 厚,1:1 水泥细砂浆 8 mm 厚,缸砖面层 100 mm×100 mm×10 mm,素水泥浆扫缝,缝宽不大于 2 mm	m²	30.21			
3	011105003001	块料踢脚线	1:1 水泥细砂浆 8 mm 厚,缸砖 100 mm×100 mm×10 mm	m²	1.93			
4	011201001001	墙面一般抹灰	砖墙面 1:3 水泥砂浆打底找平 15 mm 厚,麻刀石灰砂浆面层 3 mm 厚	m²	98.84			
5	011201002001	墙面装饰抹灰	砖墙面 1:1:6 水泥石灰砂浆打底找平 12 mm 厚,1:0.2:2 白水泥石灰膏白石子面层 10 mm 厚(中八厘),用水冲刷露出石面,介格条间距 950 mm	m²	121.00			
6	011204002001	碎拼石材墙面	砖墙面 1:3 水泥砂浆打底找平 12 mm 厚,1:2 水泥砂浆结合层 12 mm 厚,镶贴红黑间隔拼碎花岗石板	m²	125.53			
7	011205001001	石材柱面	钢筋混凝土方柱,1:3 水泥砂浆打底找平 12 mm 厚;1:2 水泥砂浆结合层 12 mm 厚;粘贴 300 mm×300 mm×20 mm 红色花岗石板	m²	7.62			
8	011206002001	块料零星项目	门洞砖墙面,1:3 水泥砂浆打底找平 25 mm 厚,1:3 水泥砂浆 8 mm 厚贴马赛克,素水泥浆扫缝	m²	8.32			
9	011206002002	块料零星项目	雨篷外侧 1:3 水泥砂浆打底找平 10 mm 厚;1:1 水泥砂浆 10 mm 厚贴 95 mm×95 mm 面砖;1:1 水泥砂浆勾缝,缝宽 2 mm	m²	8.46			

（续表）

序号	项目编码	项目名称	项目特征描述	计量单位	工程量	金额（元）		
						综合单价	合价	其中：暂估价
10	011207001001	墙面装饰板	内墙裙墙面刷防腐油，铺钉油毡；铺钉木龙骨，铺钉中密度板基层，粘贴泰柚木板，木封口条 20 mm×20 mm 封口	m²	62.07			
11	011301001001	天棚抹灰	房间顶棚，混凝土板下抹 7 mm 厚 1∶3 水泥砂浆打底，7 mm 厚 1∶2.5 水泥砂浆罩面	m²	76.82			
12	011301001002	天棚抹灰	雨篷、门斗顶棚，混凝土板下抹 1∶1∶6 混合砂浆打底 3 mm 厚，1∶2.5 石灰砂浆找平 12 mm 厚，麻刀石灰砂浆面层 3 mm 厚	m²	33.21			
13	011401001001	木门油漆	M1 全玻自由门刷 1 遍底油，2 遍调和漆	m²	10.80			
14	011401001002	木门油漆	M2 玻璃镶板木门刷 1 遍底油，2 遍调和漆	m²	5.76			
15	011402001001	木窗油漆	单层玻璃窗刷 1 遍底油，2 遍调和漆	m²	21.15			
16	011404002001	木墙裙油漆	木龙骨，刷防火涂料两遍，面层刷硝基漆 6 遍	m²	62.07			
17	011404003001	窗台板油漆	木龙骨，刷防火涂料两遍，面层刷硝基漆 6 遍	m²	1.95			
18	011407001001	墙面喷刷涂料	石灰砂浆墙面刮仿瓷涂料 3 遍	m²	98.84			
19	011407002001	天棚喷刷涂料	雨篷、门斗顶棚板底麻刀石灰砂浆面，刷乳胶漆 3 遍	m²	33.21			
20	011408002001	织锦缎裱糊	房间顶棚水泥砂浆面层，白乳胶贴锦缎	m²	76.82			
21	011502002001	木质装饰线	顶棚周边柚木压线，钉 25 mm×25 mm 三角形木压线，刷硝基漆 5 遍	m	74.28			
22	011502002002	木质装饰线	墙裙柚木封口条，20 mm×20 mm 方木压线，刷硝基漆 5 遍	m	28.74			

表 2-7　　　　　　　　**总价措施项目清单与计价表**

工程名称:××风景区湖边茶室工程　　　　　　　　　　　　　　　　　　　第1页　共1页

序号	项目编码	项目名称	计算基础	费率(%)	金额(元)	调整费率(%)	调整后金额(元)	备注
1	011701001	安全文明施工						
2	011701002	夜间施工						
3	011701003	二次搬运						
4	011701005	已完工程及设备保护费						

表 2-8　　　　　　　　**单价措施项目清单与计价表**

工程名称:××风景区湖边茶室工程　　　　　　　　　　　　　　　　　　　第1页　共1页

序号	项目编码	项目名称	项目特征描述	计量单位	工程量	金额(元)	
						综合单价	合价
1	011701002001	外脚手架	独立柱钢管脚手架,高度 3.1 m	m²	29.90		
2	011701002002	外脚手架	外墙单排钢管脚手架,高度 3.9 m	m²	212.49		
3	011701003001	里脚手架	工具式脚手架,高度 2m	m²	59.64		
4	011702001001	基础	独立基础工具式钢模板及钢支撑	m²	3.20		
5	011702008001	圈梁	基础圈梁工具式钢模板及钢支撑	m²	46.71		
6	011702002001	矩形柱	矩形柱工具式钢模板及钢支撑	m²	7.84		
7	011702003001	构造柱	构造柱工具式钢模板及钢支撑	m²	3.84		
8	011702007001	异形梁	花篮梁工具式钢模板及钢支撑	m²	10.03		
9	011702009001	过梁	过梁工具式钢模板及钢支撑	m²	12.26		
10	011702016001	平板	平板工具式钢模板及钢支撑	m²	7.91		
11	011702023001	雨篷	雨篷工具式钢模板及钢支撑	m²	34.42		
12	011702025001	其他现浇构件	雨篷翻沿工具式钢模板及钢支撑	m²	13.26		
			合计				

表 2-9　　　　　　　　**其他项目清单与计价汇总表**

工程名称:××风景区湖边茶室工程　　　　　　　　　　　　　　　　　　　第1页　共1页

序号	项目名称	金额(元)	结算金额(元)	备注
1	暂列金额	30000		明细详见附表 2-10
2	暂估价	1875		明细详见附表 2-11
2.1	材料暂估价/结算价	1875		明细详见附表 2-11
2.2	专业工程暂估价/结算价	—		不发生
3	计日工	—		不发生
4	总承包服务费	—		不计取
	合　计	31875		

表 2-10　　　　　　　　　　　暂列金额表明细表

工程名称：××风景区湖边茶室工程　　　　　　　　　　　　　　　　　　　第 1 页　共 1 页

序号	项目名称	计量单位	暂定金额(元)	备注
1	工程量清单中工程量偏差和设计变更	项	10000	
2	政策性调整和材料价格风险	项	10000	
3	其他	项	10000	
	合计		30000	

表 2-11　　　　　　　　　　　材料暂估单价及调整表

工程名称：××风景区湖边茶室工程　　　　　　　　　　　　　　　　　　　第 1 页　共 1 页

序号	材料名称、规格、型号	计量单位	数量		暂估价(元)		确认价(元)		差价土(元)		备注
			暂估	确认	单价	合价	单价	合价	单价	合价	
1	YKB36-21	块	31		45.00	1395.00					用于空心板清单项目
2	YKB39-21	块	10		48.00	480.00					用于空心板清单项目
	合计					1875.00					

表 2-12　　　　　　　　　　　规费、税金项目计价表

工程名称：××风景区湖边茶室工程　　　　　　　　　　　　　　　　　　　第 1 页　共 1 页

序号	项目名称	计费基础	计算基数	计算费率(%)	金额(元)
1	规费	定额人工费			
1.1	社会保障费	定额人工费			
1.2	住房公积金	定额人工费			
1.3	工程排污费	按环保部门规定标准计入			
2	税金	税前工程造价			
	合　计				

2.5　某湖边茶社工程投标报价工程量计算

以下工程量按《山东省建筑工程工程量计算规则》计算的,参考《山东省工程量清单计价办法》确定定额项目。

一、建筑工程工程量计算

工程单位名称:土建部分　　　　　　　　　　　　　　　　　　　第　　页

顺序	各项工程名称	计　算	单位	数量
(一)	基数计算			
1	外墙中心线长度	$(14.04-0.24+9.54-0.24)\times2+2.4+6.6-0.24$	m	54.96
	垛基础净长度	$0.9-0.12+0.45-0.12+0.6-0.12$	m	1.59
	垛垫层净长度	$0.6+0.4+0.4$	m	1.4
2	内墙净长线长度			
	240墙	$3.9-0.24+(2.4+3.6-0.24)\times2$	m	15.18
	120墙	$3.9-0.24+2.7-0.24$	m	6.12
3	垫层净长线长度			
	240墙	$3.9-1.3+(2.4+3.6-1.3)\times2$	m	12
	120墙	$3.9-1.3+2.7-1.3$	m	4
4	外墙外边线长度	$(14.04+9.54)\times2+2.4-0.24+6.6-0.24$	m	55.68
	垛增加长度	$0.9-0.12+0.45-0.12+0.6-0.12$	m	1.59
5	房心净面积	$(①\sim②)(3.9-0.24)\times(2.4+3.6-0.24-0.12)+$ $(②\sim④)(3.6+3.6-0.24)\times(2.4+3.6-0.24)+$ $(④\sim⑤)(2.7-0.24)\times(3.3+3.6-0.24-0.12)+$ $(A\sim B)(3.9-0.24)\times(2.4-0.24)=$ $20.642+40.09+16.088+7.906$	m²	84.726
6	建筑面积	$(B\sim D)14.04\times(2.4+3.6+0.24)+$ $(D\sim E)(2.7+0.24)\times0.9+(A\sim B)(3.9+6.6+0.24)\times$ $2.4-(花坛)(6.6-0.24)\times(2.4-0.24)+$ $(雨篷)(2.4-0.12)\times(2.7+8.4)\div2=$ $87.61+2.646+25.776-13.738+12.654$	m²	114.948
(二)	土石方工程			
1-4-1	场地平整	$(14.04+4.0)\times(9.54+4.0)-(3.6+3.6+3.9)\times0.9-$ $0.6\times2.4-2.7\times(0.12+0.6-0.125)+$ $(1.68+0.125)\times(1.8+3.3+2.1+0.25+4.0)$	m²	251.89
或	场地平整	$120.615+13.738+(14.04+1.68+0.125+9.54)\times2\times2+16$	m²	251.89
1-2-12	人工挖地槽(坚土)	$156.89+6.48$	m³	163.37
其中	J1	$(54.96+1.4+12.0)\times(1.3+0.2\times2)\times1.35$	m³	156.89
	J2	$4.0\times(0.8+0.2\times2)\times1.35$	m³	6.48

（续表）

顺序	各项工程名称	计　算	单位	数量
1－2－18	人工挖地坑	$1.3\times1.3\times1.22\times2$	m³	4.12
1－2－32	人工凿松石（沟槽）	$69.73+2.88$	m³	72.61
其中	J1	$(54.96+1.4+12.0)\times(1.3+0.2\times2)\times(0.4+0.2)$	m³	69.73
	J2	$4.0\times(0.8+0.2\times2)\times(0.4+0.2)$	m³	2.88
1－4－3	竣工清理	$120.62\times(2.7+0.08+0.02)+(87.61+2.646)\times0.18$（主体增高）	m³	379.46
1－4－11	室内夯填土	$84.73\times(0.15-0.06-0.015-0.025)$	m³	4.24
	槽坑夯填土	$106.20+2.71$	m³	108.91
1－4－13	地槽	$163.37+72.61-42.35-82.05-$（JQL）$5.16-0.22$	m³	106.20
	地坑	$4.12-0.51-0.8-0.25\times0.25\times0.8\times2$	m³	2.71
1－2－47	人力车运土方	$163.37+4.12-(4.24+108.91)\times1.15=167.49-130.12$	m³	37.37
1－2－53	人力车运石渣	72.61（石渣全部运出）	m³	72.61
（三）	地基处理及防护工程			
2－1－13	室内C15混凝土垫层	84.73×0.06	m³	5.084
2－1－13	平台C15混凝土垫层	$(3.6-1.2+3.3+0.12+2.1+2.7)\times2.1\times0.06$	m³	1.338
2－1－1换	3:7灰土（独基）垫层	$1.3\times1.3\times0.15\times2$	m³	0.51
2－1－1换	3:7灰土（条基）垫层	$40.67+1.68$	m³	42.35
其中	J1	$(54.96+1.4+12.0)\times(1.3+0.2\times2)\times(0.15+0.2)$	m³	40.67
	J2	$4.0\times(0.8+0.2\times2)\times(0.15+0.2)$	m³	1.68
（四）	砌筑工程			
3－2－1换	毛石条基M5混浆	$77.61+4.44$	m³	82.05
其中	J1	$(1.0\times0.35+0.76\times0.7+0.5\times0.4)\times(54.96+1.59+15.18)$	m³	77.61
	J2	$0.5\times1.45\times6.12$	m³	4.44
3－1－12	115混水砖墙M5混浆	$(6.12\times2.8-0.9\times2.4\times2)\times0.115-0.129$	m³	1.34
3－1－14	240混水砖墙M5混浆	$\{[[$（L中）$54.96+$（垛）$1.59-$（斜垛）$0.3+$（门斗内墙）$(3.9-0.24)]\times3.9-$（落差横竖）$(3.9+6.6+11.1+6.0-0.24+2.4-0.24+2.4-0.24+0.9)\times(3.9-3.2)+$（内墙）$(2.4+3.6-0.24)\times2\times2.8-$（2M1）$5.76-$（3M2）$6.48-$（5C1）$15.75-$（2C2）$3.6-$（2C3）$1.8-$（门洞）$3.05-$（漏窗1）$6.59-$（漏窗2）$0.54\}\times0.24-$（2Z2）$0.46-$（GL）$0.94-$（砖过梁）$1.618=(233.649-22.806+32.256-43.57)\times0.24-3.018$	m³	44.87
	门洞	$(1.1+1.5)\times2.15/2+0.25\times1.0$	m³	3.05
其中	漏窗1	$4.1\times1.5+1.1\times0.2\times2$	m³	6.59
	漏窗2	$(0.3+0.6)\times1.2/2$	m³	0.54

（续表）

顺序	各项工程名称	计　算	单位	数量
3－1－25	砖过梁 M5 混浆	1.618＋0.129	m³	1.75
	240 砖过梁	(1.7＋1.4×2＋1.7×2＋1.1×2＋1.6＋0.8)×0.24×0.44＋(1.7＋1.4)×0.24×0.40	m³	1.618
	115 砖过梁	1.4×2×0.115×0.4	m³	0.129
（五）	钢筋及混凝土工程			
4－2－7	C25 混凝土独立基础	1.0×1.0×0.4×2	m³	0.8
4－2－17	C25 混凝土柱	0.25×0.25×(0.8＋3.12)×2	m³	0.49
4－2－20	C25 混凝土构造柱	0.24×0.3×3.2×2	m³	0.46
4－2－25	C25 混凝土花篮梁	(0.25×0.5＋0.15×0.23)×5.76	m³	0.92
4－2－26	C20 钢筋混凝土 JQL	5.16＋0.22	m³	5.38
	JQL1	0.24×0.3×(54.96＋1.59＋15.18)	m³	5.16
	JQL2	0.12×0.3×6.12	m³	0.22
4－2－27	C25 混凝土过梁	0.112＋0.406＋0.42	m³	0.94
	GL1	0.24×0.18×2.6	m³	0.112
	GL2	0.24×0.18×(5.0－0.3)×2	m³	0.406
	GL3	0.24×0.35×5.0	m³	0.42
4－2－36	C25 混凝土雨篷(有梁板)	1.139＋2.131＋0.401	m³	3.67
	YPL1、YPL2、YPL3	0.25×0.32×(7.45＋4.745＋2.045)	m³	1.139
	YP 底板	[2.7×(1.8＋0.6)＋(1.8＋0.6)×(0.6＋5.4＋1.8＋0.6)]×0.08	m³	2.131
	YP 翻沿	0.06×0.42×(1.8＋0.6＋0.6＋5.4＋1.8＋0.6＋0.6＋1.8＋2.7)		0.401
4－2－38	C25 混凝土现浇平板	3.9×2.4×0.08	m³	0.75
10－3－162	预应力空心板安装	5.81＋2.38	m³	8.19
	YKB36-21	0.211/3.6×3.475×20＋0.211/3.6×2.7×11	m³	5.81
	YKB-39-21	0.238×10	m³	2.38
10－3－170	空心板灌缝	8.19	m³	8.19
1	基础钢筋计算			
	2ZJ			
	φ6.5 单根长度	1.0－0.05＋6.25×0.0065×2	m	1.03
	根数	[(1.0－0.05)/0.15＋1]×2×2≈8×2×2	根	32
	质量	1.03×32×0.260	kg	9
2	柱钢筋计算			
（1）	2Z1			
①	4Φ20 单根长度	3.12＋1.2＋0.2－0.05＋10×0.02	m	4.67
	根数	4×2	根	8
	质量	4.67×8×2.466	kg	92
②	φ6.5 单根长度	0.25×4－0.05	m	0.95
	箍筋根数	[2＋0.8/0.15＋(3.12－0.025)/0.2＋1]×2≈24×2	根	48
	质量	0.95×48×0.260	kg	12

顺序	各项工程名称	计　算	单位	数量
（2）	2Z2			
①	6Φ16 单根长度	3.5−0.05+10×0.016×2	m	3.77
	根数	6×2	根	12
	质量	3.77×12×1.578	kg	71
②	φ6.5 单根长度	(0.24+0.3)×2−0.05	m	1.03
	箍筋根数	[(3.5−0.05)/0.2+1]×2≈18×2	根	36
	质量	1.03×36×0.260	kg	10
3	梁钢筋计算			
（1）	L			
①号筋	单根长度	5.76+0.48−0.05	m	6.19
	2Φ20 质量	6.19×2×2.466	kg	31
②号筋	单根长度	5.76+0.48−0.05+2×0.414×(0.5−0.25×2)	m	6.56
	2Φ20 质量	6.56×2×2.466	kg	32
③号筋	单根长度	5.76+0.48−0.05	m	6.19
	2Φ12 质量	6.19×2×0.888	kg	11
④号筋	单根长度	5.76−0.05	m	5.71
	4φ8 质量	5.71×4×0.395	kg	9
⑤号筋	单根长度	(0.25+0.5)×2−0.05	m	1.45
	@200 根数	(5.76+0.48−0.05)÷0.2+1	根	32
	φ6.5 箍筋质量	1.45×32×0.260	kg	12
⑥号筋	单根长度	0.55−0.05+(0.08−0.02×2)×2	m	0.58
	@200 根数	(5.76−0.05)÷0.2+1	根	30
	φ6.5 钢筋质量	0.58×30×0.260	kg	5
（2）	GL1			
①	3Φ18 单根长度	2.6−0.05	m	2.55
	质量	2.55×3×1.998	kg	15
②	2Φ12 单根长度	2.6−0.05	m	2.55
	质量	2.55×2×0.888	kg	5
③	φ6.5 单根长度	(0.18+0.24)×2−0.05	m	0.79
	箍筋根数	(2.6−0.05)÷0.2+1	根	14
	质量	0.79×14×0.260	kg	3
（3）	2GL2			
（1）	3Φ18 单根长度	5.0−0.05	m	4.95
	质量	4.95×3×1.998×2	kg	59
（2）	2Φ12 单根长度	5.0−0.05	m	4.95
	质量	4.95×2×0.888×2	kg	18

顺序	各项工程名称	计　算	单位	数量
(3)	φ6.5 单根长度	$(0.18+0.24) \times 2 - 0.05$	m	0.79
	箍筋根数	$[(5.0-0.05)/0.2+1] \times 2 \approx 26 \times 2$	根	52
	质量	$52 \times 0.79 \times 0.260$	kg	11
(4)	GL3			
①	3Φ20 单根长度	$5.0 - 0.05$	m	4.95
	质量	$4.95 \times 3 \times 2.466$	kg	37
②	2Φ12 单根长度	$5.0 - 0.05$	m	4.95
	质量	$4.95 \times 2 \times 0.888$	kg	9
③	φ6.5 单根长度	$(0.24+0.35) \times 2 - 0.05$	m	1.13
	箍筋根数	$(5.0-0.05)/0.2+1$	根	26
	质量	$1.13 \times 26 \times 0.260$	kg	8
(5)	YPL1			
①	2Φ20 单根长度	$7.45 - 0.05$	m	7.4
	质量	$7.40 \times 2 \times 2.466$	kg	36
②	2Φ12 单根长度	$7.45 - 0.05$	m	7.4
	质量	$7.40 \times 2 \times 0.888$	kg	13
③	φ6.5 单根长度	$(0.25+0.4) \times 2 - 0.05$	m	1.25
	箍筋根数	$(7.45-0.05)/2+1$	根	38
	质量	$1.25 \times 38 \times 0.260$	kg	12
(6)	YPL2			
①	2Φ20 单根长度	$4.745 - 0.05$	m	4.7
	质量	$4.70 \times 2 \times 2.466$	kg	23
②	2Φ12 单根长度	$4.745 - 0.05$	m	4.7
	质量	$4.70 \times 2 \times 0.888$	kg	8
③	φ6.5 单根长度	$(0.4+0.25) \times 2 - 0.05$	m	1.25
	箍筋根数	$(4.745-0.05)/0.2+1$	根	25
	质量	$1.25 \times 25 \times 0.260$	kg	8
(7)	YPL3			
①	2Φ20 单根长度	$2.045 - 0.05$	m	2
	质量	$2.0 \times 2 \times 2.466$	kg	10
②	2Φ12 单根长度	$2.045 - 0.05$	m	2
	质量	$2.0 \times 2 \times 0.888$	kg	4
③	φ6.5 单根长度	$(0.4+0.25) \times 2 - 0.05$	m	1.25
	箍筋根数	$(2.045-0.05)/0.2+1$	根	11
	质量	$1.25 \times 11 \times 0.260$	kg	4
(8)	JQL1			

（续表）

顺序	各项工程名称	计算	单位	数量
①	A 轴长度	$3.9+3.0+3.6+0.24-0.05$	m	10.69
	B 轴长度	$0.9+0.6+3.9+3.0+3.6+2.7+0.12-0.05$	m	14.77
	D 轴长度	$3.9+3.6+3.6+0.24-0.05$	m	11.29
	E 轴长度	$0.45+2.7+0.12-0.05$	m	3.22
	1 轴长度	$2.4+3.6+0.24-0.05$	m	6.19
	1/1 轴长度	$2.4+0.24-0.05$	m	2.59
	2 轴长度	$2.4+3.6+0.24-0.05$	m	6.19
	1/2 轴长度	$2.4+0.24-0.05$	m	2.59
	4 轴长度	$0.6+2.4+2.4+3.6+0.9+0.12-0.05$	m	9.97
	5 轴长度	$3.3+2.1+1.5+0.24-0.05$	m	7.09
	搭接长度	$4\times35\times0.012$	m	1.68
	4Φ12 单根总长度	$10.69+14.77+11.29+3.22+6.19+2.59+6.19+$ $2.59+9.97+7.09+1.68$	m	76.27
	质量	$76.27\times4\times0.888$	kg	271
②	φ6.5 单根长度	$(0.24+0.3)\times2-0.05$	m	1.03
	箍筋根数	$10.69/0.2+1+14.77/0.2+1+11.29/0.2+1+3.22/0.2+1+$ $6.19/0.2+1+2.59/0.2+1+6.19/0.2+1+2.59/0.2+1+$ $9.97/0.2+1+7.09/0.2+1\approx55+75+58+17+32+14+$ $32+14+51+37$	根	348
	质量	$1.03\times385\times0.260$	kg	103
(9)	JQL2			
①	4Φ12 单根总长度	$3.9+0.24-0.05+2.7+0.24-0.05=4.09+2.89$	m	6.98
	质量	$6.98\times4\times0.888$	kg	25
②	φ6.5 单根长度	$(0.12+0.3)\times2-0.05$	m	0.79
	箍筋根数	$4.09/0.2+1+2.89/0.2+1\approx22+16$	根	38
	质量	$0.79\times38\times0.260$	kg	8
4	板钢筋计算			
(1)	XB			
①	φ6.5 单根长度	$3.9-0.04+2\times6.25\times0.0065$	m	3.94
	@250 根数	$(2.4-0.04)/0.25+1$	根	11
	质量	$3.94\times11\times0.260$	kg	11
②	φ10 单根长度	$2.4-0.04+2\times6.25\times0.01$	m	2.49
	@120 根数	$(3.9-0.04)/0.12+1$	根	34
	质量	$2.49\times34\times0.617$	kg	52
(2)	YPB			

（续表）

顺序	各项工程名称	计　算	单位	数量
①号筋	φ8 单根长度	1.8＋0.125－0.02＋2×6.25×0.008	m	2.01
	@100 根数	(2.7＋1.8－0.125－0.02)/0.1＋(1.8＋5.4－0.25)/0.1－1	根	113
	质量	2.01×113×0.395	kg	90
横分布筋	φ6.5 单根长度	2.7＋35×0.0065＋2×6.25×0.0065	m	3.01
	@250 根数	(1.8－0.125－0.02)/0.25	根	7
	质量	3.01×7×0.260	kg	5.5
纵分布筋	φ6.5 单根长度	5.4＋0.125＋35×0.0065＋2×6.25×0.0065	m	5.83
	@250 根数	(1.8－0.125－0.02)/0.25	根	7
	质量	5.83×7×0.260	kg	11
②号筋	φ6.5 单根长度	0.08－0.02＋1.2－0.02＋0.045＋0.08－0.02＋0.42－0.02＋2×6.25×0.0065	m	1.83
	@150 根数	(2.7＋1.8＋0.125－0.04)/0.15＋1＋(1.8＋5.4＋0.25)/0.15＋1＋(1.8＋0.125－0.04)/0.15＋1＋5×2	根	107
	质量	1.83×107×0.260	kg	51
负筋分布筋	φ6.5 单根平均长度	2.7＋1.8＋0.6＋0.6＋1.8＋5.4＋0.6＋0.6＋1.8－0.02×2－0.61×4＋4×35×0.0065(搭接长度)	m	14.33
	@300 根数	(1.2－0.02)/0.3＋1	根	5
	质量	14.33×5×0.260	kg	19
翻沿分布筋	3φ6.5 总长度	2.7＋1.8＋0.6＋0.6＋1.8＋5.4＋0.6＋0.6＋1.8－0.02×2－0.04×4＋4×35×0.0065(搭接长度)	m	16.61
	质量	16.61×3×0.260	kg	13
5	砖过梁钢筋计算			
	C1 单根长度	1.2＋0.25×2＋2×3.5×0.012	m	1.78
	C3 单根长度	0.6＋0.25×2＋2×3.5×0.012	m	1.18
	M1 单根长度	1.2＋0.25×2＋2×3.5×0.012	m	1.78
	M2 单根长度	0.9＋0.25×2＋2×3.5×0.012	m	1.48
	门洞单根长度	1.1＋0.25×2＋2×3.5×0.012	m	1.68
	漏窗 2 单根长度	0.3＋0.25×2＋2×3.5×0.012	m	0.88
	2φ12 质量	(1.78×2＋1.18×2＋1.78×2＋1.48×5＋1.68＋0.88)×2×0.888	kg	35
6	Z2 拉接筋计算			
	φ6.5 单根长度	2.3	m	2.3
	@500 根数	0.9/0.5＋(0.8－0.18)/0.5＋0.9/0.5＋(0.8＋0.7－0.18)/0.5)×2≈(2＋2＋2＋3)×2	根	18
	质量	2.3×18×0.260	kg	11
7	板缝钢筋计算			
	φ6.5 总长度	3.9×9＋3.475×9×2＋2.7×10	m	124.65
	质量	124.65×0.260	kg	32

（续表）

顺序	各项工程名称	计　算	单位	数量
	钢筋合计			
4－1－2	φ6.5 Ⅰ钢筋	9＋5＋11＋5＋11＋51＋19＋13	kg	124
4－1－3	φ8 Ⅰ钢筋	9＋90	kg	99
4－1－4	φ10 Ⅰ钢筋	52	kg	52
4－1－13	Φ12 Ⅱ钢筋	11＋5＋18＋9＋13＋8＋4＋271＋25	kg	364
4－1－15	Φ16 Ⅱ钢筋	71	kg	71
4－1－16	Φ18 Ⅱ钢筋	15＋59	kg	74
4－1－17	Φ20 Ⅱ钢筋	92＋31＋32＋37＋36＋23＋10	kg	261
4－1－52	φ6.5 箍筋	12＋10＋12＋3＋11＋8＋12＋8＋4＋103＋8	kg	191
4－1－98	φ6.5 砌体加固筋	35	kg	35
4－1－99 换	φ12 砌体加固筋	11＋32	kg	43
4－1－96	铁件 Φ12	22	kg	22
（六）	门窗及木结构工程			
1	M1 全玻璃自由木门			
5－1－19	门框制作	1.2×2.4×2	m²	5.76
5－1－20	门框安装	1.2×2.4×2	m²	5.76
5－1－93	门扇制作	1.2×2.4×2	m²	5.76
5－1－94	门扇安装	1.2×2.4×2	m²	5.76
5－9－5	门窗配件	2	套	2
5－1－110	门锁安装	2	套	2
2	M2 玻璃镶板门			
5－1－9	门框制作	0.9×2.4×5	m²	10.8
5－1－10	门扇安装	0.9×2.4×5	m²	10.8
5－1－33	门扇制作	0.9×2.4×5	m²	10.8
5－1－34	门扇安装	0.9×2.4×5	m²	10.8
5－9－1	门窗配件	5	套	5
5－1－110	门锁安装	5	套	5
3	C1 木窗带扇部分			
5－3－5	窗框制作	0.55×2×1.5×5	m²	8.25
5－3－6	窗框安装	0.55×2×1.5×5	m²	8.25
5－3－7	窗扇制作	0.55×2×1.5×5	m²	8.25
5－3－8	窗扇安装	0.55×2×1.5×5	m²	8.25
5－9－37	门窗配件	5	套	5
4	C1 木窗固定部分			
5－3－73	框上装玻璃框制作	1.0×1.5×5	m²	7.5
5－3－74	框上装玻璃安装	1.0×1.5×5	m²	7.5

（续表）

顺序	各项工程名称	计　算	单位	数量
5	C2 双扇木窗			
5－3－5	窗框制作	1.5×1.2×2	m²	3.6
5－3－6	窗框安装	1.5×1.2×2	m²	3.6
5－3－7	窗扇制作	1.5×1.2×2	m²	3.6
5－3－8	窗扇安装	1.5×1.2×2	m²	3.6
5－9－37	门窗配件	2	套	2
6	C3 单扇木窗			
5－3－1 换	窗框制作	0.6×1.5×2	m²	1.8
5－3－2 换	窗框安装	0.6×1.5×2	m²	1.8
5－3－3 换	窗扇制作	0.6×1.5×2	m²	1.8
5－3－4 换	窗扇安装	0.6×1.5×2	m²	1.8
5－9－36	门窗配件	2	套	2
10－3－37	门窗运输	$(1.2×2.4×2+0.9×2.4×5)×0.975+(2.1×1.5×5+1.2×1.5×2+0.6×1.5×2)×0.9715=16.146+20.547$	m²	36.69
（七）	屋面工程			
9－1－1	空心板上找平层	$11.1×(6-0.24)+(2.7-0.24)×(6+0.9-0.24)$	m³	80.32
6－3－5 换	1∶12 水泥珍珠岩保温	$11.1×(6-0.24)×0.083+(6+0.9-0.24)×(2.7-0.24)×0.09$	m³	6.78
	(1)～(4)轴间平均厚度	$(6-0.24)×1.5\%/2+0.04$	m	0.083
	(4)～(5)轴间平均厚度	$(6+0.9-0.24)×1.5\%/2+0.04$	m	0.09
9－1－2	保温层上找平层	$11.1×(6-0.24)+(6+0.9-0.24)×(2.7-0.24)+(11.1+2.7-0.24+6.0+0.9-0.24)×2×0.06$	m²	82.75
9－1－3	水泥砂浆每减 5 mm	$11.1×(6-0.24)+(6+0.9-0.24)×(2.7-0.24)+(11.1+2.7-0.24+6.0+0.9-0.24)×2×0.06$	m²	82.75
6－2－44	PVC 防水层	$11.1×(6-0.24)+(6+0.9-0.24)×(2.7-0.24)+(11.1+2.7-0.24+6+0.9-0.24)×2×0.06=80.32+2.426$	m²	82.75
	砂浆防水	$11.26+41.99$	m²	53.25
6－2－5	门斗顶面防水砂浆	$(3.9-0.24)×(2.4-0.24)+[(3.9-0.24)+(2.4-0.24)×2]×0.42=7.906+3.352$	m²	11.26
	雨篷顶面防水砂浆	$(2.4-0.12-0.06)×(2.7+8.4-0.06×2)+(2.7+2.4+8.4+2.4-0.24-0.06×4)×0.42+(2.7+1.8+1.8+5.4+1.8-0.24)×0.42×2=24.376+6.476+11.138$	m²	11.99
6－4－9 换	3φ50 塑料排水管	$0.3×3$	m	0.9
6－4－9 换	3φ80 塑料排水管	$0.3×3$	m	0.9

二、装饰工程工程量计算书

工程单位名称：<u>装饰部分</u>　　　　　　　　　　　　　　　第　页

顺序	各项工程名称	计　算	单位	数量
（一）	楼地面工程			
9—1—16	彩色水磨石地面	$(3.9+3.6+3.6-0.24\times2)\times(2.4+3.6-0.24)-$（有基础隔墙）$0.12\times(3.9-0.24)+(2.7-0.24)\times(3.3+3.6-0.24-0.12)=10.62\times5.76-0.439+2.46\times6.54$	m²	76.82
9—1—22	彩色水磨石增 5 mm 厚	76.82×2	m²	153.64
9—1—1	水泥砂浆找平 20 mm 厚	76.82	m²	76.82
9—1—3	水泥砂浆减 5 mm 厚	76.82	m²	76.82
	水磨石镶嵌铜条	$35.22+82.08+27.84$	m	145.14
9—1—28	①～②轴	$(3.66/0.9-1)\times(3.6+2.4-0.24-0.12)+[(3.6-0.18)/0.9-1+(2.4-0.18)/0.9-1]\times(3.9-0.24)=3\times5.64+(3+2)\times3.66$	m	35.22
	②～④轴	$[(7.2-0.24)/0.9-1]\times(6.0-0.24)+[(6.0-0.24)/0.9-1]\times(7.2-0.24)=7\times5.76+6\times6.96$	m	82.08
	④～⑤轴	$[(2.7-0.24)/0.9-1]\times(3.3+3.6-0.24-0.12)+[(3.3-0.18)/0.9-1+(3.6-0.18)/0.9-1]\times(2.7-0.24)=2\times6.54+(3+3)\times2.46$	m	27.84
9—1—92	缸砖地面	$(3.9-0.24)\times(2.4-0.24)+(3.6-1.2+3.3+0.12+2.1+2.7)\times2.1-0.25\times0.25\times2=7.906+22.302-0.125$	m²	30.08
9—1—1	水泥砂浆找平 20 mm 厚	30.08	m²	30.08
9—1—3	水泥砂浆减 5 mm 厚	30.08	m²	30.08
1—4—6	原土机械夯实	30.08	m²	30.08
9—1—99	缸砖踢脚线	$(2.1+3.6-1.2+3.3+0.12+2.1+2.1+2.7)\times0.13$	m²	1.93
（二）	墙柱面工程			
9—2—5	内墙抹灰	$[(3.9-0.24)\times4+(6.0-0.24-0.12)\times2+(3.6+3.6-0.24+6.0-0.24)\times2+(2.7-0.24)\times4+(3.3+3.6-0.24-0.12)\times2]\times(2.8-1.0)-1.2\times(2.4-1.0)\times3-0.9\times(2.4-1.0)\times8-2.1\times(1.5-0.1)\times5-1.2\times(1.5-0.1)\times2-0.6\times(1.5-0.1)\times2=74.28\times1.8-34.86$	m²	98.84
	砖墙面水刷白石子	$25.54+27.735+27.111+18.661+21.952$	m²	121
9—2—74 换	西立面	$(3.9+6.6)\times(3.2+0.15)-[(1.1+1.5)\times2.15/2+1.0\times0.25]-(4.1\times1.5+1.1\times0.2\times2)=35.175-3.045-6.59$	m²	25.54
	东立面	$(3.6+3.6+3.9)\times(3.2+0.15)-2.1\times1.5\times3=37.185-9.45$	m²	27.735
	北立面	$(9.54-0.24\times2)\times(3.2+0.15)-0.6\times1.5-1.2\times1.5-(0.3+0.6)\times1.2/2=30.351-3.24$	m²	27.111
	门斗	$[(2.4-0.24)\times2+(3.9-0.24)]\times(2.7+0.02)-[(1.1+1.5)\times2.15/2+1.0\times0.25]=21.706-3.045$	m²	18.661
	花坛内侧	$(2.4-0.24+6.0-0.24)\times(3.2+0.15)-(4.1\times1.5+1.1\times0.2\times2)=28.542-6.59$	m²	21.952

（续表）

顺序	各项工程名称	计　算	单位	数量
9－2－110	水刷石分格	121	m²	121
9－2－131	粘贴花岗岩柱面	$(0.25+0.05\times2)\times4\times(2.7+0.02)\times2$	m²	7.62
9－2－138	拼碎花岗石墙面	$46.63+31.208+28.303+19.309$	m²	125.53
	西立面(含 B 轴)	$(0.6-0.12+14.04)\times(3.9+0.15)-1.2\times2.4-$ $2.1\times1.5\times2-0.9\times2.4-(3.9+0.24+2.7)\times(0.15-0.02)-0.24\times$ $(3.2+0.02)\times2-(3.9-0.24+2.7)\times0.08+(1.2+2.4\times2+$ $2.1\times4+1.5\times4+0.9+2.4\times2)\times0.08=58.806-$ $11.34-0.889-1.526-0.509+2.088$	m²	46.63
	东立面(含 B 轴)	$(2.7+0.12+0.45)\times(3.9+0.15)+(0.6-0.12)\times(3.9+0.15)+$ $(14.04-0.24)\times(3.9-2.88)=13.244+1.944+14.076$	m²	31.208
	南立面	$(0.6-0.12+9.54)\times(3.9+0.15)-1.2\times1.5-0.9\times2.4-$ $0.6\times1.5-8.4\times0.08-0.06\times0.42\times2-(2.1+0.12+3.3+3.6-1.2)\times$ $0.13+(1.2\times2+1.5\times2+0.9+2.4\times2+0.6\times2+1.5\times2)\times0.08=$ $40.581-4.86-0.722-7.92+1.224$	m²	28.303
	北立面(含④轴)	$(9.54-0.12+0.6)\times(3.9+0.15)-(0.9+0.24)\times(3.2+0.15)-$ $(6.0-0.24)\times(2.88+0.15)=40.581-3.819-17.453$	m²	19.309
9－2－162	门洞马赛克贴面	$(1.1+1.5+2.4\times2+4.5\times2+1.5\times2)\times(0.24+0.066)+$ $(1.1+1.5+2.4\times2+4.5\times2+1.5\times2+0.06\times4\times2)\times0.06\times2=$ $5.936+2.386$	m²	8.32
9－2－204	雨篷面砖贴面	$(2.4+8.4+2.4+2.7-0.24)\times(0.5+0.04)$	m²	8.46
9－2－267	内墙裙饰面	$74.28\times1.0-1.2\times1.0\times3-0.9\times1.0\times8-2.1\times0.1\times5-1.2\times0.1\times2-$ $0.6\times0.1\times2$	m²	62.07
9－2－280	泰柚木板	62.07	m²	62.07
（三）	顶棚工程			
9－3－3	房间顶棚抹灰	$84.726-7.906$	m²	76.82
9－3－1	雨篷、门斗顶棚	$(2.7+8.4)\times(2.4-0.12)+7.906$	m²	33.21
9－4－203	顶棚贴锦缎	$84.726-7.906$	m²	76.82
（四）	油漆涂料裱糊工程			
1	门油漆			
9－1－1	M1 全玻璃自由木门	$1.2\times2.4\times2\times0.83$	m²	4.78
9－1－1	M2 玻璃镶板门	$0.9\times2.4\times5\times1.00$(系数)	m²	10.8
2	窗油漆			
9－1－2	单层玻璃窗	$(8.25+7.5+3.6+1.8)\times1.00$(系数)	m²	21.25
9－4－93	墙裙刷硝基漆 5 遍	$74.28\times1.0-1.2\times1.0\times3-0.9\times1.0\times8-2.1\times0.1\times5-1.2\times0.1\times2-$ $0.6\times0.1\times2$	m²	62.07
9－4－98	刷硝基漆每增 1 遍	62.07	m²	62.07
9－4－112	防火涂料 2 遍木方面	62.07	m²	62.07

（续表）

顺序	各项工程名称	计　算	单位	数量
9－4－95	窗台刷硝基漆5遍	1.95	m²	1.95
9－4－100	刷硝基漆每增1遍	1.95	m²	1.95
9－4－112	防火涂料2遍木方面	1.95	m²	1.95
9－4－94	顶棚压线硝基漆5遍	74.28×0.2	m	14.86
9－4－99	刷硝基漆每增1遍	14.86	m	14.86
9－4－164	墙面刷仿瓷涂料	98.84	m²	98.84
9－4－151	雨篷、门斗顶棚刷乳胶漆	33.21	m²	33.21
9－4－157	顶棚刷乳胶漆增加1遍	33.21	m²	33.21
（五）	其他工程			
9－5－18	木龙骨密度板窗台	(2.2×5+1.3×2+0.7×2)×0.12	m²	1.8
9－5－24	窗台柚木板面层	1.8	m²	1.8
9－5－61	顶棚压线	(3.9-0.24)×4+(3.6-0.18)×2+(2.4-0.18)×2+(3.6×2-1.24)×2+(3.6+2.4-0.24)×2+(2.7-0.24)×2+(3.6+3.3-0.24)×2+(2.7-0.24)×2-0.24	m	74.28
9－5－54	墙裙木封口条	74.28-(M1)1.2×3-(M2)0.9×8-(C1)2.1×5-(C2)1.2×2-(C3)0.6×2+0.12×32	m	28.74
	三、技术措施项目工程量计算			
（一）	脚手架			
10－1－4	独立柱脚手架	(0.25×4+3.6)×(0.15+3.1)×2	m²	29.9
10－1－5	单排钢外脚手架	(55.68+1.59)×(3.9+0.15)-[3.9+3.6+3.6+3.9+6.6+(2.4-0.24)×2+2.4+3.6-0.24]×(3.9-3.2)=231.94-19.446	m²	212.49
10－1－21	里脚手架	(15.18+6.12)×2.8	m²	59.64
（二）	模板			
10－4－28	独立基础模板	1×4×0.4×2	m²	3.2
10－4－104	基础圈梁模板	43.038+3.672	m²	46.71
	JQ1	(54.96+1.59+15.18)×0.3×2	m²	43.038
	JQ2	6.12×0.3×2	m²	3.672
10－4－84	矩形柱模板	0.25×4×(3.12+0.8)×2	m²	7.84
10－4－98	构造柱模板	0.3×3.2×2×2	m²	3.84
10－4－116	过梁模板	1.56+6+4.7	m²	12.26
	GL1	(0.24+0.18×2)×2.6	m²	1.56
	GL2	(0.24+0.18×2)×5×2	m²	6.00
	GL3	(0.24+0.35×2)×5	m²	4.70
10－4－123	花篮梁模板	[(0.19+0.15+0.08+0.166+0.16)×2+0.25]×5.76	m²	10.03
10－4－156	雨篷模板	25.308+9.114	m²	34.42
	雨篷板	(2.7+8.4)×(2.4-0.12)	m²	25.308
	雨篷梁	0.32×2×(7.45+4.745+2.045)	m²	9.114
10－4－168	现浇板模板	(3.9-0.24)×(2.4-0.24)	m²	7.91
10－4－206	雨篷翻沿模板	(2.4+8.4+2.4+2.7-0.06×2)×0.42×2	m²	13.26

第3章
建筑工程计量与计价综合实训案例

3.1 建筑工程计量与计价综合实训任务书

建筑工程相关专业实训阶段的业务技能训练,是实现建筑工程相关专业培养目标、保证教学质量、培养合格人才的综合性实践教学环节,是整个教学计划中不可缺少的重要组成部分。通过实训,应使学生在综合运用所学知识的过程中,了解建筑工程在招投标(工程量清单与投标报价)中从事技术工作的全过程,从而建立理论与实践相结合的完整概念,提高在实际工作中从事建筑工程计量与计价工作的能力,培养认真细致的工作作风,使所学知识进一步得到巩固、深化和扩展,提高学生所学知识的综合应用能力和独立工作能力。

一、综合实训选题

根据本专业实际工作的需要,学生通过实训,应会编制较复杂的建筑工程工程量清单和工程量清单报价。

建筑工程计量与计价综合实训选题,以工程量清单编制和工程量清单报价为主线,选择民用建筑混合结构或框架结构工程,含有土建、装饰内容的施工图纸。

二、综合实训的具体内容

建筑工程计量与计价综合实训具体内容包括:

1. 会审图纸

对收集到的土建、装饰施工图纸(含标准图)进行全面的识读、会审,掌握图纸内容。

2. 编制工程量清单

根据施工图纸和《房屋建筑与装饰工程工程量计算规范》,按表格方式手工计算工程量,编制工程量清单,最后上机打印。

3. 投标报价的工程量计算

根据施工图纸、《建筑工程工程量计算规则》《建筑工程消耗量定额》和施工说明等资料,按表格方式统计出建筑、装饰工程量。

4. 工程量清单报价

根据《建筑工程工程量清单计价规则》,上机进行综合单价计算,确定投标报价文件。

三、综合实训的步骤

1. 布置任务

布置建筑工程计量与计价综合实训任务,发放实训相关资料。

2. 审查施工图纸

学生通过看图纸(含标准图),对图纸所描述的建筑物有一个基本印象,全面提出图纸存在的问题,指导教师进行图纸答疑和问题处理。

3. 工程量清单的编制

根据《房屋建筑与装饰工程工程量计算规范》中的工程量计算规则,按收集的图纸的具体要求,进行各项工程量的计算,确定项目编码、项目名称,描述项目特征,编制工程量清单。

4. 投标报价的工程量计算

根据施工图纸和《建筑工程工程量计算规则》,按表格方式手工计算,并统计出建筑、装饰工程量,列出定额编号和项目名称。

5. 工程量清单报价(上机操作)

对工程量清单进行仔细核对,将工程量清单所列的项目特征与实际工程进行比较,参考《建筑工程工程量清单计价规则》,对工程量清单项目所关联的工程项目的定额名称和编号进行挂靠,利用工程量清单计价软件,进行工程量清单报价。如有不同之处应考虑换算定额或做补充定额。对照现行的《建筑工程价目表》(有条件也可使用市场价)和《建筑工程费用项目组成及计算规则》,查出工料机单价(不需调整)及措施费、管理费、利润、规费、税金等费率,进行工程造价计算,决定投标报价值。

6. 打印装订

经检查确认无误后,存盘、打印,设计封面,装订成册。

四、综合实训内容时间分配表(表3-1)

表 3-1   综合实训内容时间分配表

内　　容	学时	说　　明
布置课程实训任务	1	全面了解设计任务书
会审图纸	3	收集有关资料,看图纸
编制工程量清单	8	用表格计算清单工程量
工程量计算	16	用表格计算建筑、装饰工程量
工程量清单报价	8	用计算机计算
整理资料	4	按要求整理,打印装订
合　　计	40	最后1周完成(应提前进入)

五、需要准备的资料和综合实训成果要求

1. 需要准备的资料

(1)某工程图纸一套及相配套的标准图;

(2)《建设工程工程量清单计价规范》、《房屋建筑与装饰工程工程量计算规范》;

(3)《建筑工程工程量计算规则》;

(4)《企业定额》或《建筑工程消耗量定额》;

(5)《建筑工程价目表》;

(6)《建筑工程费用项目组成及计算规则》;

(7)《建筑工程工程量清单计价规则》;

(8)《建筑工程计量与计价实务》、《建筑工程计量与计价学习指导实训》等教材及《建筑

工程造价工作速查手册》等相关手册。

2.综合实训成果要求

本次课程实训要求学生根据工程量清单计价计量规范和相关定额,编制工程量清单和工程量清单报价。本着既节约费用,又能呈现出一份较完整资料的原则,需要打印的表格及成果资料应该有:

(1)工程量清单 1 套(含实训成果封面、招标工程量清单封面、招标工程量清单扉页、工程计价总说明、分部分项工程量清单与计价表、单价措施项目清单与计价表、总价措施项目清单与计价表、其他项目清单与计价汇总表、暂列金额明细表、材料暂估单价及调整表、规费和税金项目计价表等)。

(2)工程量清单报价,建筑和装饰各 1 套(含投标总价封面、投标总价扉页、工程计价总说明、单位工程费汇总表、分部分项工程量清单与计价表、单价措施项目清单与计价表、总价措施项目清单与计价表、其他项目清单与计价汇总表、规费和税金项目计价表等;如果打印量不大,也可打印部分有代表性的工程量清单综合单价分析表和综合单价调整表)。

(3)工程量计算单底稿(手写稿)1 套,附封面。

六、封面格式

××××学校

建筑工程计量与计价实训

建筑工程量清单与工程量清单报价

(正本)

工程名称:

院 系:
专 业:
指导教师:
班 级:
学 号:
学生姓名:
起止时间: 自 年 月 日至 年 月 日

3.2 建筑工程计量与计价综合实训指导书

一、编制说明

1.内容

(1)工程量清单编制;

(2)工程量清单计价；

(3)计算各项费用；

(4)进行综合单价分析。

2. 依据

某工程施工图纸和有关标准图；《建设工程工程量清单计价规范》、《房屋建筑与装饰工程工程量计算规范》、《建筑工程工程量计算规则》、企业定额或建筑工程消耗量定额、费用定额、《建筑工程价目表》和《建设工程价目表材料机械单价》。

3. 目的

通过该工程的计量与计价实训，使学生基本掌握工程量清单编制和工程量清单计价的方法和基本要求。

4. 要求

在教师的指导下，手工计算工程量，用计算机进行工程量清单和工程量清单报价的编制。

二、施工及做法说明

1. 施工说明

(1)施工单位：××建筑工程公司(二级建筑企业)。

(2)施工驻地和施工地点均在市区内，相距 2 km。

(3)设计室外地坪与自然地坪基本相同，现场无障碍物、无地表水；基槽采用人工开挖，人工钎探(每米一个钎眼)；打夯采用蛙式打夯机械；手推车运土，运距 40 m。

(4)模板采用工具式钢模板，钢支撑；钢筋现场加工，混凝土现场搅拌。

(5)脚手架均为金属脚手架；采用塔吊垂直运输和水平运输。

(6)人工费单价按 66 元/工日计算；材料价格、机械台班单价均执行价目表，材料和机械单价不调整。

(7)措施费主要考虑安全文明施工、夜间施工、二次搬运、冬雨季施工、大型机械设备进出场及安拆费，其中临时设施全部由乙方按要求自建；水、电分别为自来水和低压配电，并由发包方供应到建筑物中心 50 m 范围内。

(8)预制构件均在公司基地加工生产，汽车运输到现场；门窗单独外包。

(9)施工期限合同规定：自 8 月 15 日开工准备，12 月底交付使用。

(10)其他未尽事宜自行设定。

2. 建筑做法说明

(1)混凝土水泥砂浆散水、坡道：灰土夯实；C15 混凝土 60 mm 厚，1∶2.5 水泥砂浆 10 mm 厚，随打随抹。室内台阶采用 M5.0 水泥砂浆砌筑砖台阶，面层同地面。室外台阶采用 C15 混凝土垫层，上铺机制 900 mm×330 mm×150 mm 花岗石台阶，1∶2 水泥砂浆勾缝。

(2)全瓷地板砖地面：素土夯实；150 mm 厚 3∶7 灰土；C15 混凝土 60 mm 厚；刷素水泥浆 1 道；25 mm 厚 1∶2 干硬性水泥砂浆结合层；撒素水泥面(洒适量清水)；铺 8 mm 厚 600 mm×600 mm 全瓷地板砖；素水泥浆扫缝，缝宽不大于 2 mm。

(3)水泥楼面(阁楼、楼梯)：1∶3 水泥砂浆找平 20 mm 厚(现浇板为 15 mm 厚)；1∶2 水泥砂浆面层 5 mm 厚压光。

(4)全瓷地板砖楼面:预制钢筋混凝土楼板;40 mm 厚 C25 细石混凝土φ4@200 双向配筋;刷素水泥浆 1 道;25 mm 厚 1∶2 干硬性水泥砂浆结合层;撒素水泥面(洒适量清水),铺 8 mm 厚 600 mm×600 mm 全瓷地板砖;素水泥浆扫缝,缝宽不大于 2 mm。

(5)平瓦屋面:现浇钢筋混凝土斜屋面板;1∶2 水泥砂浆铺英红瓦。

(6)卷材防水膨胀珍珠岩保温屋面:预应力空心板上 1∶3 水泥砂浆找平 20 mm 厚;1∶12 现浇水泥珍珠岩保温层(找坡),最薄处 40 mm 厚;1∶3 水泥砂浆找平 15 mm 厚;PVC 橡胶卷材防水层,四周弯起部分均为 500 mm;φ100PVC 落水管。雨篷内侧抹 1∶2 防水砂浆。

(7)内墙混合砂浆抹面:1∶1∶6 水泥石灰砂浆打底找平 15 mm 厚;1∶0.3∶3 混合砂浆面层 5 mm 厚;刮腻子,刷乳胶漆三遍。

(8)外墙贴面砖墙面:7 mm 厚 1∶3 水泥砂浆打底扫毛;刷素水泥浆一道;12 mm 厚 1∶0.2∶2 水泥石灰膏砂浆结合层;3 mm 厚 T920 瓷砖胶黏剂贴 8 mm 厚面砖;用 J924 砂质勾缝剂勾缝。

(9)外墙水泥砂浆墙面:1∶1∶6 水泥石灰砂浆打底找平拉毛 12 mm 厚;1∶2.5 水泥砂浆面层 5 mm 厚。

(10)水泥砂浆踢脚(高 200 mm):1∶1∶6 水泥石灰砂浆打底找平 17 mm 厚;1∶2.5 水泥砂浆面层 5 mm 厚压光。

(11)釉面瓷砖墙裙(厨房、卫生间,全高):1∶3 水泥砂浆打底找平 15 mm 厚;1∶1 水泥细砂浆 7 mm 厚;贴釉面瓷砖,素水泥浆扫缝,缝宽 1 mm。

(12)水泥砂浆顶棚(厨房、卫生间、挑檐):刷素水泥浆一道;1∶1∶2 混合砂浆打底 3 mm 厚;1∶1∶5 水泥石灰砂浆找平 10 mm 厚;1∶2 水泥砂浆罩面 5 mm 厚;刮腻子,刷乳胶漆三遍。

(13)混合砂浆顶棚:1∶0.3∶3 混合砂浆勾缝;1∶1∶2 混合砂浆打底 3 mm 厚;1∶1∶5 水泥石灰砂浆找平 10 mm 厚;1∶2 水泥砂浆罩面 5 mm 厚;刮腻子,刷乳胶漆三遍。

(14)木制品刷调和漆:底油一遍,满刮腻子,调和漆两遍。

(15)铁制品刷调和漆:除锈,刷防锈漆一遍,调和漆两遍。

(16)楼梯为型钢栏杆,木扶手;混凝土栏板 60 mm 厚,混凝土压顶 60 mm 厚,抹灰同墙面,栏板上部设 400 mm 高混凝土工艺柱,间距 200 mm,直径 60 mm。

3. 结构设计说明

(1)地基土−2.500 m 以下为松石,以上为三类土(坚土)。

(2)基础用 MU10 机制红砖,M5.0 水泥砂浆砌筑。

(3)墙体采用 MU10 机制红砖,M5.0 混合砂浆砌筑;门窗洞口顶部采用平砌砖过梁找平。

(4)现浇混凝土构件,除注明者外均采用 C25 混凝土;预制混凝土构件,均采用 C30 混凝土。

(5)预应力空心板混凝土体积和单价分别为:C30YKBL24-42,0.112 m³/块,60 元/块;C30YKBL33-22d,0.154 m³/块,65 元/块;C30YKBL36-22d,0.168 m³/块,69 元/块。板厚为 120 mm。

(6)钢筋:φ为热扎光面钢筋 HPB300,强度设计值 $f_y=210$ N/mm²;Φ为热扎带肋钢筋 HRB335(20MnSi),强度设计值 $f_y=300$ N/mm²。

（7）混凝土构件钢筋保护层：板为 20 mm，其余均为 25 mm。

（8）图中未注明的板厚为 80 mm，未注明的配筋为 ϕ6@200，未注明的圈梁均为 QL_1。

（9）屋面老虎窗开洞每边增设 2ϕ8 钢筋，单根长度 4500 mm。

（10）圈梁兼过梁时，当洞口宽大于等于 1800 mm 时，下部附加 1Φ12 钢筋，长度＝洞口宽＋370×2(mm)。

4. 其他说明

除防火门和车库钢折叠门外，门均为胶合板门，窗均为塑料窗。门窗洞口尺寸分别为：防火门 FM：1300 mm × 2700 mm；车库门 KM：2500 mm × 2100 mm；M1：800 mm × 1900 mm；M2：700 mm×1900 mm；M3：800 mm×2700 mm；M4：700 mm×2400 mm；M5：800 mm × 2700 mm；M6：900 mm × 2600 mm；M7：900 mm × 2100 mm；C1：2400 mm × 1800 mm；C2：2100 mm×900 mm；C3：1800 mm×900 mm；C4：1400 mm×900 mm；推拉窗 C5：1200 mm×900 mm；C6：2400 mm × 600 mm；C7：2100 mm × 600 mm；库窗 KC：900 mm× 800 mm；固定式老虎窗 HC：2400 mm×900 mm/2；

其他未尽事项可以根据规范、规程及标准图选用，也可由指导教师给定。

三、打印装订要求

将上机做好的实训文件保存到移动硬盘上，在装有工程造价软件的计算机上打印出建筑工程计量与计价实训文件；或将工程造价文件的表格转换成 Excel 文件，表格调整完成后转换成 PDF 文件，保存到移动硬盘上，在装有打印机的任何计算机上打印出实训文件，不符合要求的单页可重新设计打印。

实训资料编制完成后，合到一起，装订成册。装订顺序为封面、招标工程量清单扉页、工程计价总说明、分部分项工程量清单与计价表、单价措施项目清单与计价表、总价措施项目清单与计价表、其他项目清单与计价汇总表、暂列金额明细表、材料暂估单价及调整表、规费和税金项目计价表和建筑、装饰工程报价的封面、投标总价扉页、工程计价总说明、单项工程投标报价汇总表、单位工程投标报价汇总表、分部分项工程量清单与计价表、单价措施项目清单计价表、总价措施项目清单计价表、其他项目清单与计价汇总表、规费和税金项目计价表等。建筑和装饰工程取费基数不同，一般应分开，建筑工程报价在前，装饰工程报价在后。所有资料均采用 A4 纸打印，并将工程量计算单底稿（手写稿）整理好，附实训作业后面备查。底稿一般不要求重抄或打印。因此，手写稿格式要统一，最好用工程量计算单计算；各分项工程量计算式之间要留有一定的修改余地，各个分部工程内容之间要留有较大的空白，以便填补漏项；还要注意页边距的大小，不要影响装订。为了便于归档保存，底稿不要用铅笔书写，装订时请不要封装塑料皮。

3.3　某联体别墅工程建筑与结构施工图纸

按下面的图纸进行工程量清单和清单报价的编制。

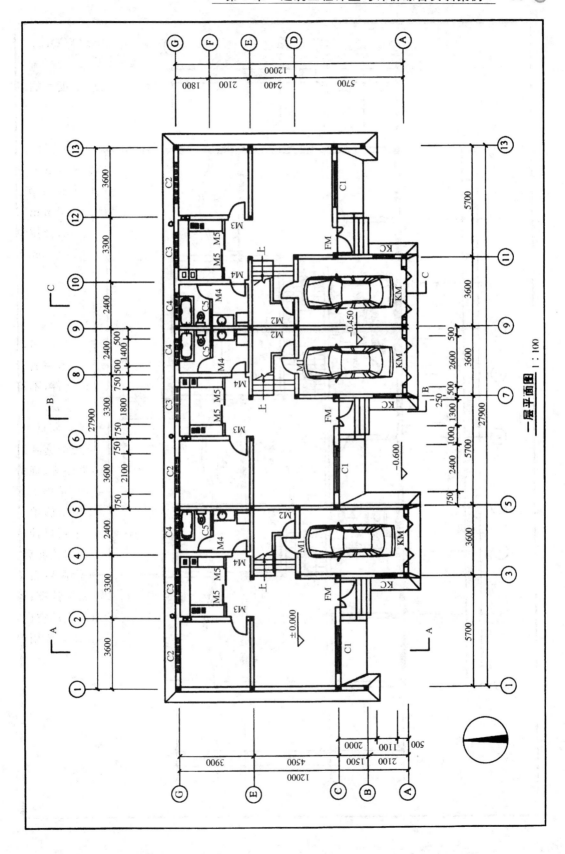

一层平面图 1：100

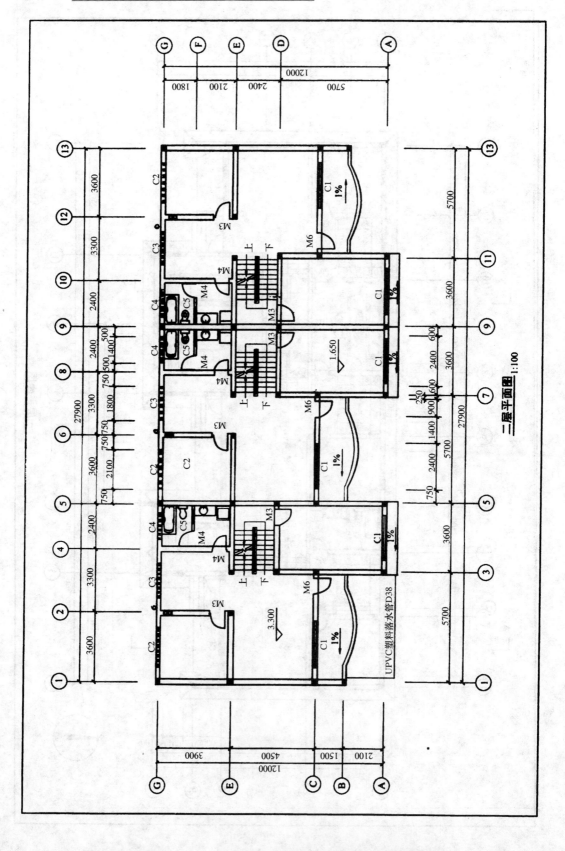

二层平面图 1:100

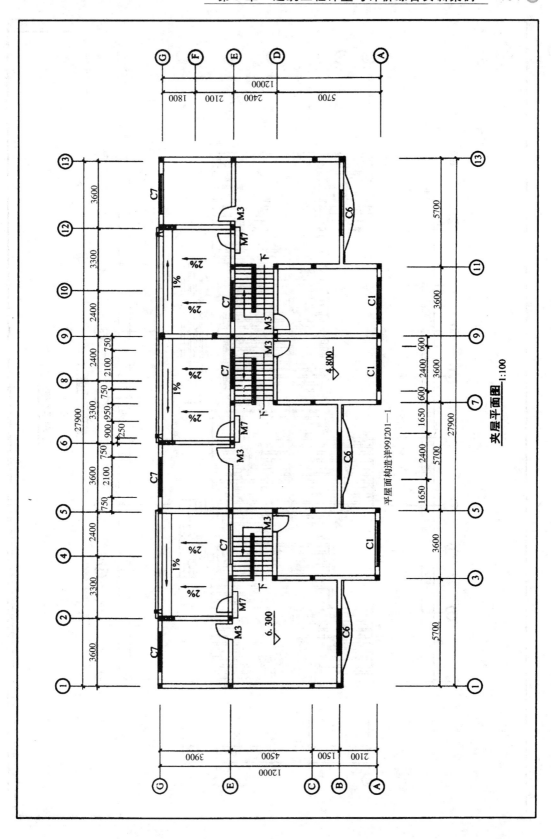

夹层平面图 1:100

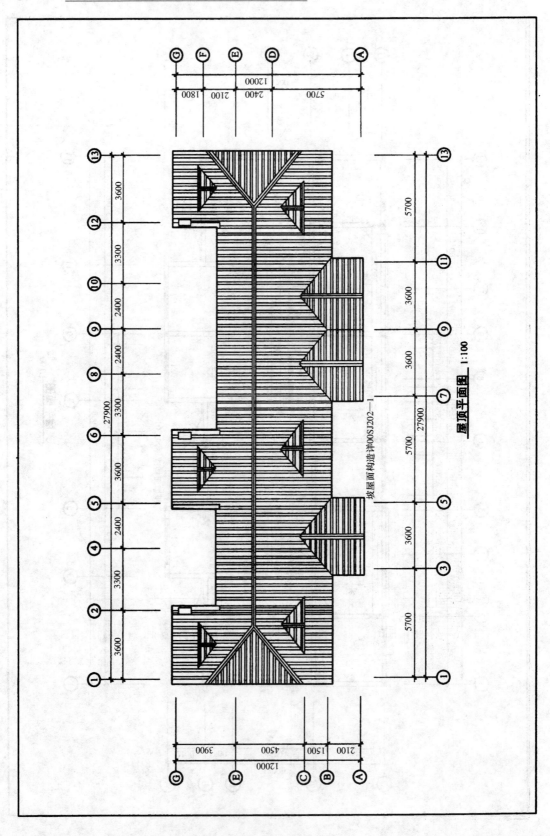

屋顶平面图 1:100

坡屋面构造详00SJ202—1

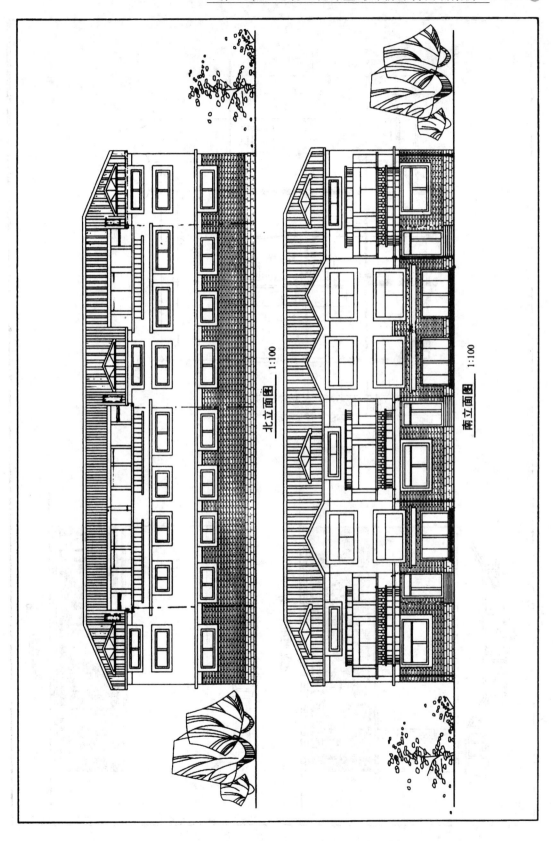

北立面图　1:100

南立面图　1:100

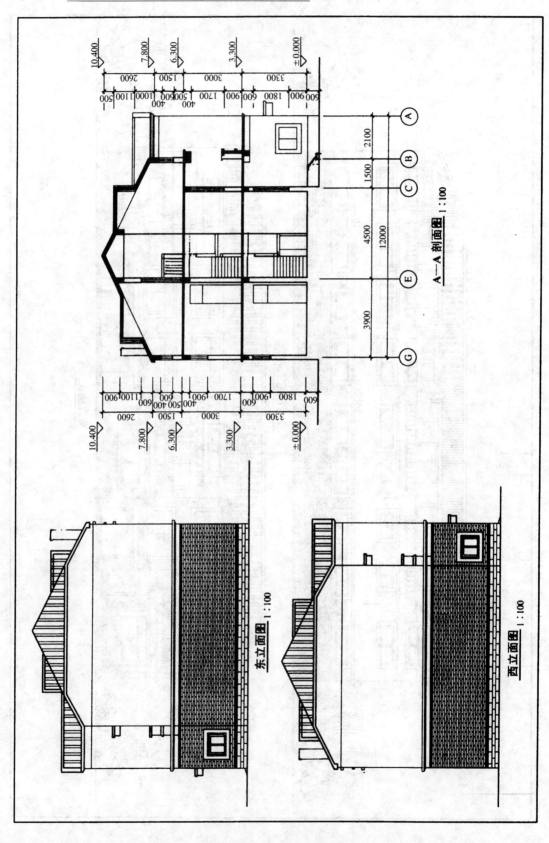

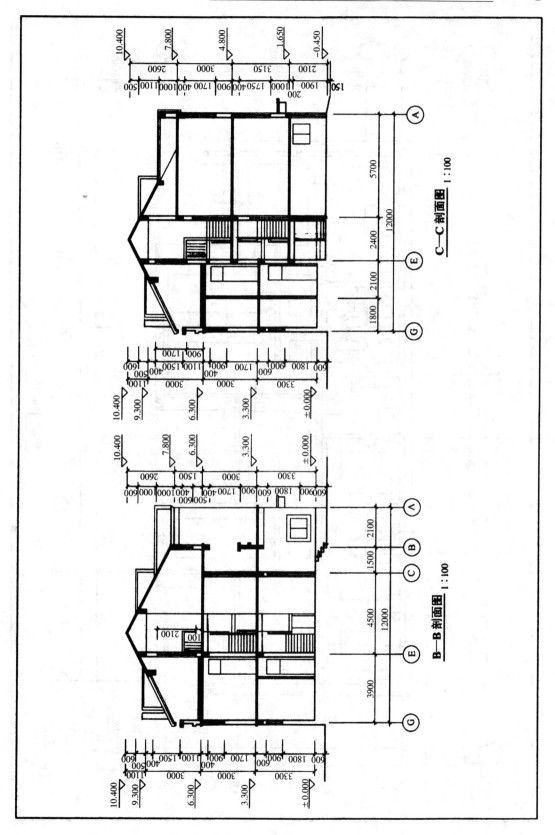

C—C 剖面图 1:100

B—B 剖面图 1:100

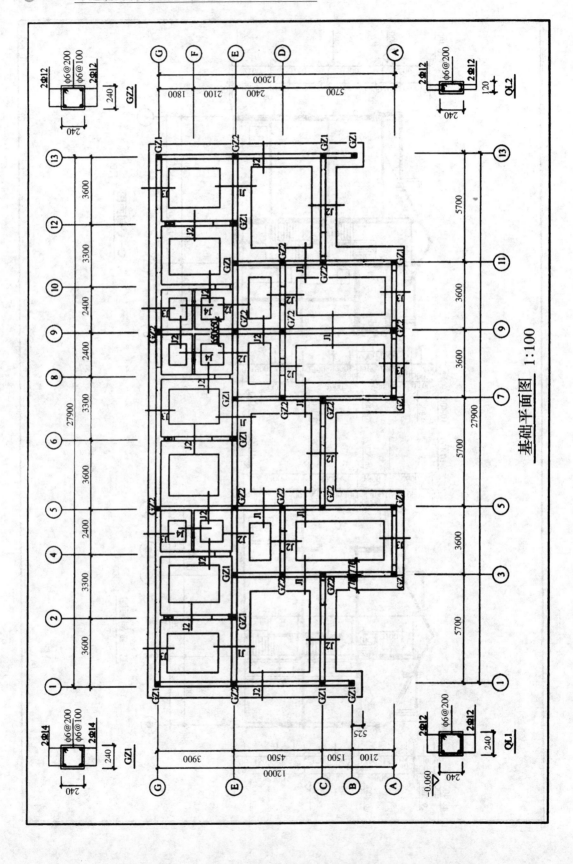

基础平面图　1:100

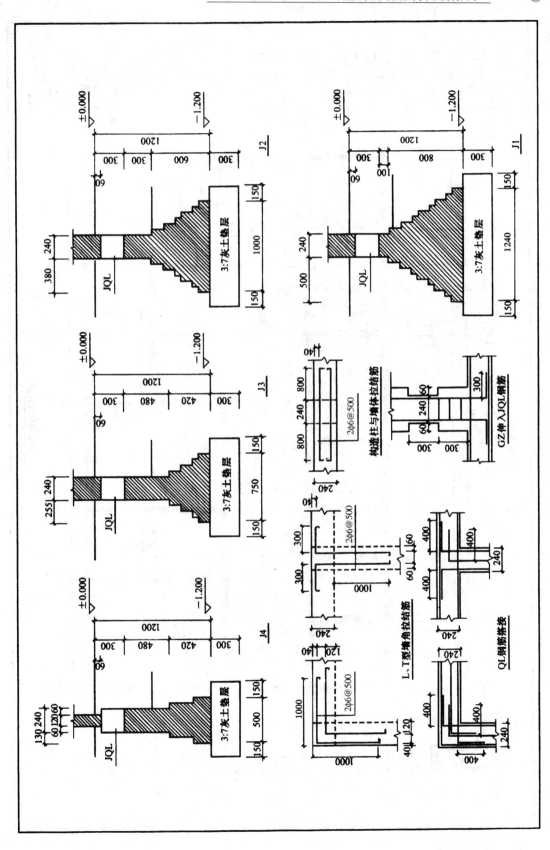

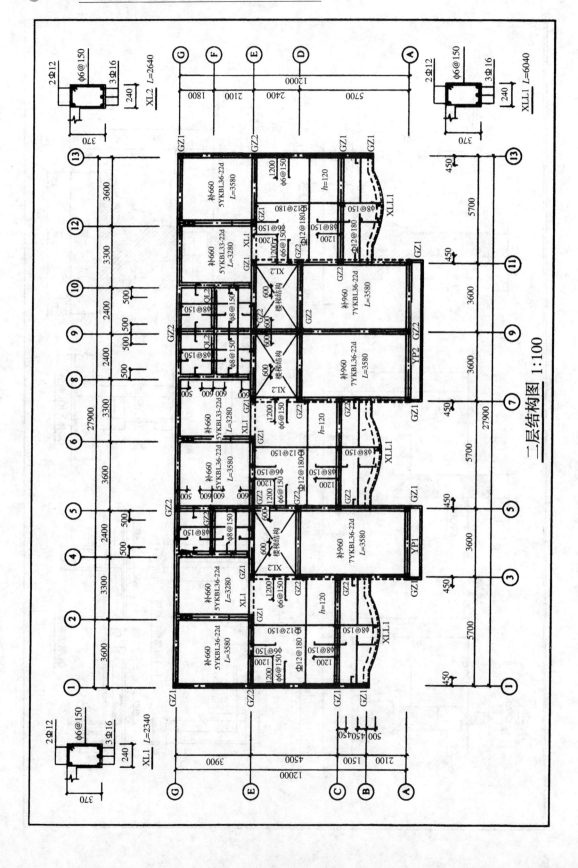

二层结构图 1:100

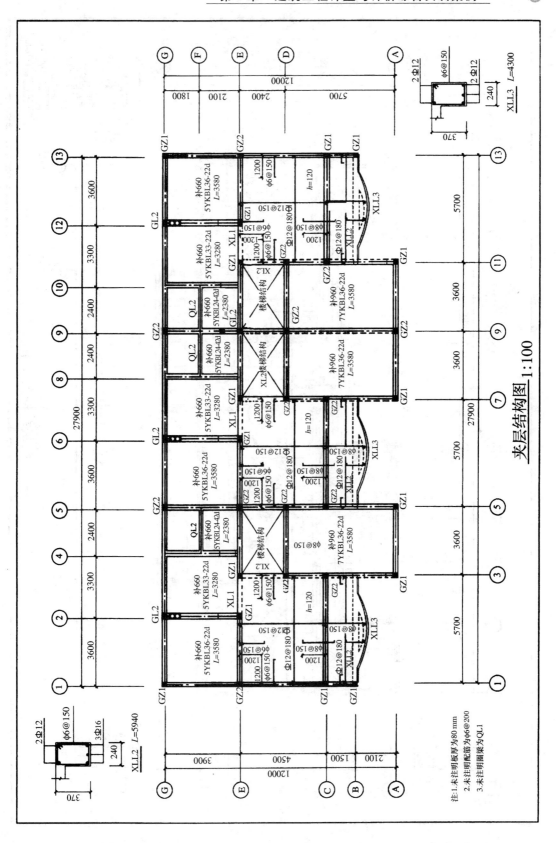

夹层结构图 1:100

注:1.未注明板厚为80mm
2.未注明配筋为φ6@200
3.未注明圈梁为QL1

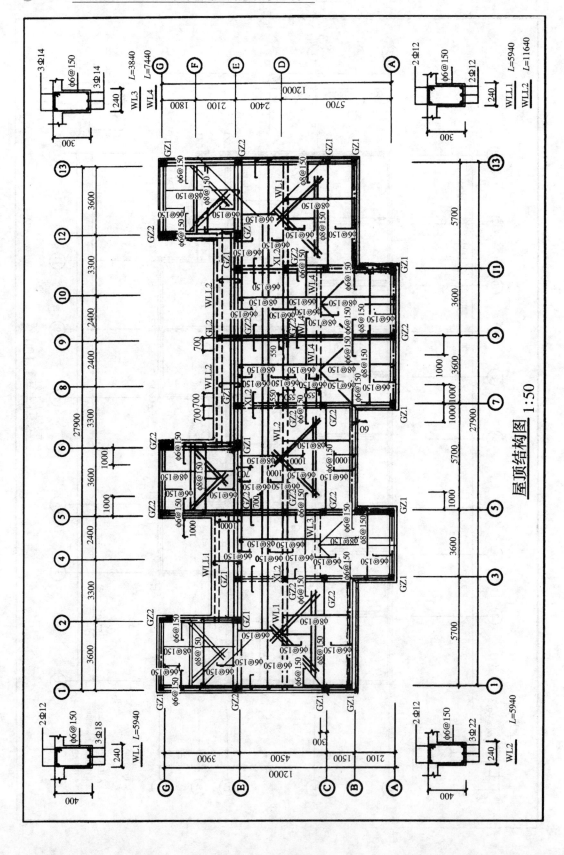

屋顶结构图 1:50

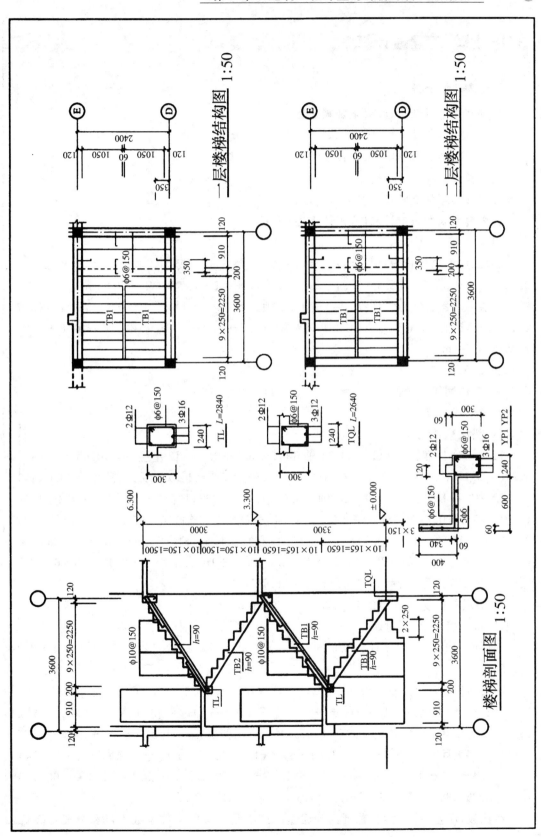

二层楼梯结构图 1:50

一层楼梯结构图 1:50

楼梯剖面图 1:50

3.4　清单工程量计算

一、基数计算

1.外墙中心线长度计算(增加减法)

一、二层长度:$L_{中}=(27.9+12+3.6)\times2=87.00$ m

一、二层增加山墙外伸长度:$L_{中}=1.5\times2=3.00$ m

夹层长度:$L_{中}=(27.9+12+2.1+3.9\times2)\times2=99.60$ m

夹层外墙增加 9 轴长度:$L_{中}=3.90$ m

2.内墙净长线长度计算(分别计算法)

(1)240 墙

一、二层内墙净长线总长度:$L_{内}=$(横)$3.6\times3\times3+$(竖)$(3.9-0.24)\times8+(2.1-0.24)\times3+4.5+5.7+2.4=32.4+29.28+5.58+4.5+5.7+2.4=79.86$ m

夹层内墙净长线总长度:$L_{内}=$(横 D、E 轴)$(3.6-0.24)\times6+$(竖 3、7、11 轴)$(5.7-2.1)\times3+$(5 轴)$(1.5+4.5-0.24)+$(9 轴)$(5.7+2.4-0.24)=20.16+10.8+5.76+7.86=44.58$ m

(2)115 墙

一、二层厕所间净长度:$L_{内}=(2.4-0.24)\times3=6.48$ m

3.净长线长度计算

(1)垫层净长线长度

J1 垫层净长度:$L_{净}=$(E 与 3、11 轴)$[5.7+5.7+2.4-($J2 垫层一半$)0.65]\times2+$(E 与 5、7 轴)$[5.7+(5.7+2.4)\times2]+$(9 轴)$5.7+0.65-0.525=26.3+21.9+5.825=54.03$ m

J2 垫层净长度:$L_{净}=$(横 D、E 轴)$(3.6-1.54)\times4+$(E 与 7～11 轴)$3.6\times2-1.54+$(C 轴)$[(5.7-0.77-0.65)\times2+5.7-1.54]+$(竖 1、13 轴)$(0.525+1.5+4.5+3.9)\times2+$(2、5、6、12 轴)$(3.9-0.77-0.525)\times4+$(4、8、9、10 轴)$(3.9-0.65-0.525)\times4+$(9 轴)$2.4-1.3=8.24+7.2-1.54+12.72+20.85+10.42+10.9+2.4-1.3=69.89$ m

J3 垫层净长度:$L_{净}=27.9+3.6\times3=38.70$ m

J4 垫层净长度:$L_{净}=(2.4-1.3)\times3=3.30$ m

(2)审核校对,分析对比

垫层面积 $S_{净}=$(J1)$1.54\times54.03+$(J2)$1.3\times69.89+$(J3)$1.05\times38.7+$(J4)$0.8\times3.3=217.34$ m^2

垫层面积 $S_{净}=$(总长)$(27.9+1.3)\times$(总宽)$(12+1.05)-$(A～C 轴虚面积)$(5.7\times3-1.54\times2-1.3)\times(2.1+1.5-0.65+0.525)-$(A～B 轴虚面积)$1.3\times2.1\times2-$(卧厨)$(3.6+3.3-1.3\times2)\times(3.9-0.77-0.525)\times3-$(浴侧)$(2.4-1.3)\times(3.9-0.65-0.525-0.8)\times3-$(大厅)$(5.7\times3-1.3-1.54\times2)\times(4.5-0.77-0.65)-$(梯库)$(3.6-1.54)\times(5.7+2.4-1.3-0.65-0.525)\times3=381.06-12.72\times3.475-5.46-4.3\times2.605\times3-1.1\times1.925\times3-12.72\times3.08-2.06\times5.625\times3=217.50$ m^2

经比较,误差在 3% 允许范围内。误差的产生是由保留小数位数不足和分段计算近似长度两个原因造成的。因此,在计算长度时,必须有计划地分段,并在图上画出界线,甚至涂上颜色,按垫层断面的不同分段计算,并进行审核。如果将不同断面的垫层长度加在一起,这样的基数是没有意义的。

4. 外墙外边线长度计算

首层外墙外边线长度:$L_{外}=(27.9+0.24+12+0.24+3.6)\times2=87.96$ m

或首层外墙外边线长度:$L_{外}=87+0.24\times4=87.96$ m

二层外墙外边线长度:$L_{外}=(27.9+0.24+12+0.24+2.1)\times2=84.96$ m

或二层外墙外边线长度:$L_{外}=84+0.24\times4=84.96$ m

夹层外墙外边线长度:$L_{外}=(27.9+0.24+12+0.24+2.1+3.9\times2)\times2=100.56$ m

或夹层外墙外边线长度:$L_{外}=99.6+0.24\times4=100.56$ m

第二种方法主要用于核对。如果有误差,查找原因,保证数据正确。

5. 外围面积计算

首层 $S_{首}=(27.9+0.24)\times(4.5+3.9+0.24)+$(车库凸出面积)$(3.6\times3+0.24\times2)\times$$(2.1+1.5)=28.14\times8.64+11.28\times3.60=283.74$ m^2

二层 $S_{二}=(27.9+0.24)\times(1.5+4.5+3.9+0.24)+$(车库凸出面积)$(3.6\times3+0.24\times2)\times2.1+$(弓形面积)$\dfrac{2}{3}\times4.2\times0.4\times3=28.14\times10.14+11.28\times2.1+3.36=312.39$ m^2

夹层 $S_{夹}=(27.9+0.24)\times(1.5+4.5+0.24)+$(车库凸出面积)$(3.6\times3+0.24\times2)\times2.1+$(E~G轴)$(3.6+0.24)\times3.9\times3=28.14\times6.24+11.28\times2.1+3.84\times3.90\times3=244.21$ m^2

6. 房心净面积计算

$S_{房}=[$(E~G轴)$(3.6+3.3+2.4-0.24\times3)\times(3.9-0.24)+$(门厅)$(5.7-0.24)\times(4.5-0.24)+$(楼梯)$3.6\times(2.4-0.24)+$(车库)$(3.6-0.24)\times(5.7-0.24)+$(过人洞)$(5.7-3.6-0.24)\times0.24]\times3=(8.58\times3.66+5.46\times4.26+3.6\times2.16+3.36\times5.46+1.86\times0.24)\times3=243.69$ m^2

校核:$S_{房}=(S_{底})283.74-(L_{中})87\times0.24-(L_{内})79.86\times0.24=243.69$ m^2

7. 建筑面积计算

$S_{首建}=(S_{底})283.74-$(车库 1/2 主楼部分面积)$(3.6\times3-0.24\times2)\times2.1/2-$(车库1/2凸出部分面积)$(3.6\times3+0.24\times2)\times3.6/2=283.74-10.84-20.3=252.60$ m^2

$S_{二建}=(S_{底})283.74+$(山墙外伸墙)$1.5\times0.24\times2+$(阳台)$[$(矩形面积)$(5.7-0.24)\times1.5+$(弓形面积$\dfrac{2}{3}bh$)$\dfrac{2}{3}\times(5.7-1.5)\times(0.5-0.12+0.02)]\times\dfrac{1}{2}\times3=283.74+0.72+13.97=298.43$ m^2

$S_{夹层}=(27.9+0.24)\times(12+0.24)-$(车库两侧凹进面积)$(5.7\times3-0.24)\times2.1-$(露台面积)$(5.7\times3-0.24\times2)\times3.9-$(净高不足 2.1 m 部分)$\dfrac{1}{2}\times1.2$(三角形相似比 $5.22\times0.6/2.6)\times[(3.6+0.24+5.7)\times3-0.24]=344.43-35.41-64.82-17.03=227.17$ m^2

建筑面积$=252.60+298.43+227.17=778.20$ m^2

二、土(石)方工程量计算

1. 土方工程工程量计算

(1)010101001001 平整场地:包括车库地面等处挖土,三类土,运距 40 m。

工程量=$(S_{首建})$252.60 m^2

(2)010101003001 挖沟槽土方:三类土,条形基础,深 0.9 m,运距 40 m。

工程量=217.34×(1.5-0.6)=195.61 m^3

2. 土石方回填工程量计算

(1)010103001001 回填方:室内夯填土,素土分层回填,机械夯实,运距 40 m。

工程量=[$(S_{房})$243.69-(楼梯)3.6×2.16×3-(车库)3.36×5.46×3]×(0.6-0.15-0.06-0.025-0.008)=(243.69-23.33-55.04)×0.357=59.02 m^3

(2)010103001002 回填方:基础填土,素土分层回填,机械夯实,运距 40 m。

工程量=(挖方)195.61-(垫层)217.34×0.3-(J)[98.52-(设计室外地坪以上部分)(J1、J2、J3)0.24×0.36×(54.96+88.26+38.7)-(J4)0.12×0.06×6.48-(J1放脚部分)0.0625×2×0.126×2×54.96]=195.61-65.2-(98.52-15.72-0.05-1.73)=49.39 m^3

三、砌筑工程量计算

1. 砖基础

010401001001 砖基础:MU10 机制红砖,M5.0 水泥砂浆砌筑。

J1:$S_{断}$=(JQL下墙基面积)0.24×(0.8+0.1+0.06)+(最上两台折加面积)0.0625×3×0.126×2+(最下台以上中间折加面积)0.0625×5×0.126×3.5×2+(最下台折加面积)(1.24-0.24)×0.126=0.679 m^2

L=(E轴)5.7×3-0.24+(3、5、7、11轴)(2.1+1.5+4.5)×4+(9轴)5.7=54.96 m

V=0.679×54.96=37.32 m^3

J2:$S_{断}$=(最下三台面积)(1-0.0625×2)×(0.126+0.063+0.126)+(第三台)(0.24+0.0625×6)×0.063+(上二台)(0.24+0.0625×3)×(0.126+0.126)+(JQL下部)0.24×(0.3+0.06)=0.509 m^2

L=(横D和E轴)(3.6-0.24)×6+(C轴)(5.7-0.24)×3+(竖1、13轴)(0.12+1.5+4.5+3.9)×2+(E~G轴)(3.9-0.24)×8+(9轴)2.4=20.16+16.38+20.04+29.28+2.4=88.26 m

V=0.509×88.26=44.92 m^3

J3:$S_{断}$=(最下三台面积)(0.75-0.0625×2)×(0.126+0.063+0.126)+(上台)(0.24+0.0625×2)×0.126+(JQL下部)0.24×(0.48+0.06)=0.372 m^2

L=27.9+3.6×3=38.70 m

V=0.372×38.7=14.40 m^3

J4:$S_{断}$=(最下台面积)0.5×0.42×3/7+(0.5-0.0625×2)×0.42×4/7+(JQL下部)(0.24×0.48+0.12×0.06)=0.302 m^2

L=(2.4-0.24)×3=6.48 m

V=0.302×6.48=1.96 m^3

工程量=37.32+44.92+14.4+1.96=98.60 m^3

2. 砖砌体

(1)010401003001 实心砖墙:240 砖墙 M5.0 混合砂浆。

① 一层垂直面积计算

一层外墙长度:$L=(L_中)87+(山墙外伸长度)3-(GZ)0.24×19=85.44$ m

一层内墙总长度:$L=(L_内)79.86-(GZ)0.24×13=76.74$ m

一层外墙高度:$H=3.3-(板厚)0.12-(QL高)0.24=2.94$ m

一层内墙高度:$H=3.3-(QL高)0.24=3.06$ m

一层垂直面积:$S=85.44×2.94+76.74×3.06-(第二层QL)[(E轴)3.36×3+(5轴)2.16+(3、5、7、11轴)3.36×4]×0.24=251.19+234.82-6.16=479.85$ m²

② 二层垂直面积计算

二层外墙长度:$L=(L_中)87+(山墙外伸长度)3-(GZ)0.24×19=85.44$ m

二层内墙总长度:$L=(L_内)79.86-(GZ)0.24×13=76.74$ m

二层外墙高度:$H=3-(QL高)0.24=2.76$ m

二层内墙高度:$H=3-(QL高)0.24=2.76$ m

二层垂直面积:$S=85.44×2.76+76.74×2.76-(第二层QL)[(E轴)3.36×3+(5轴)2.16+(3、5、7、11轴)3.36×4]×0.24=235.81+211.8-6.16=441.45$ m²

③ 夹层垂直面积计算

A 轴:$S=(3.6-0.24)×[(板厚)0.12+1.5+1/2-(板厚)0.08-(QL)0.24×2]×3=15.72$ m²

B 轴:$S=(5.7-0.24)×[(板厚)0.12+1.1]×3=19.98$ m²

D 轴:$S=(3.6-0.24)×[3-(QL)0.24]×3=27.82$ m²

E 轴:$S=(3.6-0.24)×3×3+[3.3+2.4-(GZ)0.24×2]×[(板厚)0.12+3]×3=30.24+48.86=79.10$ m²

G 轴:$S=(3.6-0.24)×[(板厚)0.12+(到梁底)1.1]×3=12.30$ m²

1、13 轴:$S=[12-2.1-(GZ)0.24×3]×[(板厚)0.12+1.5-0.08-(QL高)0.24]×2+(梯形面积)[(2.6-1)×(12-2.1+0.24)/2.6-0.24×2+12-2.1-(GZ)0.24×3]×(1-0.24)/2×2=23.87+11.35=35.22$ m²

2、6、12 轴:$S=(3.9-0.24)×[(板厚)0.12+1.5+2.1/2-0.08-(QL高)0.24]×3=25.80$ m²

3、7、11 轴:$S=(5.7-2.1-0.24×2)×[1.5+2.1/2-0.08-(QL高)0.24]×3+2.1×[(板厚)0.12+1.5-0.08-(QL高)0.24]×3=20.87+8.19=29.06$ m²

5、9 轴:$S=[12×2-(GZ)0.24×8]×[(板厚)0.12+1.5-0.08-(QL高)0.24]+(三角形面积)[(12-2.1+0.24)×2-(GZ)0.24×8]×[2.6-(QL高)0.24]/2=28.7+21.66=50.36$ m²

夹层垂直面积:$S=15.72+19.98+27.82+79.10+12.30+35.22+25.80+29.06+50.36=295.36$ m²

④ 240 砖墙垂直面积合计

$479.85+441.45+295.36=1216.66$ m²

⑤减门窗洞口面积

$S=$(FM)$1.3\times2.7\times3+$(KM)$2.5\times2.1\times3+$(M1)$0.8\times1.9\times3+$(M3)$0.8\times2.7\times$15+(M4)$0.7\times2.4\times6+$(M6)$0.9\times2.6\times3+$(M7)$0.9\times2.1\times3+$(C1)$2.4\times1.8\times6+$(C2)$2.1\times0.9\times6+$(C3)$1.8\times0.9\times6+$(C4)$1.4\times0.9\times6+$(C6)$2.4\times0.6\times3+$(C7)$2.1\times0.6\times6+$(KC)$0.9\times0.8\times3=154.59$ m^2

⑥女儿墙

$V=$[(5.7$-$0.24)$\times$(0.9$-$0.06)$-$(预制工艺柱花格长度)$4.2\times$(工艺柱高)$0.4]\times3\times0.24=2.09$ m^3

⑦扣通风道

$V=0.24\times0.5\times$(7.8$-$0.3)(离地面 300 mm)$\times3=2.70$ m^3

工程量$=$(1216.66$-$154.59)$\times0.24+2.09-2.70=254.29$ m^3

(2)010401003002 实心砖墙:115 砖墙 M5.0 混合砂浆。

F 轴:$S=$(2.4$-$0.24)$\times6.3\times3-$(M4)$0.7\times2.4\times6-$(C5)$1.2\times0.9\times6-$(QL)(2.4$-$0.24)$\times0.24\times6=21.15$ m^2

厨房隔墙:$S=$(3.6$-$0.24)$\times3.3\times3-$(M5)$0.8\times2.7\times6-$(QL)(3.6$-$0.24)$\times0.24\times3=17.88$ m^2

楼梯隔墙:$S=$[(横)$2.25\times$(1.65/2$+$0.45)$+$(竖)$1.23\times$(1.65$+$0.45)$-$(M2)$0.7\times1.9]\times3=12.37$ m^2

工程量$=$(21.15$+$17.88$+$12.37)$\times0.115=5.91$ m^3

(3)010401012001 零星砌砖:M5 水泥砂浆砌筑砖台阶。

工程量$=$(楼梯间台阶)(1.05$+$0.06)$\times$(0.25$\times3)\times3+$(夹层台阶)(0.9$+$0.5)$\times0.25\times3=2.50+1.05=3.55$ m^2

(4)010403008001 石台阶:M5 水泥砂浆砌筑砖基层,20 mm 厚细石混凝土找平层,上铺机制花岗石台阶,900 mm$\times$330 mm$\times$150 mm,1:2 水泥砂浆勾缝。

工程量$=$(台阶)$1.8\times0.33\times0.15\times4\times3+$(翼墙)(1.2$-0.12-0.6+0.6\times1.41+$0.15)$\times0.33\times0.15\times3=1.29$ m^3

3.垫层

010404001001 垫层:300 mm 厚 3:7 灰土条基垫层。

J1:$V=$(1.24$+$0.15$\times$2)$\times0.3\times54.03=24.96$ m^3

J2:$V=$(1$+$0.15$\times$2)$\times0.3\times69.89=27.26$ m^3

J3:$V=$(0.75$+$0.15$\times$2)$\times0.3\times38.7=12.19$ m^3

J4:$V=$(0.5$+$0.15$\times$2)$\times0.3\times3.3=0.79$ m^3

工程量$=24.96+27.26+12.19+0.79=65.20$ m^3

校对:垫层$=217.34\times0.3=65.20$ m^3

四、混凝土工程量计算

1.柱

010502002001 矩形柱:C25 现浇钢筋混凝土构造柱,柱截面尺寸 240 mm$\times$240 mm。

A 轴:$V=0.24\times0.24\times$(0.06$+$7.8)$\times5=2.26$ m^3

B 轴:$V=0.24\times0.24\times(0.06+7.8)\times2=0.91$ m³

C 轴:$V=0.24\times0.24\times(0.06+7.8+1)\times6=3.06$ m³

D 轴:$V=0.24\times0.24\times(0.06+7.8+1+1.1)\times5=2.87$ m³

E 轴:$V=0.24\times0.24\times[(0.06+7.8+1+1.1)\times10-(山墙柱高)1.1\times2]=5.61$ m³

G 轴:$V=0.24\times0.24\times[(0.06+7.8)\times4+(2、6、12 轴)1.5\times3+(9 轴加柱)3]=2.24$ m³

工程量$=2.26+0.91+3.06+2.87+5.61+2.24=16.95$ m³

2. 梁

(1)010503002001 矩形梁:C25 现浇钢筋混凝土矩形梁,梁截面尺寸 240 mm×370 mm。

C25XL1:$V=0.24\times0.25\times1.86\times3\times2=0.67$ m³

C25XL2:$V=0.24\times0.25\times2.16\times3\times2=0.78$ m³

工程量$=0.67+0.78=1.45$ m³

(2)010503006001 弧形梁:C25 现浇钢筋混凝土弧形梁,梁截面尺寸 240 mm×370 mm。

C25XLL1:$V=0.24\times0.29\times5.56\times3=1.16$ m³

C25XLL3:$V=0.24\times0.29\times4.30\times3=0.90$ m³

工程量$=1.16+0.90=2.06$ m³

(3)010503004001 圈梁:C25 现浇钢筋混凝土圈梁,梁截面 240 mm×240 mm、120 mm×240 mm。

JQL:$V=0.24\times(0.3-0.06)\times[(L_{中})87+(山墙外伸长度)3+(横墙)27.9-0.24+(3.6-0.24)\times3+(2.4-0.24)\times3+(竖墙)(3.9-0.24)\times8+(4.5-0.24)\times4+5.7+2.4-0.24]=10.85$ m³

校核:

JQL:$V=0.24\times(0.3-0.06)\times(基础总长度)(54.96+88.26+38.7+6.48)=10.85$ m³

QL1:$V=0.24\times0.24\times[(一、二层长度)(85.44+76.74)\times2+(夹层长度)(A 轴)(3.6-0.24)\times3+(B 轴)(5.7-0.24)\times3+(D 轴)(3.6-0.24)\times3+(E 轴)(27.9-0.24\times9)+(G 轴)(3.6-0.24)\times3+(1、13 轴)(12-2.1-0.24\times3)\times2+(2、6、12 轴)(3.9-0.24)\times3+(3、7、11 轴)(5.7-0.24\times2)\times3+(5、9 轴)(12\times2-0.24\times8)]=26.71$ m³

QL2:$V=0.12\times0.24\times2.16\times3\times2=0.37$ m³

扣 KC 过梁体积(大部分门窗上部为先砌砖过梁,再浇混凝土圈梁,均按圈梁立项)。

减 KC 上部 GL:$V=0.24\times0.24\times(0.90+0.50)\times3=-0.24$ m³

扣 KM 上部圈梁体积(KM 上部无圈梁)。

减 KM 上部无 QL 部分:$V=0.24\times0.24\times(3.6-0.24)\times3=-0.58$ m³

工程量$=10.85+26.71+0.37-0.24-0.58=37.11$ m³

(4)010503005001 过梁:C25 现浇钢筋混凝土雨篷梁,梁截面 240 mm×300 mm。

工程量$=(YPL)(0.24\times0.3+0.12\times0.06)\times(3.6+0.24)\times3+(KC)(0.9+0.5)\times0.24\times0.12\times3=1.03$ m³

3. 板

(1)010505003001 平板:C25XB,厚度 120 mm、80 mm。

厚度 120 mm 现浇板:$V=[5.70\times(4.5+0.12)-(楼梯梁部分)(2.4-0.24)\times0.12]\times3\times2(层)\times0.12=18.77$ m³

二层厚度 80 mm 现浇板：$V=2.4\times(3.9+0.12)\times3\times0.08=2.32$ m³

夹层厚度 80 mm 现浇板：$V=[$(矩形面积)$(5.7-0.24)\times1.5+$(弧形面积)$2/3\times(5.7-1.5)\times(0.5-0.12+0.02)]\times0.08\times3=2.23$ m³

工程量$=18.77+2.32+2.23=23.32$ m³

(2)010505006001 栏板：C25 现浇混凝土栏板。

工程量$=[$(B 轴)$(6.04-0.24\times2)\times(0.90-0.06)-$(弧形梁长)$4.3\times$(工艺柱高)$0.4]\times3\times0.06=0.53$ m³

(3)010505008001 雨篷：C25YP。

工程量$=$(雨篷板)$0.6\times0.06\times(3.6+0.24+2\times3.6+0.24)+$(翻檐)$0.06\times0.34\times(3.6+0.24+2\times3.6+0.24+0.54\times4)=0.41+0.27=0.68$ m³

(4)010505008002 阳台板：C25YT。

工程量$=[$(矩形面积)$(5.7-0.24)\times1.5+$(弧形面积)$2/3\times(5.7-1.5)\times(0.5-0.12+0.02)]\times0.08\times3=2.23$ m³

(5)010505010001 其他板：C25 现浇混凝土斜板。

①C25 斜板体积：$V=[(27.9+0.24+0.06\times2)\times(0.06+0.12+1.5+4.5+1+0.12+0.06)+(3.6+0.24+0.06\times2)\times(3.9-1)\times3+(3.6+0.24+0.06\times2)\times2.1+(3.6\times2+0.24+0.06\times2)\times2.1]\times1.124$(坡度系数)$\times0.08=(28.26\times7.36+3.96\times2.9\times3+3.96\times2.1+7.56\times2.1)\times1.124\times0.08=23.98$ m³

其中坡度系数计算：

半跨：$L=(3.9+4.5+1.5+0.24)/2=5.07$ m

高度：$H=10.4-7.8=2.60$ m

斜长：$S=\sqrt{5.07^2+2.6^2}=5.698$ m

坡度系数：$K=5.698/5.07=1.124$

②老虎窗斜板增加体积：

老虎窗斜板洞口面积：$S=$(宽)$2.4\times$(脊长)$2.1/2\times1.124$(坡度系数)$=2.83$ m²

老虎窗斜板面积：$S=\sqrt{(1/2\text{宽})1.2\times1.2+(\text{高})1.1\times1.1}\times(\text{脊长})2.1=3.42$ m²

$V=(3.42-2.83)\times6\times0.08=0.28$ m³

③C25 板下梁体积：

C25XL2：$V=0.24\times0.25\times2.16\times3=0.39$ m³

C25XLL2：$V=0.24\times0.29\times5.46\times3=1.14$ m³

C25WL1：$V=0.24\times0.32\times5.70\times2=0.88$ m³

C25WL2：$V=0.24\times0.32\times5.46=0.42$ m³

C25WL3：$V=0.24\times0.22\times3.84=0.20$ m³

C25WL4：$V=0.24\times0.22\times7.44=0.39$ m³

C25WLL1：$V=0.24\times0.22\times5.94=0.31$ m³

C25WLL2：$V=0.24\times0.22\times11.40=0.60$ m³

合计$=0.39+1.14+0.88+0.42+0.2+0.39+0.31+0.6=4.33$ m³

④工程量$=23.98+0.28+4.33=28.59$ m³

4.楼梯及其他构件

(1)010506001001 直形楼梯:C25 现浇混凝土直形楼梯。

工程量=(2.4-0.24)×3.6×2×3=46.66 m²

(2)010507007001 其他构件:C25 现浇混凝土压顶。

工程量=(G 轴)(3.3+2.4-0.24)×3+(B 轴)(6.04-0.24×2)×3+(9 轴)3.9×
1.124(坡度系数)=37.44 m²

(3)010507001001 散水:C15 混凝土散水。

工程量=[27.9+0.24+(12-2.1+0.12×5)×2+(车库两侧)(2.1+0.12+0.75)×4-
(第一台宽)0.3×3]×0.75+(折角增加面积)0.75×0.75×6+(台阶侧边部分)(5.7-0.24-
1.8-0.3)×(1.5-0.12)=53.10 m²

(4)010507001002 坡道:C15 混凝土坡道。

工程量=(3.6+0.24)×0.75×3=8.64 m²

(5)010508001001 后浇带:C25 现浇混凝土后浇带。

厚度 120 mm 现浇板带:V=[(E~G 轴)0.66×(3.3+3.6)×3×2+0.66×2.4×3+
(车库)0.96×3.6×3×2]×0.12=6.34 m³

5.预制构件

(1)010512002001 空心板:

C30YKBL36-22:(二层)10+5+21+(夹层)5+5+5+21=72 块

　　　　　　V=72×0.168=12.10 m³

C30YKBL33-22:(二层)5+5+5+(夹层)15=30 块

　　　　　　V=30×0.154=4.62 m³

C30YKBL24-42:(夹层)15 块

　　　　　　V=15×0.112=1.68 m³

工程量=12.10+4.62+1.68=18.40 m³

(2)010514001001 烟道:C25 混凝土多孔烟道。

工程量=(10.4-0.9-0.3)×(0.24×0.5-3.14×0.06×0.06×2)×3=2.69 m³

(3)010514002001 其他构件:400 mm 高混凝土工艺柱,间距 200 mm,直径 60 mm。

工程量=3.14/4×0.06×0.06×0.4×[(弧形梁上)4.3/0.2-1+(女儿墙上)4.2/0.2-
1]×3=0.00113×(20.5+20)×3=0.14 m³

五、现浇构件钢筋计算

1.拉结筋

(1)L 形墙角处 ϕ6 钢筋

n=(52+51+30+8)×2=282 根

L=(1-0.04+3.5×0.006)×2×282=553.28 m

(2)T 形墙角处 ϕ6 钢筋

n=(90+9+1+4×2)×2=216 根

L=(0.3+0.2+1+3.5×0.006×2)×216=333.07 m

（3）构造柱与墙体处φ6钢筋

$n=(180+196+78+8)\times2=924$ 根

$L=1.915\times924=1769.46$ m

2. 梁钢筋

（1）JQL

$4\Phi12:L=188.4\times4+9.6+1.2\times41=812.40$ m

φ6 箍筋：$n=(188.4-32\times0.24)/0.2+25\approx929$ 根

$\qquad L=0.91\times929=845.39$ m

（2）QL1

$4\Phi12:L=435\times4+0.40\times4\times12+0.4\times3\times26=1790.40$ m

φ6 箍筋：$n=435/0.2+23\approx2198$ 根

$\qquad L=0.91\times2198=2000.18$ m

圈梁兼过梁附加筋 $\Phi12:L=17.04+9.72+28.26+8.52+7.62+9.42+8.52=89.10$ m

（3）QL2

$4\Phi12:L=(6.48+0.24+0.4\times3\times4)\times2=23.04$ m

φ6 箍筋：$n=(7.2+0.48-0.025\times4)/0.2+1+1\approx40$ 根

$\qquad L=[(0.24+0.12)\times2-0.05]\times40=26.80$ m

（4）GL

$4\Phi12:L=231.6+96=327.60$ m

φ6 箍筋：$n_1=57.9/0.15+42\approx428$ 根

$\qquad L_1=0.91\times428=389.48$ m

$\qquad n_2=24/0.15+18\approx178$ 根

$\qquad L_2=0.67\times178=119.26$ m

（5）XL1

$2\Phi12:L=2.04\times6\times2=24.48$ m

$3\Phi16:L=2.04\times6\times3=36.72$ m

φ6 箍筋：$n=(2.04/0.15+1)\times6\approx88$ 根

$\qquad L=1.17\times88=102.96$ m

（6）XL2

$2\Phi12:L=2.84\times9\times2=51.12$ m

$3\Phi16:L=2.84\times9\times3=76.68$ m

φ6 箍筋：$n=(2.84/0.15+1)\times3\approx60$ 根

$\qquad L=1.17\times60=70.20$ m

（7）XLL1

$2\Phi12:L=5.17\times3\times2=31.02$ m

$3\Phi16:L=5.17\times3\times3=46.53$ m

φ6 箍筋：$n=(5.17/0.15+1)\times3\approx107$ 根

$\qquad L=1.17\times107=125.19$ m

(8)XLL2

$2\Phi12:L=5.94\times3\times2=35.64$ m

$3\Phi16:L=53.46$ m

$\phi6$ 箍筋$:n=41\times3\approx123$ 根

　　　$L=1.17\times123=143.91$ m

(9)XLL3

$2\Phi12:L=4.34\times3\times4=52.08$ m

$\phi6$ 箍筋$:n=30\times3\approx90$ 根

　　　$L=1.17\times90=105.30$ m

(10)WL1

$2\Phi12:L=3.94\times3\times2=23.64$ m

$3\Phi18:L=35.46$ m

$\phi6$ 箍筋$:n=(3.94/0.15+1)\times3\approx82$ 根

　　　$L=1.23\times82=100.86$ m

(11)WL2

$2\Phi12:L=5.94\times3\times2=35.64$ m

$3\Phi22:L=53.46$ m

$\phi6$ 箍筋$:n=(5.94/0.15+1)\times3\approx122$ 根

　　　$L=1.23\times122=150.06$ m

(12)WL3

$3\Phi14:L=3.94\times6=23.64$ m

$\phi6$ 箍筋$:n=3.94/0.15+1\approx28$ 根

　　　$L=1.03\times28=28.84$ m

(13)WL4

$3\Phi14:L=7.44\times6=44.64$ m

$\phi6$ 箍筋$:n=7.44/0.15+1\approx51$ 根

　　　$L=1.03\times51=52.53$ m

(14)WLL1

$3\Phi12:L=5.94\times4=23.76$ m

$\phi6$ 箍筋$:n=5.94/0.15+1\approx41$ 根

　　　$L=1.03\times41=42.23$ m

(15)WLL2

$2\Phi12:L=11.64\times4=46.56$ m

$\phi6$ 箍筋$:n=11.64/0.15+1\approx79$ 根

　　　$L=1.03\times79=81.37$ m

3.柱钢筋

(1)GZ1

$2\Phi14:L=(67+13.75+62.25)\times4=572.00$ m

$\phi6$ 箍筋$:n=(36+12)\times8+(30+8)\times2+(44+16)\times6+6=826$ 根

$L=0.91 \times 826=751.66$ m

(2)GZ2

$2\Phi12:L=25.125+6.875 \times 4+10.375 \times 9=146.00$ m

$\phi6$ 箍筋:$n=48 \times 3+38 \times 4+60 \times 9 \approx 836$ 根

$L=0.91 \times 836=760.76$ m

4. 楼梯钢筋

(1)TL

$2\Phi12:L=2.84 \times 2 \times 2 \times 3=34.08$ m

$2\Phi16:L=2.84 \times 3 \times 2 \times 3=51.12$ m

$\phi6$ 箍筋:$n=(2.84/0.15+1) \times 2 \times 3 \approx 120$ 根

$L=1.03 \times 120=123.60$ m

(2)TQL

$5\Phi12:L=2.64 \times 3 \times 5 \times 3=118.80$ m

$\phi6$ 箍筋:$n=(2.64/0.15+1) \times 3 \times 3 \approx 168$ 根

$L=1.03 \times 168=173.04$ m

(3)休息平台

$\phi6:L=2.84 \times 5+25 \times 0.37+20 \times 1.12=45.85$ m

(4)TB

$\phi6:n=(\sqrt{2.25^2+1.5^2}/0.15+1+12) \times 4 \times 3 \approx 373$ 根

$L=(1.05+12.5 \times 0.006) \times 373=419.63$ m

$\phi10:n=(1.17/0.15+1) \times 4 \times 3 \approx 106$ 根

$L=(2.78+1.26 \times 2) \times 106=561.8$ m

5. 板钢筋

(1)E~G

$\phi6@150:n_1=[(3.9-0.24+2.40-0.24)/0.15+2] \times 2 \approx 82$ 根

$L_1=0.66 \times 82=54.12$ m

$n_2=(2.4-0.24)/0.15+1 \approx 16$ 根

$L_2=1.36 \times 16=21.76$ m

$n_3=[(3.9+0.24-0.48)/0.15+2] \times 2 \times 2 \approx 106$ 根

$L_3=0.66 \times 106=69.96$ m

$n_4=(2.4 \times 2-0.24)/0.15+1 \approx 32$ 根

$L_4=1.36 \times 32=43.52$ m

$\phi8@150:n_1=(2.4-0.24)/0.15+1 \approx 16$ 根

$L_1=4 \times 16=64.00$ m

$n_2=(3.9-0.24)/0.15+1 \approx 26$ 根

$L_2=2.5 \times 26=65.00$ m

$n_3=[(2.4-0.24)/0.15+1] \times 2 \approx 31$ 根

$L_3=4 \times 31=124.00$ m

$n_4=(3.9-0.24)/0.15+1\approx26$ 根

$L_4=4.9\times26=127.40$ m

（2）C～E

$\phi6@150:n=111+174\approx285$ 根

$L=1.36\times285=387.60$ m

$\phi8@150:n=111$ 根

$L=1.36\times111=150.96$ m

（3）B～C

$\phi6@150:n=54+111\approx165$ 根

$L=0.66\times165=108.90$ m

$\phi8@150:n=[(5.7-0.24)/0.15+1]\times3=113$ 根

$L=1.636\times113=184.87$ m

（4）C～E

$\Phi12@150:n=111$ 根

$L=4.65\times111=516.15$ m

$\Phi12@180:n=[(4.5-0.24)/0.15+1]\times3\approx89$ 根

$L=5.85\times89=520.65$ m

（5）夹层板

$\phi6:L=387.6+108.9=496.50$ m

$\phi8:L=150.96+181.6=332.56$ m

$\Phi12@150:L=516.15$ m

$\Phi12@180:L=520.65$ m

（6）屋顶

$\phi6@150:L=698\times1.16+0.66\times185+1.26\times25+1.16\times185+2.475\times78+1.875\times75+1.4\times222=1822.36$ m

$\phi8@150:L=4.4\times76+4.07\times84+5.8\times135+4.07\times117+2.5\times129+3.7\times69=2513.27$ m

（7）老虎窗增设

$2\phi8:L=2\times3\times6\times4.5=162.00$ m

（8）马凳钢筋

$2\phi6:n=115+87+191+24=417$ 根

$L=(2\times0.08+0.2)\times417=150.12$ m

6. 雨篷、栏板钢筋

（1）雨篷

$\Phi16:L=3.79\times3\times3=34.11$ m

$\Phi12:L=3.79\times3\times3=34.11$ m

$\phi6$ 箍筋：$n=(3.79/0.15+1)\times3=78.8\approx79$ 根

$L=(0.24+0.3)\times2\times79=85.32$ m

φ6 折筋：$n=(4.95/0.15+1)\times3=102$ 根

$L=(0.8+0.34+12.5\times0.006)\times102=123.93$ m

φ6 分布筋：$L=3.79\times5\times3=56.85$ m

(2)栏板

φ6 立筋：$n=(5.56/0.15+1)\times3\approx115$ 根

$L=(0.35+0.84+12.5\times0.006)\times115=145.48$ m

φ6 分布筋：$L=5.56\times6\times3=100.08$ m

(3)压顶

φ6 横筋：$n=37.44/0.15+6\approx256$ 根

$L=0.2\times256=51.20$ m

φ6 分布筋：$L=37.44\times3=112.32$ m

7. 钢筋合计

(1)010515001001 现浇构件钢筋：φ6 拉结筋(HPB300)。

工程量$=(553.28+333.07+1769.46)\times0.26=690.51$ kg

(2)010515001002 现浇构件钢筋：φ6 直筋(HPB300)。

工程量$=(45.85+418.5+54.12+21.76+71.28+43.52+387.6+108.9+496.5+1826.06+150.12+123.93+56.85+144.21+100.08+51.2+112.32)\times0.26=1095.33$ kg

(3)010515001003 现浇构件钢筋：φ6 箍筋(HPB300 级)。

工程量$=(845.39+2000.18+26.8+389.48+119.26+102.96+70.2+122.85+143.91+105.3+100.86+151.29+27.81+52.32+42.23+81.37+751.66+760.76+123.6+176.13+84.24)\times0.26=1632.44$ kg

(4)010515001004 现浇构件钢筋：φ8(HPB300)。

工程量$=(60+62.5+128+127.4+150.96+181.6+332.56+1808.57+162)\times0.395=1190.37$ kg

(5)010515001005 现浇构件钢筋：φ10(HPB300)。

工程量$=572.40\times0.617=353.17$ kg

(6)010515001006 现浇构件钢筋：Φ12(HRB335)。

工程量$=(812.4+1790.4+89.1+23.04+327.6+24.28+51.12+31.02+35.64+52.08+23.64+35.64+23.76+46.56+146+34.08+118.80+34.11)\times0.888=3284.95$ kg

(7)010515001007 现浇构件钢筋：Φ14(HRB335)。

工程量$=640.28\times1.208=773.46$ kg

(8)010515001008 现浇构件钢筋：Φ16(HRB335)。

工程量$=(264.51+34.11)\times1.578=471.22$ kg

(9)010515001009 现浇构件钢筋：Φ18(HRB335)。

工程量$=35.46\times1.998=70.85$ kg

(10)010515001010 现浇构件钢筋：Φ22(HRB335)。

工程量$=53.46\times2.984=159.52$ kg

六、屋面及防水工程量计算

1. 瓦、型材屋面

010901001001 瓦屋面：混凝土斜板上，1：2 水泥砂浆铺英红瓦。

混凝土斜板面积：$S=(28.26×7.36+3.96×2.9×3+3.96×2.1+7.56×2.1)×1.124=299.70$ m²

老虎窗斜板增加面积：$S=(3.42-3.24)×6=1.08$ m²

工程量 $=299.70+1.08=300.78$ m²

核对：工程量 $=[28.26×12.36-(5.34+11.04)×2.9-(5.7×2+5.7-0.36)×2.1]×1.124(坡度系数)+1.08=300.78$ m²

2. 屋面防水

(1)010902001001 屋面卷材防水：PVC 橡胶卷材屋面防水。

工程量 $=(水平)(3.3+2.4-0.24)×(3.9-0.24)×3+(弯起)(3.3+2.4-0.24+3.9-0.24)×2×0.5×3=59.95+27.36=87.31$ m²

(2)010902004001 屋面排水管：ϕ100PVC 落水管。

工程量 $=(檐口到散水高度)(6.3+0.6)×3=20.70$ m

(3)010902004002 屋面排水管：ϕ38PVC 散水管。

工程量 $=0.15×6=0.90$ m

(4)010903003001 砂浆防水：雨篷、女儿墙内侧抹防水砂浆。

雨篷内侧抹防水砂浆：$S=(水平)(3.6+0.24+3.6×2+0.24)×0.6+(两侧立面)(3.6+0.24-0.12+3.6+3.6+0.24-0.12)×(0.34+0.24)+(端立面)0.54×0.34×4=6.77+6.4+0.73=13.90$ m²

女儿墙内侧抹防水砂浆：$S=(3.3+2.4-0.24+3.9-0.24)×2×0.5×3=27.36$ m²

工程量 $=13.90+27.36=41.26$ m²

七、保温工程量计算

011001001001 保温隔热屋面：1：12 现浇水泥珍珠岩保温层。

工程量 $=(3.3+2.4-0.24)×(3.9-0.24)×3=59.95$ m²

八、竣工清理工程量计算

AB001 竣工清理：全面清扫清除建筑物 2 m 以内的建筑垃圾，将建筑垃圾运至 100 m 以内指定地点集中堆放。

底层：$V_首=$ (CG 间)28.14×8.64×3.3+(车库凸出部分)11.28×3.6×(3.3+0.45)+(车库内±0.00 以下部分)(3.6-0.24)×4.5×0.45×3+(阳台下)(5.7×3-0.24)×(1.5-0.12)×(3.3+0.6)+(车库雨篷)11.28×0.6×2.35=802.33+152.28+20.41+90.74+15.90=1081.66 m³

二层：$V_二=$[(BG 间面积)28.14×10.14+(凸出面积)11.28×2.1+(弓形面积)2/3×4.2×0.4×3]×3=(285.34+23.69+3.36)×3=937.17 m³

或二层：$V_二=(S_二)312.39×3=937.17$ m³

夹层：$V_夹=$ (BG 间)285.34×(1.5+2.6/2)+(凸出)23.69×(1.5+1/2)-(露台部分)(5.7×3-0.24×2)×(3.9-1)×(1.5+1.5/2)+(BC 轴间相贯部分)1/3×(3.6×3+0.24×

2)×1/2×1.5+(老虎窗)1/3×(3.6−0.24)×1.1/2×(4.5−2.4)＝798.95+47.38−108.45+2.82+1.29＝741.99 m³

工程量＝1081.66+937.17+741.99＝2760.82 m³

九、措施项目工程量计算

1.脚手架

(1)011701002001 外脚手架,水平垂直安全网

外脚手架工程量＝($L_外$)84.96×(设计地坪到山尖 1/2 高)(0.6+7.8+2.6/2)＝824.11 m²

(2)011701003001 里脚手架

里脚手架工程量＝(一、二层 $L_内$)79.86×(一、二层净高)(6.3−0.12×2)+(车库内墙地面以下)[(2.1+3.6−0.24)×3+5.7−0.24]×0.45+(夹层 $L_内$)44.58×(1.5+2.6/2)＝483.95+9.83+124.82＝618.60 m²

2.混凝土、钢筋混凝土模板及支架:基础、柱、梁、板等

(1)011702008001QL:

JQL:S＝10.85/(0.24×0.24)×0.24×2＝90.42 m²

QL1:S＝26.71/(0.24×0.24)×0.24×2＝222.58 m²

QL2:S＝2.16×3×2×0.24×2＝6.22 m²

QL 模板工程量＝90.42+222.58+6.22＝319.22 m²

(2)011702003001GZ:

A 轴:S＝0.24×9×(0.06+7.8)＝16.98 m²

B 轴:S＝0.24×4×(0.06+7.8)＝7.55 m²

C 轴:S＝0.24×12×(0.06+7.8+1)＝25.52 m²

D 轴:S＝0.24×10×(0.06+7.8+1+1.1)＝23.90 m²

E 轴:S＝0.24×17×(0.06+7.8+1+1.1)−(山墙柱高)0.24×2×1.1＝40.11 m²

G 轴:S＝0.24×6×(0.06+7.8)+(2、6、12 轴)0.24×6×1.5+(9 轴加柱)0.24×2×3＝14.92 m²

GZ 模板工程量＝16.98+7.55+25.52+23.90+40.11+14.92＝128.98 m²

(3)L:板下梁,梁底模板计入板内。

①011702006001 矩形梁

C25XL1:S＝(0.24+0.25×2)×1.86×3×2＝8.26 m²

C25XL2:S＝(0.24+0.25×2)×2.16×3×3＝14.39 m²

合计＝8.26+14.39＝22.65 m²

②011702010001 弧形梁

C25XLL1:S＝(0.24+0.29×2)×5.56×3＝13.68 m²

C25XLL3:S＝(0.24+0.29×2)×4.30×3＝10.58 m²

合计＝13.68+10.58＝24.26 m²

③011702006001 板下梁

C25XLL2:S＝(0.24+0.29×2)×5.46×3＝13.43 m²

C25WL1：$S=(0.24+0.32\times2)\times5.7\times2=10.03$ m²

C25WL2：$S=(0.24+0.32\times2)\times5.46=4.80$ m²

C25WL3：$S=(0.24+0.22\times2)\times3.84=2.61$ m²

C25WL4：$S=(0.24+0.22\times2)\times7.44=5.06$ m²

C25WLL1：$S=(0.24+0.22\times2)\times5.94=4.04$ m²

C25WLL2：$S=(0.24+0.22\times2)\times11.4=7.75$ m²

合计$=13.43+10.03+4.80+2.61+5.06+4.04+7.75=47.72$ m²

④011702009001 过梁

YPL：$S=(0.24+0.3\times2)\times(3.6+0.24)\times3=9.68$ m²

KC 底模：$0.9\times0.24\times3=0.65$ m²

合计$=9.68+0.65=10.33$ m²

(4)板：

①011702016001 现浇平板：

二、夹层厚度 120 mm 现浇板：$S=(5.7-0.24)\times(4.5-0.24)\times3\times2(层)=139.56$ m²

二层厚度 80 mm 现浇板：$S=(2.4-0.24)\times(3.9-0.24)\times3=23.72$ m²

合计$=139.56+23.72=163.28$ m²

②011702020001 现浇斜板：

$S=(23.98+0.09)/0.08-(99.6+1+44.58)\times0.24=300.88-34.84=266.04$ m²

③011702030001 厚度 120 mm 现浇板带：

$S=$(E～G 轴)$0.66\times(3.3-0.24+3.6-0.24)\times3\times2+0.66\times(2.4-0.24)\times3+$(车库)$0.96\times(3.6-0.24)\times3\times2=49.05$ m²

(5)011702024001 楼梯：

工程量$=(2.4-0.24)\times3.6\times2\times3=46.66$ m²

(6)011702023001 雨篷：

工程量$=$(雨篷板宽)$0.6\times$(雨篷板长)$(3.6+0.24+2\times3.6+0.24)=6.77$ m²

(7)011702023002 阳台：

工程量$=[$(矩形面积)$(5.7-0.24)\times1.5+$(弧形面积)$2/3\times(5.7-1.5)\times(0.5-0.12+0.02)]\times3=27.93$ m²

(8)011702021001 栏板：

工程量$=0.53/0.06\times2=17.67$ m²

(9)011702025001 压顶：

工程量$=37.44\times0.06\times4=8.99$ m²

3. 垂直运输机械

011703001001 垂直运输,塔式起重机.

工程量$=768.89$ m²

4. 大型机械设备进出场及安拆

011705001001 塔式起重机进出场及安拆,混凝土塔式起重机基础制作、拆除。

工程量$=1$ 项

3.5　招标工程量清单的编制

招标工程量清单的编制见表 3-2～表 3-12。

表 3-2　　　　　　　　　　　　**招标工程量清单扉页**

××联体别墅楼建筑工程

招标工程量清单

招标人：　**某市房地产开发公司**　（单位盖章）　工程造价咨询人：＿＿＿＿＿（单位资质签字盖章）

法定代表人　　　　　　　　　　　　　　法定代表人

或其授权人：　**赵　刚**　（签字或盖章）　或其授权人：＿＿＿＿＿＿＿＿＿（签字或盖章）

编制人：　**王静静**　（造价人员签字盖专用章）　复核人：　**王友财**　（造价工程师签字盖专用章）

编制时间：＿＿＿＿**2014.7.8**＿＿＿＿　　复核时间：＿＿＿＿**2014.7.18**＿＿＿＿

表 3-3　　　　　　　　　　　　**工程计价总说明**

工程名称：××联体别墅楼建筑工程

1. 报价人须知

(1)应按工程量清单报价格式规定的内容进行编制、填写、签字、盖章。

(2)工程量清单及其报价格式中的任何内容不得随意删除或修改。

(3)工程量清单报价格式中所有需要填报的单价和合价,投标人均应填报,未填报的单价和合价视为此项费用已包含在工程量清单的其他单价或合价中。

(4)金额(价格)均应以人民币表示。

2. 本工程地基土−2.500 m 以下为松石,以上为三类土(坚土)。临时设施全部由乙方按要求自建;水、电分别为自来水和低压配电,预制构件及木门窗制作均在公司基地加工生产,汽车运输到现场。

3. 工程招标范围:建筑工程。

4. 清单编制依据《建设工程工程量清单计价规范》施工图纸及施工现场情况等。

5. 工程施工期限:自 8 月 15 日开工准备,12 月底交付使用。

6. 工程质量应达到合格标准。

7. 招标人自行采购预应力空心板,安装前 10 天运到施工现场,由承包人安装。

8. 投标人用于本工程上的非工程实体项目,应包括在工程量清单报价中的措施项目费内。

9. 因建设单位分包引起的相关费用(含配合费等),投标人可在相关项目中计列。

10. 投标人需将建筑物 2 m 以内的建筑垃圾按验收要求清扫清除,并将建筑垃圾运至 100 m 以内指定地点集中堆放。

11. 投标人应按规范规定的统一格式,提供投标报价表。

12. 投标报价文件应提供一式五份。

表 3-4　　　　　　　　　　　分部分项工程量清单与计价表

工程名称:××联体别墅楼建筑工程

序号	项目编码	项目名称	项目特征描述	计量单位	工程量	金额(元)		
						综合单价	合价	其中:暂估价
1	010101001001	平整场地	土壤类别为三类土,弃土运距40 m以内,取土运距40 m以内	m²	252.60			
2	010101003001	挖沟槽土方	土壤类别为三类土,挖土平均厚度1.5 m以内,弃土运距40 m以内	m³	195.61			
3	010103001001	回填方	室内夯填素土,过筛;分层夯实;弃土运距40 m以内	m³	59.02			
4	010103001002	回填方	基础回填素土,过筛;分层夯实;弃土运距40 m以内	m³	49.39			
5	010401001001	砖基础	机制标准红砖 MU10,条形基础,M5.0 水泥砂浆	m³	98.60			
6	010401003001	实心砖墙	机制标准红砖 MU10,墙体厚度240 mm,M5.0 混合砂浆	m³	254.29			
7	010401003002	实心砖墙	机制标准红砖 MU10,墙体厚度115 mm,M5.0 混合砂浆	m³	5.91			
8	010401012001	零星砌砖	楼梯间、夹层砖砌台阶,机制标准红砖 MU10,M5.0 水泥砂浆	m²	3.55			
9	010403008001	石台阶	C15 混凝土垫层100 mm 厚,花岗石900 mm×330 mm×150 mm,石表面剁斧石,1:2 水泥砂浆勾缝	m²	1.29			
10	010404001001	垫层	3:7 灰土,300 mm 厚	m³	65.20			
11	010502002001	构造柱	C25 现场搅拌	m³	16.95			
12	010503002001	矩形梁	C25 现场搅拌	m³	1.45			
13	010503006001	弧形梁	C25 现场搅拌	m³	2.06			
14	010503004001	圈梁	C25 现场搅拌	m³	37.11			
15	010503005001	过梁	C25 现场搅拌	m³	1.03			
16	010505003001	平板	C25XB,现场搅拌	m³	23.32			
17	010505006001	栏板	C25 现场搅拌	m³	0.53			
18	010505008001	雨篷	C25YP,现场搅拌	m³	0.68			
19	010505008002	阳台板	C25YT,现场搅拌	m³	2.23			
20	010505010001	其他板	C25 现场搅拌	m³	28.59			
21	010506001001	直形楼梯	C25 现场搅拌	m²	46.66			

（续表）

序号	项目编码	项目名称	项目特征描述	计量单位	工程量	金额（元）		
						综合单价	合价	其中：暂估价
22	010507007001	其他构件	现浇混凝土压顶,240 mm×60 mm,C25 现场搅拌	m²	37.44			
23	010507001001	散水	3∶7 土垫层 150 mm 厚,混凝土散水 60 mm 厚,1∶2.5 水泥砂浆面层 10 mm 厚,C15 现场搅拌,油膏填缝	m²	53.10			
24	010507001002	坡道	3∶7 土垫层 150 mm 厚,混凝土坡道 60 mm 厚,1∶2.5 水泥砂浆面层 10 mm 厚,C15 现场搅拌,油膏填缝	m²	8.64			
25	010508001001	后浇带	C25 现场搅拌	m³	6.34			
26	010412002001	空心板	YKB33-22d,0.154 m³/块;YKB36-22d,0.168 m³/块;安装高度 3.18 m、6.18 m;C30,M5.0 水泥砂浆	m³	18.40			
27	010414001001	烟道	混凝土小型空心砌块,单件体积 0.014 m³,砌块强度等级 MU20,M5.0 混合砂浆	m³	2.69			
28	010414002001	其他构件	400 mm 高,间距 200 mm,直径 60 mm混凝土工艺柱;单件体积:0.00113 m³,C30	m³	0.14			
29	010515001001	现浇构件钢筋	砌体拉结筋,热轧光面钢筋 HPB300,φ6	t	0.691			
30	010515001002	现浇构件钢筋	热轧光面钢筋 HPB300,φ6	t	1.095			
31	010515001003	现浇构件钢筋	热轧光面钢筋 HPB300,φ6 箍筋	t	1.632			
32	010515001004	现浇构件钢筋	热轧光面钢筋 HPB300,φ8	t	1.190			
33	010515001005	现浇构件钢筋	热轧光面钢筋 HPB300,φ10	t	0.353			
34	010515001006	现浇构件钢筋	热轧带肋钢筋 HRB335(20MnSi),Φ12	t	3.285			
35	010515001007	现浇构件钢筋	热轧带肋钢筋 HRB335(20MnSi),Φ14	t	0.773			
36	010515001008	现浇构件钢筋	钢筋种类、规格:热轧带肋钢筋 HRB335(20MnSi),Φ16	t	0.471			

（续表）

序号	项目编码	项目名称	项目特征描述	计量单位	工程量	综合单价	合价	其中：暂估价
37	010515001009	现浇构件钢筋	热轧带肋钢筋 HRB335（20MnSi），Φ18	t	0.071			
38	010515001010	现浇构件钢筋	热轧带肋钢筋 HRB335（20MnSi），Φ22	t	0.160			
39	010901001001	瓦屋面	英红瓦 420 mm×332 mm；1∶2 水泥砂浆	m²	300.78			
40	010902001001	屋面卷材防水	PVC 橡胶卷材，1 m×20 m×1.2 mm，FL-15 胶黏剂黏结，普通水泥砂浆嵌缝，聚胺酯嵌缝膏	m²	87.31			
41	010902004001	屋面排水管	φ100PVC 落水管，插接	m	20.70			
42	010902004002	屋面排水管	φ38PVC 散水管，水泥砂浆嵌固	m	0.90			
43	010903003001	砂浆防水	雨篷、女儿墙内侧抹 20 mm 厚、掺5％防水粉，1∶2 水泥砂浆	m²	41.26			
44	011001001001	保温隔热屋面	1∶12 现浇水泥珍珠岩保温层（找坡），最薄处 40 mm 厚	m²	59.95			
45	AB001	竣工清理	全面清扫清除建筑物 2 m 以内的建筑垃圾，将建筑垃圾运至 100 m 以内指定地点集中堆放	m³	2760.82			

表 3-5　　　　　　　　总价措施项目清单与计价表

工程名称：××联体别墅楼建筑工程

序号	项目编码	项目名称	计算基础	费率（％）	金额（元）	调整费率（％）	调整后金额（元）	备注
1	011707001	安全文明施工						
2	011707002	夜间施工						
3	011707003	二次搬运						
4	011707004	冬雨季施工						
5	011707005	已完工程及设备保护						
		合计						

表 3-6   单价措施项目清单与计价表

工程名称:××联体别墅楼建筑工程

序号	项目编码	项目名称	项目特征描述	计量单位	工程量	金额(元)	
						综合单价	合价
1	011701002001	外脚手架	双排钢管脚手架,高 11 m,水平垂直安全网	m²	824.11		
2	011701003001	里脚手架	双排钢管脚手架,高 2.8 m	m²	618.60		
3	011702008001	圈梁	工具式钢模板	m²	319.22		
4	011702003001	构造柱	工具式钢模板	m²	128.98		
5	011702006001	矩形梁	工具式钢模板,钢支撑	m²	22.65		
6	011702010001	弧形梁	木模板,木支撑	m²	24.26		
7	011702006001	板下梁	工具式钢模板,钢支撑	m²	47.72		
8	011702009001	过梁	工具式钢模板,钢支撑	m²	10.33		
9	011702016001	平板	工具式钢模板,钢支撑	m²	163.28		
10	011702020001	斜板	工具式钢模板,钢支撑	m²	266.04		
11	011702030001	板带	现浇板带,工具式钢模板,钢支撑	m²	49.05		
12	011702024001	楼梯	工具式钢模板,钢支撑	m²	46.66		
13	011702023001	雨篷	工具式钢模板,钢支撑	m²	6.77		
14	011702023002	阳台	工具式钢模板,钢支撑	m²	27.93		
15	011702021001	栏板	工具式钢模板,钢支撑	m²	17.67		
16	011702025001	压顶	工具式钢模板,钢支撑	m²	8.99		
17	011703001001	垂直运输	塔式起重机	m²	768.89		
18	011705001001	大型机械设备进出场及安拆	混凝土基础、塔式起重机进出场及安拆	项	1		
合　计							

表 3-7   其他项目清单与计价汇总表

工程名称:××联体别墅楼建筑工程

序号	项目名称	金额(元)	结算金额(元)	备注
1	暂列金额	100000.00		明细详见表 3-8
2	暂估价	63315.60		
2.1	材料暂估价/结算价	54315.60		单价明细详见表 3-9
2.2	专业工程暂估价/结算价	9000.00		明细详见表 3-10
3	计日工	—		不发生
4	总承包服务费	727.94		明细详见表 3-11
	合计	164043.54		

表 3-8　　　　　　　　　　　　　　暂列金额表明细表

工程名称：××联体别墅楼建筑工程

序号	项目名称	计量单位	暂定金额（元）	备注
1	工程量清单中工程量偏差和设计变更	项	50000.00	
2	政策性调整和材料价格风险	项	40000.00	
3	其他	项	10000.00	
	合计		100000.00	

表 3-9　　　　　　　　　　　　　　材料暂估单价及调整表

工程名称：××联体别墅楼建筑工程

序号	材料名称、规格、型号	计量单位	数量		暂估价（元）		确认价（元）		差额±（元）		备注
			暂估	确认	单价	合价	单价	合价	单价	合价	
1	C30YKBL24-42	块	15		60.00	900.00					用于空心板清单项目
2	C30YKBL33-22d	块	72		65.00	4680.00					用于空心板清单项目
3	C30YKBL36-22d	块	30		69.00	2070.00					用于空心板清单项目
4	钢筋（规格、型号综合）	t	9.722		4800.00	46665.60					用于现浇构件钢筋清单项目
	合计		—	—	—	54315.60	—	—	—	—	

表 3-10　　　　　　　　　　　　　　专业工程暂估价表

工程名称：××联体别墅楼建筑工程

序号	工程名称	工程内容	暂估金额（元）	结算金额（元）	差额±（元）	备注
1	车库大门	制作、安装	9000.00			另行招标
	合计		9000.00			

表 3-11 总承包服务费计价表

工程名称:××联体别墅楼建筑工程

序号	项目名称	项目价值(元)	服务内容	计费基础	费率(%)	金额(元)
1	专业工程总包服务费	9000.00	车库大门安装管理及缮后工作			
2	发包人供应材料总包服务费	45794.00	材料收发和保管			
	合计					

表 3-12 规费、税金项目计价表

工程名称:××联体别墅楼建筑工程　　　　　　　　　　　　　　　　第1页 共1页

序号	项目名称	计费基础	计算基数	计算费率(%)	金额
1	规费	1.1+1.2+1.3		—	
1.1	社会保险费	定额人工费			
1.2	住房公积金	定额人工费			
1.3	工程排污费	按工程所在地环境保护部门收取标准,按实计入			
2	税金	分部分项工程费+措施项目费+其他项目费+规费			
	合计				

3.6 定额工程量计算

以下工程量(表 3-13)按《山东省建筑工程工程量计算规则》计算,参考《山东省工程量清单计价办法》确定定额项目。

表 3-13 工程量计算表

工程名称:××联体别墅楼建筑工程

编号	各项工程名称	项目内容及计算公式	单位	工程量
(一)	基数计算			
(1)	外墙中心线长度			
	一、二层长度	$L_中=(27.9+12+3.6)\times2$	m	87.00
	一、二层山墙外伸长度	$L_中=1.5\times2$	m	3.00
	夹层长度	$L_中=(27.9+12+2.1+3.9\times2)\times2$	m	99.60
	夹层外墙9轴长度	$L_中=3.90$	m	3.90
(2)	内墙净长线长度			
	240墙一、二层内墙净长线总长度	$L_内=(横)3.6\times3\times3+(竖)3.66\times8+1.86\times3+4.5+5.7+2.4$	m	79.86

（续表）

编号	各项工程名称	项目内容及计算公式	单位	工程量
	240 墙夹层内墙净长线总长度	$L_内$＝(横 D、E 轴)3.36×6＋(竖 3、7、11 轴)3.6×3＋(5 轴)5.76＋(9 轴)7.86	m	44.58
	120 墙内墙净长线长度	$L_内$＝2.16×3	m	6.48
(3)	垫层净长线长度			
	J1 垫层净长度	$L_净$＝(E 与 3、11 轴)(5.7＋5.7＋2.4－0.65)×2＋(E 与 5、7 轴)5.7＋(5.7＋2.4)×2＋(9 轴)5.7＋0.65－0.525	m	54.03
	J2 垫层净长度	$L_净$＝(横 D、E 轴)(3.6－1.54)×4＋(E 与 7～11 轴)3.6×2－1.54＋(C 轴)[(5.7－0.77－0.65)×2＋5.7－1.54]＋(竖 1、13 轴)(0.525＋1.5＋4.5＋3.9)×2＋(2、5、6、12 轴)(3.9－0.77－0.525)×4＋(4、8、9、10 轴)(3.9－0.65－0.525)×4＋(9 轴)2.4－1.3	m	69.89
	J3 垫层净长度	$L_净$＝27.9＋3.6×3	m	38.70
	J4 垫层净长度	$L_净$＝(2.4－1.3)×3	m	3.30
(4)	外墙外边线长度			
	首层外墙外边线长度	$L_外$＝(28.14＋12.24＋3.6)×2	m	87.96
	二层外墙外边线长度	$L_外$＝(28.14＋12.24＋2.1)×2	m	84.96
	夹层外墙外边线长度	$L_外$＝(28.14＋12.24＋2.1＋3.9×2)×2	m	100.56
(5)	外围面积			
	分块法计算首层面积	$S_{首层}$＝(C～G 轴)28.14×8.64＋(车库凸出面积)(3.6×3＋0.24×2)×3.6	m²	283.74
	分块法计算二层面积	$S_二$＝(B～G 轴)28.14×10.14＋(车库凸出面积)11.28×2.1＋(弓形面积)2/3×4.2×0.4×3	m²	312.39
	分块法计算夹层面积	$S_夹$＝(B～E 轴)28.14×6.24＋(车库凸出面积)11.28×2.1＋(E～G 轴)3.84×3.9×3	m²	244.21
(6)	房心净面积			
	分块法计算房心净面积	$S_房$＝[(E～G 轴)(3.6＋3.3＋2.4－0.24×3)×3.66＋(门厅)5.46×4.26＋(楼梯)3.6×2.16＋(车库)3.36×5.46＋(过人洞)(5.7－3.6－0.24)×0.24]×3	m²	243.69
(7)	建筑面积	252.60＋298.43＋227.17	m²	778.20
	首层建筑面积	$S_{首建}$＝($S_底$)283.74－(车库 1/2 主楼部分面积)(3.6×3－0.24×2)×2.1/2－(车库 1/2 凸出部分面积)(3.6×3＋0.24×2)×3.6/2	m²	252.60
	二层建筑面积	$S_{二建}$＝($S_底$)283.74＋(山墙外伸墙)1.5×0.24×2＋(阳台)[(矩形面积)5.46×1.5＋(弧形面积)2/3×4.2×0.4]×1/2×3	m²	298.43

（续表）

编号	各项工程名称	项目内容及计算公式	单位	工程量
	夹层建筑面积	$S_{夹层}=28.14\times12.24-$（车库两侧凹进面积）$(5.7\times3-0.24)\times2.1-$（露台面积）$(5.7\times3-0.24\times2)\times3.9-$（净高不足 2.1 m 部分）$1/2\times1.2\times[(3.6+0.24+5.7)\times3-0.24]$	m²	227.17
（二）	土(石)方工程量计算			
010101001001	平整场地	包括车库地面等处挖土,三类土,运距 40 m	m²	252.60
1-4-1	人工场地平整(外扩 2 m)	$(S_{首层})283.74+(L_{外})87.96\times2+16+4.24\times1.5\times2=488.38$ 或 $32.14\times12.64+7.84\times3.6+11.44\times3.6+4.24\times1.5\times2=488.38$	m²	488.38
010101003001	挖沟槽土方	三类土,条形基础,深 0.9 m,运距 40 m	m³	195.61
1-2-10	人工挖地槽(坚土)	$71.64+85.96+38.89+2.57$	m³	199.06
	J1	$(1.54\times0.3+1.44\times0.6)\times(L_{1净})54.03$	m³	71.64
	J2	$(1.3\times0.3+1.4\times0.6)\times(L_{2净})69.89$	m³	85.96
	J3	$(1.05\times0.3+1.15\times0.6)\times(L_{3净})38.7$	m³	38.89
	J4	$(0.8\times0.3+0.9\times0.6)\times(L_{4净})3.3$	m³	2.57
1-2-3	人工挖土方(坚土 2 m 内)	（车库、楼梯间再挖土）$5.43\times2.16\times0.093\times3$	m³	3.27
1-2-47	余土外运(人力车运土 40 m)	$199.06+3.27-$（室内回填）$59.02-$（槽边回填）49.39	m³	93.92
1-4-4	基底钎探	$(54.03+69.89+38.7+3.3)/1$	眼	166
010103001001	回填方	室内夯填土,素土分层回填,机械夯实,运距 40 m	m³	59.02
1-4-11	室内夯填土	$[(S_{房})243.68-$（楼梯）$3.6\times2.16\times3-$（车库）$3.36\times5.46\times3]\times0.357$	m³	59.02
010103001002	回填方	基础填土,素土分层回填,机械夯实,运距 40 m	m³	49.39
1-4-13	槽边夯填土	（挖方）$195.61-$（垫层）$217.34\times0.3-(J)[98.52-$（设计室外地坪以上部分）$(J1、J2、J3)0.24\times0.36\times(54.96+88.26+38.7)-(J4)0.12\times0.06\times6.48-(J1$ 放脚部分$)0.0625\times2\times0.126\times2\times54.96]$	m³	49.39
（三）	砌筑工程量计算			
010401001001	砖基础	MU10 机制红砖,M5.0 水泥砂浆砌筑	m³	98.60
3-1-1	砖基础 M5.0 水泥砂浆砌筑	$37.32+44.92+14.40+1.96$	m³	98.60
	J1 面积	$S_{断}=$（JQL下墙基面积）$0.24\times(1.2-0.24)+$（最上两台折加面积）$0.0625\times3\times0.126\times2+$（最下台以上中间折加面积）$0.0625\times5\times0.126\times3.5\times2+$（最下台折加面积）$(1.24-0.24)\times0.126$	m²	0.679
	J1 长度	$L=$（E轴）$5.7\times3-0.24+$（3、5、7、11轴）$8.1\times4+$（9轴）5.7	m	54.96
	J1 体积	$V=0.679\times54.96$	m³	37.32

（续表）

编号	各项工程名称	项目内容及计算公式	单位	工程量
	J2 面积	$S_断$＝（最下三台面积）$(1-0.0625 \times 2) \times (0.126+0.063+0.126)$＋（第三台）$(0.24+0.0625 \times 6) \times 0.063$＋（上二台）$(0.24+0.0625 \times 3) \times (0.126+0.126)$＋（JQL 下部）$0.24 \times (0.3+0.06)$	m²	0.509
	J2 长度	L＝（横 D 和 E 轴）3.36×6＋（C 轴）5.46×3＋（竖 1、13 轴）$(0.12+9.9) \times 2$＋（E～G 轴）3.66×8＋（9 轴）2.4	m	88.26
	J2 体积	V＝0.509×88.26	m³	44.92
	J3 面积	$S_断$＝（最下三台面积）$(0.75-0.0625 \times 2) \times (0.126+0.063+0.126)$＋（上台）$(0.24+0.0625 \times 2) \times 0.126$＋（JQL 下部）$0.24 \times (0.48+0.06)$	m²	0.372
	J3 长度	L＝$27.9+3.6 \times 3$	m	38.70
	J3 体积	V＝0.372×38.7	m³	14.40
	J4 面积	$S_断$＝（最下台面积）$0.5 \times 0.42 \times 3/7$＋$(0.5-0.0625 \times 2) \times 0.42 \times 4/7$＋（JQL 下部）$(0.24 \times 0.48+0.12 \times 0.06)$	m²	0.302
	J4 长度	L＝$(2.40-0.24) \times 3$	m	6.48
	J4 体积	V＝0.302×6.48	m³	1.96
3－5－6	砂浆用砂过筛	（砌体）$98.52 \times$（砂浆含量）$0.236 \times$（砂含量）1.015	m³	23.60
010401003001	实心砖墙	240 砖墙 M5.0 混合砂浆	m³	254.29
3－1－14	240 砖墙 M5.0 混合砂浆	$(1196.13-154.59) \times 0.24+2.09-2.7$	m³	249.36
（1）	一层垂直面积计算			
	一层外墙长度	L＝$(L_中)87$＋（山墙外伸长度）$3-(GZ)0.24 \times 19$	m	85.44
	一层内墙总长度	L＝$(L_内)79.86-(GZ)0.24 \times 13$	m	3.06
	一层外墙高度	H＝$3.3-$（QL 高）0.24	m	76.74
	一层内墙高度	H＝$3.3-$（板厚）$0.12-$（QL 高）0.24	m	2.94
	一层垂直面积	S＝$85.44 \times 2.94+76.74 \times 3.06-$（第二层 QL）$[$（E 轴）$3.36 \times 3+$（5 轴）$2.16+$（3、5、7、11 轴）$3.36 \times 4] \times 0.24$	m²	479.85
（2）	二层垂直面积计算			
	二层外墙长度	L＝$(L_中)87$＋（山墙外伸长度）$3-(GZ)0.24 \times 19$	m	85.44
	二层内墙总长度	L＝$(L_内)79.86-(GZ)0.24 \times 13$	m	76.74
	二层外墙高度	H＝$3-$（QL 高）0.24	m	2.76
	二层内墙高度	H＝$3-$（QL 高）0.24	m	2.76
	二层垂直面积	S＝$85.44 \times 2.76+76.74 \times 2.76-$（第二层 QL）$[$（E 轴）$3.36 \times 3+$（5 轴）$2.16+$（3、5、7、11 轴）$3.36 \times 4] \times 0.24$	m²	441.45

（续表）

编号	各项工程名称	项目内容及计算公式	单位	工程量
（3）	夹层垂直面积计算			
	A 轴	$S=3.36\times[1.5+1/2-(QL)0.24\times2]\times3$	m²	15.32
	B 轴	$S=5.46\times1.32\times3$	m²	19.98
	D 轴	$S=3.36\times[3-(QL)0.24]\times3$	m²	27.82
	E 轴	$S=3.36\times3\times3+[3.3+2.4-(GZ)0.24\times2]\times3.12\times3$	m²	79.10
	G 轴	$S=3.36\times[(板厚)0.12(到梁底)1.1]\times3$	m²	11.09
	1、13 轴	$S=[12-2.1-(GZ)0.24\times3]\times[(板厚)0.12+1.5-0.08-(QL高)0.24]\times2+(梯形面积)[(2.6-1)\times(12-2.1+0.24)/2.6-0.24\times2+12-2.1-(GZ)0.24\times3]\times(1-0.24)/2\times2$	m²	35.22
	2、6、12 轴	$S=3.66\times[(板厚)0.12+1.5+2.1/2-0.08-(QL高)0.24]\times3$	m²	25.80
	3、7、11 轴	$S=(5.7-2.1-0.24\times2)\times[(板厚)0.12+1.5+2.1/2-0.08-(QL高)0.24]\times3+2.1\times[1.5-0.08-(QL高)0.24]\times3$	m²	29.06
	5、9 轴	$S=[12\times2-(GZ)0.24\times8]\times[(板厚)0.12+1.5-0.08-(QL高)0.24]+(三角形面积)[(12-2.1+0.24)\times2-(GZ)0.24\times8]\times[2.6-(QL高)0.24]/2$	m²	50.36
	夹层垂直面积	$S=15.72+19.98+27.82+79.10+12.30+35.22+25.80+29.06+50.36$	m²	295.36
（4）	240 砖墙垂直面积合计	$479.85+441.45+295.36$	m²	1216.66
（5）	减门窗洞口面积	$S=(FM)3.51\times3+(KM)5.25\times3+(M1)1.52\times3+(M3)2.16\times15+(M4)1.68\times6+(M6)2.34\times3+(M7)1.89\times3+(C1)4.32\times6+(C2)1.89\times6+(C3)1.62\times6+(C4)1.26\times6+(C6)1.44\times3+(C7)1.26\times6+(KC)0.72\times3$	m²	154.59
（6）	女儿墙	$V=[5.46\times(0.9-0.06)-(预制工艺柱花格长度)4.2\times(工艺柱高)0.4]\times3\times0.24$	m³	2.09
（7）	扣通风道	$V=0.24\times0.5\times(7.8-0.3)(离地面300\ mm)\times3$	m³	2.70
3-5-6	砂浆用砂过筛	$(砌体)254.29\times(砂浆含量)0.225\times(砂含量)1.015$	m³	58.07
010302001002	实心砖墙	115 砖墙 M5.0 混合砂浆	m³	5.91
3-1-12	115 砖墙 M5.0 混合砂浆	$(21.15+17.88+12.37)\times0.115$	m³	5.91
	F 轴	$S=2.16\times6.3\times3-(M4)1.68\times6-(C5)1.08\times6-(QL)2.16\times0.24\times6$	m²	21.15
	厨房隔墙	$S=3.36\times3.3\times3-(M5)2.16\times6-(QL)3.36\times0.24\times3$	m²	17.88
	楼梯隔墙	$S=[(横)2.25\times(1.65/2+0.45)+(竖)1.23\times(1.65+0.45)-(M2)1.33]\times3$	m²	12.37
3-5-6	砂浆用砂过筛	$(砌体)5.91\times(砂浆含量)0.195\times(砂含量)1.015$	m³	1.17

（续表）

编号	各项工程名称	项目内容及计算公式	单位	工程量
010401012001	零星砌砖	M5.0 水泥砂浆砌筑砖台阶	m²	3.55
3—1—27	砖台阶 M5.0 水泥砂浆	（楼梯间台阶）(1.05+0.06)×(0.25×3)×3+（夹层台阶）(0.9+0.5)×0.25×3	m²	3.55
3—5—6	砂浆用砂过筛	（砌体）3.55×（砂浆含量）0.2407×（砂含量）1.015	m³	0.87
010403008001	石台阶	混凝土垫层上铺机制花岗石台阶	m³	1.29
3—5—4	方整石台阶	（台阶）(1.8+0.33)×0.3×4×3+（翼墙）	m²	7.67
010404001001	垫层	3:7 灰土条基垫层	m³	65.20
2—1—1 换	3:7 灰土条基垫层	24.96+27.26+12.19+0.79	m³	65.20
	J1	1.54×0.3×54.03	m³	24.96
	J2	1.3×0.3×69.89	m³	27.26
	J3	1.05×0.3×38.7	m³	12.19
	J4	0.8×0.3×3.3	m³	0.79
（四）	混凝土工程量计算			
010502002001	构造柱	C25 现浇钢筋混凝土构造柱，柱截面尺寸 240 mm×240 mm	m³	16.95
4—2—20	混凝土构造柱 C25 (0.24×0.24)	2.26+0.91+3.06+2.87+5.61+2.24	m³	16.95
	A 轴体积	$V=0.24×0.24×7.86×5$	m³	2.26
	B 轴体积	$V=0.24×0.24×7.86×2$	m³	0.91
	C 轴体积	$V=0.24×0.24×8.86×6$	m³	3.06
	D 轴体积	$V=0.24×0.24×9.96×5$	m³	2.87
	E 轴体积	$V=0.24×0.24×[9.96×10-（山墙柱高）1.1×2]$	m³	5.61
	G 轴体积	$V=0.24×0.24×[7.86×4+（2、6、12 轴）1.5×3+（9 轴加柱）3]$	m³	2.24
4—4—16	构造柱现场混凝土搅拌	16.95×1.000（混凝土含量系数）	m³	16.95
010503002001	矩形梁	C25 现浇钢筋混凝土矩形梁，梁截面尺寸 240 mm×370 mm	m³	1.45
4—2—24	混凝土单梁 C25	0.67+0.78	m³	1.45
	C25XL1 体积	$V=0.24×0.25×1.86×3×2$	m³	0.67
	C25XL2 体积	$V=0.24×0.25×2.16×3×2$	m³	0.78
4—4—16	单梁现场混凝土搅拌	1.45×1.015（混凝土含量系数）	m³	1.47
010503006001	弧形梁	C25 现浇钢筋混凝土弧形梁，梁截面尺寸 240 mm×370 mm	m³	2.06
4—2—24	弧形、拱形梁	1.16+0.90	m³	2.06
	C25XLL1 体积	$V=0.24×0.29×5.56×3$	m³	1.16
	C25XLL3 体积	$V=0.24×0.29×4.30×3$	m³	0.90
4—4—16	弧形梁现场混凝土搅拌	2.06×1.015（混凝土含量系数）	m³	2.09
010503004001	圈梁	C25 现浇钢筋混凝土圈梁，梁截面 240 mm×240 mm、120 mm×240 mm	m³	37.11
4—2—26	混凝土圈梁 C25	10.85+26.71+0.37-0.24-0.58	m³	37.11

（续表）

编号	各项工程名称	项目内容及计算公式	单位	工程量
	C25JQL 体积	$V=0.24\times0.24\times$（基础总长度）$(54.96+88.26+38.70+6.48)$	m^3	10.85
	C25QL1 体积	$V=0.24\times0.24\times[$（一、二层长度）$(85.44+76.74)\times2+$（夹层长度）（A 轴）$3.36\times3+$（B 轴）$5.46\times3+$（D 轴）$3.36\times3+$（E 轴）$(27.9-0.24\times9)+$（G 轴）$3.36\times3+$（1、13 轴）$(9.9-0.24\times3)\times2+$（2、6、12 轴）$3.66\times3+$（3、7、11 轴）$(5.7-0.24\times2)\times3+$（5、9 轴）$(12\times2-0.24\times8)]$	m^3	26.71
	C25QL2 体积	$V=0.12\times0.24\times2.16\times3\times2$	m^3	0.37
	减 KC 上部 GL 体积	$V=0.24\times0.24\times(0.9+0.5)\times3$	m^3	−0.24
	减 KM 上部 QL 体积	$V=0.24\times0.24\times(3.6-0.24)\times3$	m^3	−0.58
4−4−16	圈梁混凝土搅拌	37.11×1.015（混凝土含量系数）	m^3	37.67
010503005001	过梁	C25 现浇钢筋混凝土雨篷梁，梁截面 240 mm×300 mm	m^3	0.92
4−2−27	混凝土过梁 C25	（YPL）$(0.24\times0.3+0.12\times0.06)\times(3.6+0.24)\times3+$（KC）$(0.9+0.5)\times0.24\times0.12\times3$	m^3	1.03
4−4−16	过梁混凝土搅拌	1.03×1.015（混凝土含量系数）	m^3	1.05
010505003001	平板	C25XB，厚度 120 mm、80 mm	m^3	23.32
4−2−38	C25 混凝土平板	$18.77+2.32+2.23$	m^3	23.32
	厚度 120 mm 现浇板体积	$V=[5.7\times4.62-$（楼梯梁部分）$2.16\times0.12]\times3\times2$（层）$\times0.12$	m^3	18.77
	二层厚度 80 mm 现浇板体积	$V=2.4\times4.02\times3\times0.08$	m^3	2.32
	夹层厚度 80 mm 现浇板体积	$V=[$（矩形面积）$5.46\times1.5+$（弧形面积）$2/3\times4.2\times0.4]\times0.08\times3$	m^3	2.23
4−4−16	平板混凝土搅拌	23.32×1.015（混凝土含量系数）	m^3	23.67
010505006001	栏板	C25 现浇混凝土栏板	m^3	0.53
4−2−51	C25 混凝土栏板	$[$（B 轴）$(6.04-0.24\times2)\times0.84-$（弧形梁长）$4.3\times$（工艺柱高）$0.4]\times3\times0.06$	m^3	0.53
4−4−17	栏板混凝土搅拌	0.53×1.015（混凝土含量系数）	m^3	0.54
010505008001	雨篷	C25YP	m^3	0.68
4−2−49	C25 混凝土雨篷（80 mm 厚）面积	$S=$（雨篷板）$0.6\times(3.84+7.44)+$（翻檐）$0.34\times(3.84+7.44+0.54\times4)$	m^2	11.34
4−2−65	C25 混凝土雨篷（减 20 mm 厚）面积	$S=11.34\times2$	m^2	−22.68
4−4−17	雨篷混凝土搅拌	11.34×0.100（混凝土含量系数）-22.68×0.0102（混凝土含量系数）	m^3	0.90
010505008002	阳台板	C25YT	m^3	2.23

编号	各项工程名称	项目内容及计算公式	单位	工程量
4-2-47	C25 混凝土阳台（100 mm 厚）面积	$S=[（矩形面积）5.46×1.5+（弧形面积）2/3×4.2×0.4]×3$	m^2	27.93
4-2-65	C25 混凝土阳台（减 20 mm 厚）面积	$S=27.93×2$	m^2	-55.86
4-4-17	阳台混凝土搅拌	$27.93×0.100（混凝土含量系数）-55.86×0.0102（混凝土含量系数）$	m^3	2.22
010505009001	其他板	C25 现浇混凝土斜板	m^3	28.59
4-2-41	混凝土斜板 C25	$23.98+0.28+4.33$	m^3	28.59
	C25 斜板体积	$V=[（28.14+0.06×2）×（0.06+7.24+0.06）+（3.84+0.06×2）×2.9×3+（3.84+0.06×2）×2.1+（7.44+0.06×2）×2.1]×1.124（坡度系数）×0.08$		23.98
	老虎窗斜板增加体积	$V=（3.42-2.83）×6×0.08$	m^3	0.28
	C25 板下梁体积	$V=0.39+1.14+0.88+0.42+0.2+0.39+0.31+0.6$	m^3	4.33
	C25XL2	$V=0.24×0.25×2.16×3$	m^3	0.39
	C25XLL2	$V=0.24×0.29×5.46×3$	m^3	1.14
	C25WL1	$V=0.24×0.32×5.7×2$	m^3	0.88
	C25WL2	$V=0.24×0.32×5.46$	m^3	0.42
	C25WL3	$V=0.24×0.22×3.84$	m^3	0.20
	C25WL4	$V=0.24×0.22×7.44$	m^3	0.39
	C25WLL1	$V=0.24×0.22×5.94$	m^3	0.31
	C25WLL2	$V=0.24×0.22×11.4$	m^3	0.60
4-4-16	斜板混凝土搅拌	$28.58×1.025（混凝土含量系数）$	m^3	29.29
010506001001	直形楼梯	C25 现浇混凝土直形楼梯	m^3	46.66
4-2-42	混凝土楼梯 C25（板厚 100 mm）面积	$S=2.16×3.6×2×3$	m^2	46.66
4-2-46	板厚减 10 mm	$46.66×1$	m^2	-46.66
4-4-17	楼梯混凝土搅拌	$46.66×0.219（混凝土含量系数）-46.66×0.011（混凝土含量系数）$	m^3	9.71
010507001001	其他构件	C25 现浇混凝土压顶 240 mm×60 mm	m	37.44
4-2-58	现浇混凝土压顶 C25 240 mm×60 mm	$[（G轴）5.46×3+（B轴）（6.04-0.24×2）×3+（9轴）3.9×1.124（坡度系数）]×0.24×0.06$	m^3	0.54
4-4-17	压顶混凝土搅拌	$0.54×1.015（混凝土含量系数）$	m^3	0.55
010507002001	散水	C15 混凝土散水	m^2	53.10
8-7-49	C15 混凝土散水	$[28.14+（9.9+0.12×5）×2+（车库两侧）（2.1+0.12+0.75）×4-（第一台宽）0.3×3]×0.75+（折角增加面积）0.75×0.75×6+（台阶侧边部分）（5.46-1.8-0.3）×1.38$	m^2	53.10

（续表）

编号	各项工程名称	项目内容及计算公式	单位	工程量
4-4-17	散水混凝土搅拌	53.1×0.0606(混凝土含量系数)	m³	3.22
010507002002	坡道	C15混凝土坡道	m²	8.64
8-7-53	C15混凝土坡道(100 mm厚)	(3.6+0.24)×0.75×3	m²	8.64
8-7-54	C15混凝土坡道(每增减20 mm厚)	8.64×2	m²	-17.28
4-4-17	坡道混凝土搅拌	8.64×0.101(混凝土含量系数)-17.28×0.0202(混凝土含量系数)	m³	0.52
010508001001	后浇带	C25现浇混凝土后浇带	m³	6.34
4-2-61	厚度120 mm现浇板带	[(E~G轴)0.66×(3.3+3.60)×3×2+0.66×2.4×3+(车库)0.96×3.6×3×2]×0.12	m³	6.34
4-4-16	后浇带混凝土搅拌	6.34×1.005(混凝土含量系数)	m³	6.37
010412002001	空心板		m³	18.40
10-3-168	塔式起重机安装空心板(不焊接)	(12.1+4.62+1.68)×1.01(损耗率)	m³	18.58
	C30YKBL36-22	(二层)10+5+21+(夹层)5+5+5+21	块	72
	体积	V=72×0.168	m³	12.10
	C30YKBL33-22	(二层)5+5+5+(夹层)15	块	30
	体积	V=30×0.154	m³	4.62
	C30YKBL24-42	(夹层)15	块	15
	体积	V=15×0.112	m³	1.68
10-3-170	空心板灌缝	12.1+4.62+1.68	m³	18.40
010414001001	烟道	C25混凝土多孔烟道	m³	2.69
3-3-51	混凝土烟风道C20	(10.4-0.9-0.3)×(0.24×0.5-3.14×0.06×0.06×2)×3	m³	2.69
010414002001	其他构件	400 mm高混凝土工艺柱,间距200 mm,直径60 mm	m³	0.14
3-3-55	混凝土工艺柱砌筑	[(弧形梁上)4.3+(女儿墙上)4.2]×0.4×3	m²	10.20
（五）	现浇混凝土钢筋计算			
1.	拉结筋			
(1)	L形墙角处φ6钢筋	n=(52+51+30+8)×2	根	282
	L形墙角处φ6钢筋	L=(1-0.04+3.5×0.006)×2×282	m	553.28
(2)	T形墙角处φ6钢筋	n=(90+9+1+4×2)×2	根	216
	T形墙角处φ6钢筋	L=(0.3+0.2+1+3.5×0.006×2)×216	m	333.07
(3)	构造柱与墙体处φ6钢筋	n=(180+196+78+8)×2	根	924
	构造柱与墙体处φ6钢筋	L=1.915×924	m	1769.46
2.	梁钢筋			
(1)	JQL 4Φ12	L=188.4×4+9.6+1.2×41	m	812.40
	φ6箍筋	n=(188.4-32×0.24)/0.2+25	根	929
	φ6箍筋	L=0.91×929	m	845.39

（续表）

编号	各项工程名称	项目内容及计算公式	单位	工程量
(2)	QL1　4Φ12	$L=435\times4+0.4\times4\times12+0.4\times3\times26$	m	1790.40
	φ6 箍筋	$n=435/0.2+23$	根	2198
	φ6 箍筋	$L=0.91\times2198$	m	2000.18
	圈梁兼过梁附加筋 Φ12	$L=17.04+9.72+28.26+8.52+7.62+9.42+8.52$	m	89.10
(3)	QL2　4Φ12	$L=(6.48+0.24+0.4\times3\times4)\times2$	m	23.04
	φ6 箍筋	$n=(7.2+0.48-0.025\times4)/0.2+1+1$	根	40
	φ6 箍筋	$L=[(0.24+0.12)\times2-0.05]\times40$	m	26.80
(4)	GL　4Φ12	$L=231.6+96$	m	327.60
	φ6 箍筋	$n_1=57.9/0.15+42$	根	428
	φ6 箍筋	$L_1=0.91\times428$	m	389.48
	φ6 箍筋	$n_2=24/0.15+18$	根	178
	φ6 箍筋	$L_2=0.67\times178$	m	119.26
(5)	XL1　2Φ12	$L=2.04\times6\times2$	m	24.48
	3Φ16	$L=2.04\times6\times3$	m	36.72
	φ6 箍筋	$n=(2.04/0.15+1)\times6$	根	88
	φ6 箍筋	$L=1.17\times88$	m	102.96
(6)	XL2　2Φ12	$L=2.84\times9\times2$	m	51.12
	3Φ16	$L=2.84\times9\times3$	m	76.68
	φ6 箍筋	$n=(2.84/0.15+1)\times3$	根	60
	φ6 箍筋	$L=1.17\times60$	m	70.20
(7)	XLL1　2Φ12	$L=5.17\times3\times2$	m	31.02
	3Φ16	$L=5.17\times3\times3$	m	46.53
	φ6 箍筋	$n=(5.17/0.15+1)\times3$	根	107
	φ6 箍筋	$L=1.17\times107$	m	125.19
(8)	XLL2　2Φ12	$L=5.94\times3\times2$	m	35.64
	3Φ16	$L=53.46$	m	53.46
	φ6 箍筋	$n=41\times3$	根	123
	φ6 箍筋	$L=1.17\times123$	m	143.91
(9)	XLL3　2Φ12	$L=4.34\times3\times4$	m	52.08
	φ6 箍筋	$n=30\times3$	根	90
	φ6 箍筋	$L=1.17\times90$	m	105.30
(10)	WL1　2Φ12	$L=3.94\times3\times2$	m	23.64
	3Φ18	$L=35.46$	m	35.46
	φ6 箍筋	$n=(3.94/0.15+1)\times3$	根	82
	φ6 箍筋	$L=1.23\times82$	m	100.86

（续表）

编号	各项工程名称	项目内容及计算公式	单位	工程量
(11)	WL2　2Φ12	$L=5.94\times3\times2$	m	35.64
	3Φ22	$L=53.46$	m	53.46
	φ6 箍筋	$n=(5.94/0.15+1)\times3$	根	122
	φ6 箍筋	$L=1.23\times122$	m	150.06
(12)	WL3　3Φ14	$L=3.94\times6$	m	23.64
	φ6 箍筋	$n=3.94/0.15+1$	根	28
	φ6 箍筋	$L=1.03\times28$	m	28.84
(13)	WL4　3Φ14	$L=7.44\times6$	m	44.64
	φ6 箍筋	$n=7.44/0.15+1$	根	51
	φ6 箍筋	$L=1.03\times51$	m	52.53
(14)	WLL1　3Φ12	$L=5.94\times4$	m	23.76
	φ6 箍筋	$n=5.94/0.15+1$	根	41
	φ6 箍筋	$L=1.03\times41$	m	42.23
(15)	WLL2　2Φ12	$L=11.64\times4$	m	46.56
	φ6 箍筋	$n=11.64/0.15+1$	根	79
	φ6 箍筋	$L=1.03\times79$	m	81.37
3.	柱钢筋			
(1)	GZ1　2Φ14	$L=(67+13.75+62.25)\times4$	m	572.00
	φ6 箍筋	$n=(36+12)\times8+(30+8)\times2+(44+16)\times6+6$	根	826
	φ6 箍筋	$L=0.91\times826$	m	751.66
(2)	GZ2　2Φ12	$L=25.125+6.875\times4+10.375\times9$	m	146.00
	φ6 箍筋	$n=48\times3+38\times4+60\times9$	根	836
	φ6 箍筋	$L=0.91\times836$	m	760.76
4.	楼梯钢筋			
(1)	TL　2Φ12	$L=2.84\times2\times2\times3$	m	34.08
	2Φ16	$L=2.84\times3\times2\times3$	m	51.12
	φ6 箍筋	$n=(2.84/0.15+1)\times2\times3$	根	120
	φ6 箍筋	$L=1.03\times120$	m	123.60
(2)	TQL　2.3Φ12	$L=2.64\times3\times5\times3$	m	118.80
	φ6 箍筋	$n=(2.64/0.15+1)\times3\times3$	根	168
	φ6 箍筋	$L=1.03\times168$	m	173.04
(3)	休息平台φ6	$L=2.84\times5+25\times0.37+20\times1.12$	m	45.85
(4)	TB　φ6	$n=(\sqrt{2.25^2+1.5^2}/0.15+1+12)\times4\times3$	根	373
	TB　φ6	$L=(1.05+12.5\times0.006)\times373$	m	419.63
	TB　φ10	$n=(1.17/0.15+1)\times4\times3$	根	106
	TB　φ10	$L=(2.78+1.26\times2)\times106$	m	561.80

编号	各项工程名称	项目内容及计算公式	单位	工程量
5.	板钢筋			
(1)	E~G ϕ6@150	$n_1=[(3.9-0.24+2.4-0.24)/0.15+2]\times2$	根	82
		$L_1=0.66\times82$	m	54.12
		$n_2=(2.4-0.24)/0.15+1$	根	16
		$L_2=1.36\times16$	m	21.76
		$n_3=[(3.9+0.24-0.48)/0.15+2]\times2\times2$	根	106
		$L_3=0.66\times106$	m	69.96
		$n_4=(2.4\times2-0.24)/0.15+1$	根	32
		$L_4=1.36\times32$	m	43.52
	ϕ8@150	$n_1=(2.4-0.24)/0.15+1$	根	15
		$L_1=4\times15$	m	60.00
		$n_2=(3.9-0.24)/0.15+1$	根	25
		$L_2=2.5\times25$	m	62.50
		$n_3=[(2.4-0.24)/0.15+1]\times2$	根	32
		$L_3=4\times32$	m	128.00
		$n_4=(3.9-0.24)/0.15+1$	根	26
		$L_4=4.9\times26$	m	127.40
(2)	C~E ϕ6@150	$n=111+174$	根	285
		$L=1.36\times285$	m	387.60
	ϕ8@150	$n=111$	根	111
		$L=1.36\times111$	m	150.96
(3)	B~C ϕ6@150	$n=54+111$	根	165
		$L=0.66\times165$	m	108.90
	ϕ8@150	$n=[(5.7-0.24)/0.15+1]\times3$	根	113
		$L=1.636\times113$	m	184.87
(4)	C~E Φ12@150	$n=111$	根	111
		$L=4.65\times111$	m	516.15
	Φ12@180	$n=[(4.5-0.24)/0.15+1]\times3$	根	89
		$L=5.85\times89$	m	520.65
(5)	夹层板 ϕ6	$L=387.6+108.9$	m	496.50
	ϕ8	$L=150.96+181.6$	m	332.56
	Φ12@150	$L=516.15$	m	516.15
	Φ12@180	$L=520.65$	m	520.65
(6)	屋顶 ϕ6@150	$L=698\times1.16+0.66\times185+1.26\times25+1.16\times185+2.475\times78+1.875\times75+1.4\times222$	m	1822.36
	ϕ8@150	$L=4.4\times76+4.07\times84+5.8\times135+4.07\times117+2.5\times129+3.7\times69$	m	2513.27
(7)	老虎窗增设 2ϕ8	$L=2\times3\times6\times4.5$	m	162.00
(8)	马凳钢筋 2ϕ6	$n=115+87+191+24$	根	417
		$L=(2\times0.08+0.2)\times417$	m	150.12

（续表）

编号	各项工程名称	项目内容及计算公式	单位	工程量
6.	雨篷、栏板钢筋			
（1）	雨篷　Φ16	$L=3.79\times3\times3$	m	34.11
	Φ12	$L=3.79\times3\times3$	m	34.11
	φ6 箍筋	$n=(3.79/0.15+1)\times3$	根	79
		$L=(0.24+0.3)\times2\times79$	m	85.32
	φ6 折筋	$n=(4.95/0.15+1)\times3$	根	102
		$L=(0.8+0.34+12.5\times0.006)\times102$	m	123.93
	φ6 分布筋	$L=3.79\times5\times3$	m	56.85
（2）	栏板　φ6 立筋	$n=(5.56/0.15+1)\times3$	根	115
		$L=(0.35+0.84+12.5\times0.006)\times115$	m	145.48
	φ6 分布筋	$L=5.56\times6\times3$	m	100.08
（3）	压顶　φ6 横筋	$n=37.44/0.15+6$	根	256
		$L=0.2\times256$	m	51.20
	φ6 分布筋	$L=37.44\times3$	m	112.32
7.	钢筋合计			
010515001001	现浇构件钢筋	φ6 拉结筋（HPB300）	t	0.691
4—1—98	砌体加固筋φ6.5 以内	$(553.28+333.07+1769.46)\times0.26$	kg	690.51
010515001002	现浇构件钢筋	φ6 直筋（HPB300）	t	1.095
4—1—2	φ6 直筋（HPB300）	$Q=(45.85+418.50+54.12+21.76+71.28+43.52+$ $387.6+108.9+496.5+1826.06+150.12+123.93+$ $56.85+144.21+100.08+51.2+112.32)\times0.26$	kg	1095.33
010515001003	现浇构件钢筋	φ6 箍筋（HPB300 级）	t	1.632
4—1—52	φ6 箍筋（HPB300）	$Q=(845.39+2000.18+26.8+389.48+119.26+102.96+$ $70.2+122.85+143.91+105.3+100.86+151.29+$ $27.81+52.32+42.23+81.37+751.66+760.76+123.6+$ $176.13+84.24)\times0.26$	kg	1632.44
010515001004	现浇构件钢筋	φ8 直筋（HPB300）	t	1.190
4—1—3	φ8（HPB300）	$Q=(60+62.5+128+127.4+150.96+181.6+332.56+$ $1808.57+162)\times0.395$	kg	1190.37
010515001005	现浇构件钢筋	φ10（HPB300）	t	0.353
4—1—4	φ10（HPB300）	$Q=572.4\times0.617$	kg	353.17
010515001006	现浇构件钢筋	Φ12（HRB335）	t	3.285
4—1—13	Φ12（HRB335）	$Q=(812.4+1790.4+89.1+23.04+327.6+24.28+$ $51.12+31.02+35.64+52.08+23.64+35.64+23.76+$ $46.56+146+34.08+118.8+34.11)\times0.888$	kg	3284.95
010515001007	现浇构件钢筋	Φ14（HRB335）	t	0.773

（续表）

编号	各项工程名称	项目内容及计算公式	单位	工程量
4—1—14	Φ14(HRB335)	$Q=640.28\times1.208$	kg	773.46
010515001008	现浇构件钢筋	Φ16(HRB335)	t	0.471
4—1—15	Φ16(HRB335)	$Q=(264.51+34.11)\times1.578$	kg	471.22
010515001009	现浇构件钢筋	Φ18(HRB335)	t	0.071
4—1—16	Φ18(HRB335)	$Q=35.46\times1.998$	kg	70.85
010515001010	现浇构件钢筋	Φ22(HRB335)	t	0.160
4—1—18	Φ22(HRB335)	$Q=53.46\times2.984$	kg	159.52
（六）	屋面及防水工程量计算			
010901001001	瓦屋面	混凝土斜板上,1:2水泥砂浆铺英红瓦	m²	300.78
6—1—15	英红瓦屋面	299.7+1.08	m²	300.78
	混凝土斜板面积	$S=(28.26\times7.36+3.96\times2.9\times3+3.96\times2.1+7.56\times2.1)\times1.124$(坡度系数)	m²	299.70
	老虎窗斜板增加面积	$S=(3.42-3.24)\times6$	m²	1.08
6—1—16	正斜脊瓦	$27.9-2.85\times2+\sqrt{12.85^2\times(4.5-1.2)^2}\times4$	m	191.82
010902001001	屋面卷材防水	PVC橡胶卷材屋面防水	m²	87.31
6—2—44	PVC橡胶卷材防水	(水平)5.46×3.66×3+(弯起)(5.46+3.66)×2×0.5×3	m²	87.31
9—1—1	1:3水泥砂浆在混凝土板上找平20 mm厚	5.46×3.66×3	m²	59.95
9—1—2	1:3水泥砂浆在填充材料上找平20 mm厚	5.46×3.66×3	m²	59.95
9—1—3	1:3水泥砂浆在填充材料上减5 mm厚	5.46×3.66×3	m²	—59.95
010902004001	屋面排水管	φ100PVC落水管	m	20.70
6—4—9	φ100PVC落水管	(檐口到散水高度)(6.3+0.6)×3	m	20.70
6—4—22	弯头落水口	3	个	3
6—4—10	水斗	3	个	3
010902004002	屋面排水管	φ38PVC散水管	m	0.90
6—4—9(换)	φ38PVC散水管	0.15×6	m	0.90
010903003001	墙面砂浆防水		m²	41.26
6—2—11	砂浆防水	13.9+27.36	m²	41.26
	雨篷内侧抹防水砂浆	$S=$(水平)$(3.6+0.24+3.6\times2+0.24)\times0.6+$(两侧立面)$(3.6+0.24-0.12+3.6+3.6+0.24-0.12)\times(0.34+0.24)+$(端立面)$0.54\times0.34\times4$	m²	13.90
	女儿墙内侧抹防水砂浆	$S=(3.3+2.4-0.24+3.9-0.24)\times2\times0.5\times3$	m²	27.36
（七）	保温工程量计算			
011001001001	保温隔热屋面	1:12现浇水泥珍珠岩保温层	m²	59.95

（续表）

编号	各项工程名称	项目内容及计算公式	单位	工程量
6—3—15（换）	现浇水泥珍珠岩	$5.46 \times 3.66 \times 0.079 \times 3$	m³	4.74
（八）	补充项目工程量计算			
AB001	竣工清理	全面清扫清除建筑物 2 m 以内的建筑垃圾，将建筑垃圾运至 100 m 以内指定地点集中堆放	m³	2760.82
1—4—3	竣工清理	$1081.66 + 937.17 + 741.99$	m³	2760.82
	底层	（CG 间）$28.14 \times 8.64 \times 3.3$＋（车库凸出部分）$11.28 \times 3.6 \times (3.3+0.45)$＋（车库内±0.00 以下部阳台下）$(5.7 \times 3 - 0.24) \times (1.5-0.12) \times (3.3+0.6)$＋（车库雨篷）$11.28 \times 0.6 \times 2.35$		1081.66
	二层	312.39×3	m³	937.17
	夹层	（BG 间）$285.34 \times (1.5+2.6/2)$＋（凸出）$23.69 \times (1.5+1/2)$－（露台部分）$(5.7 \times 3 - 0.24 \times 2) \times (3.9-1) \times (1.5+1.5/2)$＋（BC 轴间相贯部分）$1/3 \times (3.6 \times 3 + 0.24 \times 2) \times 1/2 \times 1.5$＋（老虎窗）$1/3 \times (3.6-0.24) \times 1.1/2 \times (4.5-2.4)$	m³	741.99
（九）	措施项目工程量计算			
011701002001	外脚手架	双排钢管脚手架，水平垂直安全网	m²	824.11
10—1—5	钢管外脚手架	$(L_外)84.96 \times$（设计地坪到山尖 1/2 高）$(0.6+7.8+2.6/2)$	m²	824.11
10—1—39	钢管斜道 15 m 内	1	座	1
10—1—51	密目网垂直封闭	$(84.96+0.6 \times 4+12) \times (0.6+7.8+1.3)$	m²	963.79
011701003001	里脚手架	双排钢管脚手架	m²	1121.72
10—1—22	双排里脚手架	（一、二层 $L_内$）$79.86 \times$（一、二层净高）6.18×2＋（车库内墙地面以下）$(5.46 \times 3 + 5.46) \times 0.45$＋（夹层 $L_内$）44.58×2.8	m²	1121.72
011702008001	圈梁	工具式钢模板	m²	319.22
10—4—125	QL 模板工程量	$90.42+222.58+6.22$	m²	319.22
	JQL	$S=10.85/0.24 \times 2$	m²	90.42
	QL1	$S=26.71/0.24 \times 2$	m²	222.58
	QL2	$S=2.16 \times 3 \times 2 \times 0.24 \times 2$	m²	6.22
011702003001	构造柱	工具式钢模板	m²	128.98
10—4—98	GZ 模板工程量	$16.98+7.55+25.52+23.90+40.11+14.92$	m²	128.98
	A 轴	$S=0.24 \times 9 \times 7.86$	m²	16.98
	B 轴	$S=0.24 \times 4 \times 7.86$	m²	7.55
	C 轴	$S=0.24 \times 12 \times 8.86$	m²	25.52
	D 轴	$S=0.24 \times 10 \times 9.96$	m²	23.90

（续表）

编号	各项工程名称	项目内容及计算公式	单位	工程量
	E 轴	$S=0.24×17×9.96-$（山墙柱高）$0.24×2×1.1$	m²	40.11
	G 轴	$S=0.24×6×7.86+$（2、6、12 轴）$0.24×6×1.5+$（9 轴加柱）$0.24×2×3$	m²	14.92
011702006001	矩形梁	工具式钢模板，钢支撑	m²	22.65
10-4-110	单梁模板	$8.26+14.39$	m²	22.65
	XL1	$S=(0.24+0.25×2)×1.86×3×2$	m²	8.26
	XL2	$S=(0.24+0.25×2)×2.16×3×3$	m²	14.39
011702006001	矩形梁	工具式钢模板，钢支撑	m²	47.72
10-4-110	单梁模板	$13.43+10.03+4.80+2.61+5.06+4.04+7.75$	m²	47.72
	C25XLL2	$S=(0.24+0.29×2)×5.46×3$	m²	13.43
	C25WL1	$S=(0.24+0.32×2)×5.7×2$	m²	10.03
	C25WL2	$S=(0.24+0.32×2)×5.46$	m²	4.80
	C25WL3	$S=(0.24+0.22×2)×3.84$	m²	2.61
	C25WL4	$S=(0.24+0.22×2)×7.44$	m²	5.06
	C25WLL1	$S=(0.24+0.22×2)×5.94$	m²	4.04
	C25WLL2	$S=(0.24+0.22×2)×11.4$	m²	7.75
10-4-130	梁支撑超高	$134.74×0.24×2×0.3+25.31×0.5$	m²	32.06
011702010001	弧形梁	木模板，木支撑	m²	24.26
10-4-121	弧形梁模板	$13.68+10.58$	m²	24.26
	LL1	$S=(0.29×2+0.24)×5.56×3$	m²	13.68
	XLL3	$S=(0.29×2+0.24)×4.3×3$	m²	10.58
011702009001	过梁	工具式钢模板，钢支撑	m²	10.33
10-4-116	过梁模板	$9.68+0.65$	m²	10.33
	YPL	$S=(0.24+0.3×2)×3.84×3$	m²	9.68
	KC 底模	$S=0.9×0.24×3$	m²	0.65
011702016001	平板	工具式钢模板，钢支撑	m²	163.28
10-4-168	平板模板	$139.56+23.72$	m²	163.28
	二、夹层厚度 120 mm 现浇板	$S=5.46×4.26×3×2$（层）	m²	139.56
	二层厚度 80 mm 现浇板	$S=2.16×3.66×3$	m²	23.72
011702023002	阳台	工具式钢模板，钢支撑	m²	27.93
10-4-203	阳台厚度 80 mm 现浇板	$S=$（矩形面积）$5.46×1.5×3+$（弧形面积）$2/3×4.2×0.36×3×2$	m²	27.93
011702020001	斜板	工具式钢模板，钢支撑	m²	266.04
10-4-168(换)	斜板模板	$300.78-29.43-19.38$	m²	251.97
	瓦屋面下模板面积	300.78	m²	300.78

（续表）

编号	各项工程名称	项目内容及计算公式	单位	工程量
	扣纵梁墙面积	[(纵墙梁)28.14×4+(WL3)3.36+(WL4)6.72]×0.24	m²	29.43
	扣横墙面积	[(山墙)9.18×2+(折合横墙)11.28×4+(9轴)8.38]× 0.24×1.124(坡度系数)	m²	19.38
10－4－176	板支撑超高	274.25×0.2	m²	54.85
011702030001	后浇带	现浇板带,工具式钢模板,钢支撑	m²	49.05
10－4－195	后浇带(平板)	[(E～G轴)0.66×(3.06+3.36)×3×2+0.66×2.16× 3+(车库)0.96×3.36×3×2	m²	49.05
011702024001	楼梯	工具式钢模板,钢支撑	m²	46.66
10－4－201	楼梯模板	2.16×3.6×2×3	m²	46.66
011702023001	雨篷	工具式钢模板,钢支撑	m²	6.77
10－4－203	雨篷模板	(雨篷板宽)0.6×(雨篷板长)(3.84+7.44)	m²	6.77
011702021001	栏板	工具式钢模板,钢支撑	m²	17.67
10－4－206	栏板模板	0.53/0.06×2	m²	17.67
011702025001	压顶	工具式钢模板,钢支撑	m²	8.99
10－4－213	压顶模板	37.44×0.06×4	m³	8.99
011703001001	垂直运输	塔式起重机,混凝土塔式起重机基础	m²	768.89
10－2－5	塔吊垂直运输	768.89	m²	768.89
011705001001	大型机械设备进出场及安拆	1	项	1
10－5－1	混凝土塔吊基础	2×2×1	m³	4.00
4－1－131	埋设底座螺栓	8	个	8
10－4－63	基础模板	2×4×1	m²	8.00
10－5－3	混凝土塔基拆除	2×2×1	m³	4.00
10－5－20	塔式起重机安拆	1	台次	1
10－5－20－1	塔式起重机场外运输	1	台次	1

3.7　投标报价的编制

投标报价的编制见表 3-14～表 3-28。

表 3-14　　　　　　　　　　投标总价扉面

投标总价

工程名称：__××联体别墅楼建筑工程__

招标人：__××市旅游公司__　(单位盖章)

法定代表人

投标总价(小写):760940.67 元

(大写):柒拾陆万零玖佰肆拾元陆角柒分

投标人：　××建筑工程公司　（单位盖章）

法定代表人

或其授权人：　赵志刚　　（签字或盖章）

编制人：　王学友　（造价人员签字盖专用章）

编制时间:2014.8.8

表 3-15　　　　　　　　　　　　　　　　总　说　明

工程名称:××联体别墅楼建筑工程

1.工程概况:本工程为单层砖混结构,建筑面积为 768.89 m² ,计划工期为 138 日历天。

2.投标报价包括范围:该文件包括本工程的建筑工程和装饰工程的全部内容。

3.投标报价编制依据:

(1)《建设工程工程量清单计价规范》(GB 50500－2013);

(2)山东省建设工程工程量清单计价办法;

(3)本工程全部图纸(含标准图);

(4)招标文件中的工程量清单及有关要求;

(5)××市 2013 年发布的工程造价信息,造价信息没有的参照当地市场价格;

(6)工程取费标准:按民用建筑Ⅲ类工程取费,人工单价 66 元/工日,管理费率 5.1%,利润率 3.2%。

表 3-16　　　　　　　　　　　　建设项目投标报价汇总表

工程名称:××联体别墅楼建筑工程

序 号	单项工程名称	金额(元)	其　中		
			暂估价(元)	安全文明施工费(元)	规费(元)
1	联体别墅楼	760940.67	86877.25	14208.44	22525.50
2					
	合　计	760940.67	86877.25	14208.44	22525.50

表 3-17　　　　　　　　　　　　单项工程标报价汇总表

工程名称:××联体别墅楼建筑工程

序 号	单位工程名称	金额(元)	其　中		
			暂估价(元)	安全文明施工费(元)	规费(元)
1	建筑工程	439875.44	63315.60	8231.45	12631.08
2	装饰工程	321065.23	23561.65	5976.99	9894.42
3	安装工程	—	—	—	—
	合　计	760940.67	86877.25	14208.44	22525.50

表 3-18 单位工程投标报价汇总表

工程名称:××联体别墅楼建筑工程

序号	汇总内容	金额(元)	其中:暂估价(元)
1	分部分项工程量清单计价合计	263828.51	54315.60
2	措施项目清单计价合计	129223.92	
2.1	总价措施项目费	14167.59	
2.2	单价工程措施项目费	115056.33	
3	其他项目清单计价合计	19727.94	
3.1	暂列金额	10000.00	
3.2	专业工程暂估价	9000.00	9000.00
3.3	计日工	—	
3.4	总承包服务费	727.94	
4	规费	12631.08	
4.1	社会保险费	10732.29	
4.2	住房公积金	825.56	
4.3	工程排污费	1073.23	
5	税金	14463.99	
投标报价合计＝1＋2＋3＋4＋5		439875.44	63315.60

表 3-19 分部分项工程量清单与计价表

工程名称:××联体别墅楼建筑工程

序号	项目编码	项目名称	项目特征描述	计量单位	工程量	金额(元)		其中:暂估价
						综合单价	合价	
1	010101001001	平整场地	土壤类别为三类土,弃土运距40 m以内,取土运距40 m以内	m²	283.74	4.84	1373.30	
2	010101003001	挖沟槽土方	土壤类别为三类土,挖土平均厚度1.5 m以内,弃土运距40 m以内	m³	195.61	37.98	7429.27	
3	010103001001	回填方	室内夯填素土,过筛;分层夯实;弃土运距40 m以内	m³	59.02	4.37	257.92	
4	010103001002	回填方	基础回填素土,过筛;分层夯实;弃土运距40 m以内	m³	49.39	12.16	600.58	
5	010401001001	砖基础	机制标准红砖 MU10,条形基础,M5.0 水泥砂浆	m³	98.52	204.03	20101.04	
6	010401001001	实心砖墙	机制标准红砖 MU10,墙体厚度240 mm,M5.0 混合砂浆	m³	254.29	227.60	57876.40	

（续表）

序号	项目编码	项目名称	项目特征描述	计量单位	工程量	金额（元）		
						综合单价	合价	其中：暂估价
7	010401001002	实心砖墙	机制标准红砖 MU10,墙体厚度 115 mm,M5.0 混合砂浆	m³	5.91	254.02	1501.26	
8	010401012001	零星砌砖	楼梯间、夹层砖砌台阶,机制标准红砖 MU10,M5.0 水泥砂浆	m³	3.55	295.36	1048.53	
9	010403008001	石台阶	C15 混凝土垫层 100 mm 厚,花岗石 900 mm×330 mm×150 mm,石表面剁斧石,1∶2 水泥砂浆勾缝	m³	1.29	1486.43	1917.49	
10	010404001001	垫层	3∶7 灰土,300 mm 厚	m³	65.20	115.98	7561.90	
11	010502002001	构造柱	C25 现场搅拌	m³	16.95	376.53	6382.18	
12	010503002001	矩形梁	C25 现场搅拌	m³	1.45	336.80	488.36	
13	010503006001	弧形梁	C25 现场搅拌	m³	2.06	363.55	748.91	
14	010503004001	圈梁	C25 现场搅拌	m³	37.11	356.73	13238.25	
15	010503005001	过梁	C25 现场搅拌	m³	0.92	390.49	359.25	
16	010505003001	平板	C25 现场搅拌	m³	23.32	330.24	7701.20	
17	010505006001	栏板	C25XB,现场搅拌	m³	0.53	403.25	213.72	
18	010505008001	雨篷	C25YP,现场搅拌	m³	0.68	393.58	267.63	
19	010505008002	阳台板	C25YT,现场搅拌	m³	2.23	369.23	823.38	
20	010505010001	其他板	C25 现场搅拌	m³	28.59	358.22	10241.51	
21	010506001001	直形楼梯	C25 现场搅拌	m²	46.66	89.90	4194.73	
22	010507007001	其他构件	现浇混凝土压顶,240 mm×60 mm,C25 现场搅拌	m²	37.44	5.75	215.28	
23	010507001001	散水	3∶7 土垫层 150 mm 厚,混凝土散水 60 mm 厚,1∶2.5 水泥砂浆面层 10 mm 厚,C15 现场搅拌,油膏填缝	m²	53.10	47.21	2506.85	
24	010507001002	坡道	3∶7 土垫层 150 mm 厚,混凝土坡道 60 mm 厚,1∶2.5 水泥砂浆面层 10 mm 厚,C15 现场搅拌,油膏填缝	m²	8.64	48.71	420.85	
25	010508001001	后浇带	C25 现场搅拌	m³	6.34	356.23	2258.50	
26	010412002001	空心板	YKB33-22d,0.154 m³/块;YKB36-22d,0.168 m³/块;安装高度 3.18 m、6.18 m;C30,M5.0 水泥砂浆	m³	18.40	579.63	10665.19	7607.00

（续表）

序号	项目编码	项目名称	项目特征描述	计量单位	工程量	综合单价	合价	其中：暂估价
						金额（元）		
27	010414001001	烟道	混凝土小型空心砌块，单件体积0.014 m³，砌块强度等级MU20，M5.0混合砂浆	m³	2.69	488.78	1314.82	
28	010414002001	其他构件	400 mm高，间距200 mm，直径60 mm混凝土工艺柱；单件体积：0.00113 m³，C30	m³	0.14	2081.57	291.42	
29	010515001001	现浇构件钢筋	砌体拉结筋，热轧光面钢筋HPB300，φ6	t	0.691	5423.77	3747.83	2625.80
30	010515001002	现浇构件钢筋	热轧光面钢筋HPB300，φ6	t	1.095	5037.61	5516.18	4161.00
31	010515001003	现浇构件钢筋	热轧光面钢筋HPB300，φ6箍筋	t	1.632	5057.21	8253.37	6201.60
32	010515001004	现浇构件钢筋	热轧光面钢筋HPB300，φ8	t	1.190	4932.79	5870.02	4522.00
33	010515001005	现浇构件钢筋	热轧光面钢筋HPB300，φ10	t	0.353	4860.05	1715.60	1341.40
34	010515001006	现浇构件钢筋	热轧带肋钢筋HRB335(20MnSi)，Φ12	t	3.285	4727.22	15528.92	12483.00
35	010515001007	现浇构件钢筋	热轧带肋钢筋HRB335(20MnSi)，Φ14	t	0.773	4705.03	3636.99	2937.40
36	010515001008	现浇构件钢筋	钢筋种类、规格：热轧带肋钢筋HRB335(20MnSi)，Φ16	t	0.471	4668.25	2198.75	1584.60
37	010515001009	现浇构件钢筋	热轧带肋钢筋HRB335(20MnSi)，Φ18	t	0.071	4653.48	330.40	269.80
38	010515001010	现浇构件钢筋	热轧带肋钢筋HRB335(20MnSi)，Φ22	t	0.160	4539.98	726.40	608.00
39	010901001001	瓦屋面	英红瓦420 mm×332 mm；1：2水泥砂浆	m²	300.78	139.28	41892.64	
40	010902001001	屋面卷材防水	PVC橡胶卷材，1 m×20 m×1.2 mm，FL-15胶黏剂黏结，普通水泥砂浆嵌缝，聚胺酯嵌缝膏	m²	87.31	79.54	6944.64	
41	010902004001	屋面排水管	φ100PVC落水管，插接	m	20.70	30.98	641.29	
42	010902004002	屋面排水管	φ38PVC散水管，水泥砂浆嵌固	m	0.90	18.12	16.31	
43	010903003001	砂浆防水	雨篷、女儿墙内侧抹20 mm厚，掺5%防水粉，1：2水泥砂浆	m²	41.26	26.89	1109.48	
44	011001001001	保温隔热屋面	1：12现浇水泥珍珠岩保温层(找坡)，最薄处40 mm厚	m²	59.95	31.35	1879.43	

（续表）

序号	项目编码	项目名称	项目特征描述	计量单位	工程量	金额（元）		
						综合单价	合价	其中：暂估价
45	AB001	竣工清理	全面清扫清除建筑物 2 m 以内的建筑垃圾,将建筑垃圾运至 100 m 以内指定地点集中堆放	m³	2760.82	0.83	2291.48	
			合　计				263828.51	54315.60

表 3-20　　　　　　　　　　**总价措施项目清单与计价表**

工程名称：××联体别墅楼建筑工程

序号	项目编码	项目名称	计算基础	费率（%）	金额（元）	调整费率（%）	调整后金额（元）	备注
1	011707001	安全文明施工	263828.51	3.12	8231.45			
2	011707002	夜间施工	263828.51	0.70	1846.80			
3	011707003	二次搬运	263828.51	0.60	1582.97			
4	011707004	冬雨季施工	263828.51	0.80	2110.63			
5	011707005	已完工程及设备保护	263828.51	0.15	395.74			
		合计			14167.59			

表 3-21　　　　　　　　　　**单价措施项目清单与计价表**

工程名称：××联体别墅楼建筑工程

序号	项目编码	项目名称	项目特征描述	计量单位	工程量	综合单价	合价
1	011701002001	外脚手架	双排钢管脚手架,高 11 m,水平垂直安全网	m²	824.11	30.66	25267.21
2	011701003001	里脚手架	双排钢管脚手架,高 2.8 m	m²	618.60	5.37	3321.88
3	011702008001	圈梁	工具式钢模板	m²	319.22	37.03	11820.72
4	011702003001	构造柱	工具式钢模板	m²	128.98	44.58	5749.93
5	011702006001	矩形梁	工具式钢模板,钢支撑	m²	22.65	49.78	1127.52
6	011702010001	弧形梁	木模板,木支撑	m²	24.26	84.12	2040.75
7	011702006001	板下梁	工具式钢模板,钢支撑	m²	47.72	54.60	2605.51
8	011702009001	过梁	工具式钢模板,钢支撑	m²	10.33	62.79	648.62
9	011702016001	平板	工具式钢模板,钢支撑	m²	163.28	38.77	6330.37
10	011702020001	斜板	工具式钢模板,钢支撑	m²	266.04	36.72	9768.99
11	011702030001	板带	现浇板带,工具式钢模板,钢支撑	m²	49.05	65.56	3215.72
12	011702024001	楼梯	工具式钢模板,钢支撑	m²	46.66	123.65	5769.51
13	011702023001	雨篷	工具式钢模板,钢支撑	m²	6.77	100.18	678.22

（续表）

序号	项目编码	项目名称	项目特征描述	计量单位	工程量	金额（元）	
						综合单价	合价
14	011702023002	阳台	工具式钢模板,钢支撑	m²	27.93	100.18	2798.03
15	011702021001	栏板	工具式钢模板,钢支撑	m²	17.67	63.65	1124.70
16	011702025001	压顶	工具式钢模板,钢支撑	m²	8.99	56.55	508.38
17	011703001001	垂直运输	塔式起重机	m²	768.89	19.27	14816.51
18	011705001001	大型机械设备进出场及安拆	混凝土基础、塔式起重机进出场及安拆	项	1	17272.10	17272.10
		合　计					114864.67

表 3-22　　　　　　　　　　其他项目清单与计价汇总表

工程名称：××联体别墅楼建筑工程

序号	项目名称	金额（元）	结算金额（元）	备注
1	暂列金额	100000.00		明细详见表 3-23
2	暂估价	63315.60		
2.1	材料暂估价/结算价	54315.60		明细详见表 3-24
2.2	专业工程暂估价/结算价	9000.00		明细详见表 3-25
3	计日工	—		不发生
4	总承包服务费	727.94		明细详见表 3-26
	合　计	164043.54		—

表 3-23　　　　　　　　　　暂列金额表明细表

工程名称：××联体别墅楼建筑工程

序号	项目名称	计量单位	暂定金额（元）	备注
1	工程量清单中工程量偏差和设计变更	项	50000.00	
2	政策性调整和材料价格风险	项	40000.00	
3	其他	项	10000.00	
	合　计		100000.00	

表 3-24　　　　　　　　　　材料暂估单价及调整表

工程名称：××联体别墅楼建筑工程

序号	材料名称、规格、型号	计量单位	数量		暂估价（元）		确认价（元）		差额±（元）		备注
			暂估	确认	单价	合价	单价	合价	单价	合价	
1	C30YKBL24-42	块	15		60.00	900.00					用于空心板清单项目

（续表）

序号	材料名称、规格、型号	计量单位	数量		暂估(元)		确认(元)		差额±(元)		备注
			暂估	确认	单价	合价	单价	合价	单价	合价	
2	C30YKBL33-22d	块	72		65.00	4680.00					用于空心板清单项目
3	C30YKBL36-22d	块	30		69.00	2070.00					用于空心板清单项目
4	钢筋 (规格、型号综合)	t	9.722		4800.00	46665.60					用于现浇构件钢筋清单项目
	合计		—		—	54315.60					

表 3-25　　　　　　　　　专业工程暂估价表

工程名称：××联体别墅楼建筑工程

序号	工程名称	工程内容	暂估金额(元)	结算金额(元)	差额±(元)	备注
1	车库大门	制作、安装	9000.00			另行招标
	合计		9000.00			

表 3-26　　　　　　　　　总承包服务费计价表

工程名称：××联体别墅楼建筑工程

序号	项目名称	项目价值(元)	服务内容	计费基础	费率(%)	金额(元)
1	专业工程总包服务费	9000.00	车库大门安装管理及缮后工作	9000.00	3.0	270.00
2	发包人供应材料总包服务费	45794.00	材料收发和保管	45794.00	1.0	457.94
	合计					727.94

表 3-27　　　　　　　　　规费、税金项目计价表

工程名称：××联体别墅楼建筑工程　　　　　　　　　　　　　　　第 1 页　共 1 页

序号	项目名称	计费基础	计算基数	计算费率(%)	金额
1	规费	1.1+1.2+1.3		—	12631.09
1.1	社会保险费	分部分项+措施+其他	412780.37	2.60	10732.30
1.2	住房公积金	分部分项+措施+其他	412780.37	0.20	825.56
1.3	工程排污费	分部分项+措施+其他	412780.37	0.26	1073.23
2	税金	分部分项工程费+措施项目费+其他项目费+规费	分部分项+措施+其他+规费	3.48	14463.99
	合计				27095.08

表 3-28　　　　　　　　　　　**工程量清单综合单价分析表**

工程名称：××联体别墅楼建筑工程

项目编码	010101001001	项目名称	平整场地	计量单位	m²	工程量	252.60

<table>
<tr><td colspan="13" align="center">清单综合单价组成明细</td></tr>
<tr><td rowspan="2">定额
编号</td><td rowspan="2">定额名称</td><td rowspan="2">定额
单位</td><td rowspan="2">数量</td><td colspan="4">单价（元）</td><td colspan="4">合价（元）</td></tr>
<tr><td>人工费</td><td>材料费</td><td>机械费</td><td>管理费
和利润</td><td>人工费</td><td>材料费</td><td>机械费</td><td>管理费
和利润</td></tr>
<tr><td>1-4-1</td><td>场地平整，人工</td><td>10 m²</td><td>48.84</td><td>41.58</td><td>—</td><td>—</td><td>3.45</td><td>2030.77</td><td>—</td><td>—</td><td>168.50</td></tr>
<tr><td colspan="2" align="center">人工单价</td><td colspan="6" align="center">小　　　计</td><td>2030.77</td><td>—</td><td>—</td><td>168.50</td></tr>
<tr><td colspan="2" align="center">综合工日 66 元/工日</td><td colspan="6" align="center">未计价材料</td><td colspan="4" align="center">0</td></tr>
<tr><td colspan="8" align="center">清单项目综合单价（元）</td><td colspan="4" align="center">2030.77/252.60＝8.04</td></tr>
<tr><td rowspan="3">材料费
明细</td><td colspan="3" align="center">主要材料名称、规格、型号</td><td align="center">单位</td><td align="center">数量</td><td align="center">单价</td><td align="center">合价</td><td colspan="2" align="center">暂估单价</td><td colspan="2" align="center">暂估合价</td></tr>
<tr><td colspan="3" align="center">其他材料费</td><td></td><td></td><td colspan="3" align="center">0</td><td colspan="3"></td></tr>
<tr><td colspan="3" align="center">材料费小计</td><td></td><td></td><td colspan="3" align="center">0</td><td colspan="3"></td></tr>
</table>

　　说明：工程量清单综合单价分析表数量很多，为了节约篇幅，不一一列举。为了节约打印费用，对于计日工（可能不发生）、工程量清单综合单价分析表等，课程设计作业可以不要求打印。表中的综合单价仅供参考。

第4章
建筑与装饰工程造价软件应用与实训

4.1 工程造价软件技术的应用

建筑工程计量与计价计算的工作量大,计算过程繁杂,纯手工计算工作效率低,计算结果极易出错。在社会竞争日益加剧的今天,传统的手工算量无论在时间上还是在准确度上都存在很多问题,而造价软件利用先进的信息技术则可以完全解决这些问题。

在信息技术飞速发展的推动下,全国工程造价信息技术有了很大的进步,不论是招标人、投标人还是咨询人,运用图形算量软件和钢筋抽样软件,将图纸中的各个构件及其完整的信息输入软件,便可以计算出所有构件的清单工程量和定额工程量,然后利用清单计价软件,招标人编制招标控制价,投标人计算投标报价,咨询人计算结算价。在所有工作完成后,可以通过打印或导出表格等功能得到所需要的各种报表。

近几年,在软件开发应用方面,各省、市工程造价算量计价软件很多,例如广联达计价软件、清华斯维尔计价软件、鲁班计价软件、青山计价软件、神机妙算计价软件等,各有特色,风格不一,但无论哪种专业软件基本都包含图形算量、钢筋抽样、清单计价这三大模块。

一、图形算量软件

1.图形算量软件基本原理

图形算量软件融绘图和 CAD 识图功能为一体,操作者按照图纸的要求定义好构件的尺寸和材质等属性,同时定义好构件立面的楼层信息,然后将构件沿着定义好的轴线画入或布置到软件中相应的位置,软件会自动按照相应的规则进行扣减计算,并得到相应的报表。

在使用软件时,应该注意配套的工程量计算规则的不同。在工程量清单模式下,招标人或咨询人应按清单计算规则算量,编制清单,而招标控制价又要按照定额规则计算价值。由于多年以来,定额算量都由各省市造价管理部门制定的一套工程量计算规则作为依据,全国不统一,必须按其计算规则扣减。而投标人则要按照清单计算规则核对工程量,按定额规则计算施工方案工程量。双方都需要运用两套计算规则,非常麻烦,且不容易记忆。为了解决这个问题,软件在建立工程项目的最开始处就设置了三种模式(定额、清单招标、清单投标),使用者可以根据自己的需要选择相应的模式和工程量计算规则。由于定额规则全国不统一,还要选择省市定额和市地价格,而因价格、费率的时效性,有时还必须修改(调整)单价和费率。软件是工具,是用来为造价工作者服务的,要学会驾驭软件,而不是被软件驾驭。

由于软件直接将清单计算规则和各省市定额规则内置，不用考虑清单计算规则和定额有哪些不同，也不用考虑各种构件间复杂的扣减关系，只要按照相应的位置把构件从图纸搬到屏幕上即可。例如，把梁、柱、板和门窗放在相应的墙段上，自动扣减所占墙体积，只要选择相应的清单或定额计算模式和计算规则，造价软件会自动判定出来并付诸实施。软件在扣减的过程中，能将所有构件按照清单和省市定额两种计算规则平行扣减，互不干扰，最终得出两种不同的量——实体清单量和施工方案量。

2. 图形算量软件的操作流程

下面以目前市场占有率较高的广联达图形算量软件为例，介绍常用图形算量软件的操作流程。

用图形算量软件进行工程量计算，可以按下面八个步骤完成：建立工程项目→建立楼层信息→建立轴网信息→定义构件属性→定义构件做法→绘图→汇总计算→输出工程量。

（1）第一步：建立工程项目

启动软件，单击"图形算量"按钮；根据新建向导，选择"工程"菜单下的"新建"命令。在新建工程时，注意计价模式的选择，如果只用定额，不做清单，那么要选择"定额模式"，同时计算规则只需要选择定额计算规则即可；如果选择"清单模式"，招标人只是计算清单项的工程量，那么只需要选择清单计算规则；如果同时也要计算标底或招标控制价，那么两个计算规则都要选择。使用者必须清楚要计算的工程采用的是哪个省市的工程量计算规则，然后根据实际情况进行选择，否则将会对计算结果产生很大的影响。

单击"下一步"按钮，输入相关工程信息、编制信息和辅助信息。单击"完成"按钮，软件自动进入"工程设置"下的"楼层管理"界面。

（2）第二步：建立楼层信息

在"楼层管理"界面内，单击"添加楼层"、"删除楼层"按钮进行相关操作，可以输入或修改楼层高度、建筑面积等信息，快速根据图纸建立建筑物立面数据。下面显示的构件名称、混凝土标号、砂浆标号部分是对整个工程的楼层构件做法的一个整体管理，在每个构件右侧的下拉菜单中，可以进行混凝土、砂浆标号的选择，本部分也可不填。

（3）第三步：建立轴网信息

图纸是以轴线为绘图依据的，软件也是根据这个规定设计的。单击左侧导航栏内的"绘图输入"，进入新建轴网界面；单击工具栏中的"轴网管理"按钮，在"轴网管理"对话框内，单击"新建"按钮，将图纸上的轴线、轴号、尺寸等所有信息输入软件中，自动建立起该工程的轴网。如果需要绘制辅助轴线，在导航栏中单击"辅助轴线"，单击工具栏的"平行"按钮，单击鼠标左键选择基准轴线，弹出"请输入"对话框，输入偏移距离数值和轴号后，单击"确定"按钮即可。

（4）第四步：定义构件属性

构件是软件计算工程量的核心，软件将建筑物分为墙、门窗、柱、梁、板、楼梯等。软件将手工算量的思路内置在软件中，只需要通过定义构件的属性和编辑构件的做法，再把它画出来，即可计算出工程量，所以将算量软件的算量过程总结为"三步出量"，即定义构件属性、定义构件做法、绘制构件，汇总工程量。

对于每一个构件，软件中都内置了必须输入的属性名称和对工程量有影响的属性。例如，对于墙体，软件内置了名称、材质、砂浆标号、厚度、底标高、起点高度、终点高度、轴线距左墙皮距离等属性。使用者对照图纸,按照软件内置的构件属性填入图示参数即可完成。建完属性后,就相当于把图纸上的所有构件信息读到软件中。

例如,定义柱的属性时,在导航栏内选择"柱",然后在工具菜单里选择"定义构件",就进入了"构件管理"界面,或者直接在工具栏中单击"定义构件"按钮,也可以直接进入"构件管理"界面。在"新建"下拉菜单里选择要建立的柱子类型,如"新建矩形柱"选项,按照图纸要求输入柱子的名称、类别、材质、截面宽度和截面高度等信息。在这个步骤中,通过"构件管理"功能定义构件的尺寸属性以及相关的材质等其他信息,软件会根据此信息计算构件相关的工程量。构件的尺寸、材质等各种信息都是原始数据,除了自身计算还要参与其他构件的扣减,因此必须严格按照图纸输入,否则会影响最后的计算结果。

（5）第五步:定义构件做法

定义构件做法,就是对在第四步中定义的构件选配相应的清单项目及消耗量定额项目。对于招标人,需要提供工程量清单,所以要为每个构件选配相应的清单项目,软件自动生成12 位工程量清单编码的报表,而且可以包含相关所有的项目特征和工作内容。对于投标人,需要计算施工方案量,要为每个构件选配消耗量定额,以便为计价作数据积累。通过定义构件做法下的"添加清单"或"添加定额"功能完成此操作。其他的构件,都可以采用这一操作完成构件做法的定义。例如,定义柱的做法的步骤是:单击"构件做法"标签,选择"查询"下拉菜单中的"查询匹配清单项"命令,选择柱的做法,双击正确的清单项即可定义柱的做法。为了将来对量方便,一般将构件的名称复制到项目里。按照相同的方法可继续定义其他类型的柱。

房间的装修一直是手工计算中最复杂的,地面、墙面、天棚、踢脚、墙裙、吊顶,要计算的量太多。块料、抹灰计算的规则又不同。柱梁的位置等也直接影响各项抹灰量。如果用手工计算,在细部构造的处理上难免会给工程量计算带来误差。随着时代的发展,还会有独立柱、附墙柱的单独装饰,多层吊顶、局部地面天棚的装修及单墙的独特装修。软件把每一个房间作为一个构件单独定义,然后在定义具体某一个房间的构件做法时,选择该房间内包含的所有装修内容对应的清单项和消耗量定额,软件会自动计算每一装修内容的工程量,既节省时间,又可以防止装修内容较多造成工程量的误差。

（6）第六步:绘图

绘图的前提是:楼层已定义好;轴线已经建好并插入到画图板中;构件已经定义好。

所有的构件属性和做法定义好后,要把构件"搬"到计算机中。在这个步骤中,根据图纸,把构件画到软件中,就完成了大部分的工程量计算的大部分工作。

软件支持点式、线式和面式三种画法。对于柱等点状构件,用画点的方法绘图;对于墙、梁等线状构件,用直线、折线、弧线等画线的方法绘图;对于板、房间等面状构件,用画矩形或在封闭区域画图的方法绘制。

例如,画柱的步骤是:单击工具栏右方的"选择构件"按钮,进入绘图输入界面。柱子的画法可以采取画点的方法来完成,按照施工图的位置在相应的轴线交点上分别单击鼠标左键即可。当相同的柱较多时,还可以用工具栏中的"智能布置",选择"轴线"命令,再拉框选择需要布置柱的轴网范围即可。

画梁的步骤是:单击工具栏右方的"选择构件"按钮,进入绘图输入界面。梁支持"直线"、"折线"画法,单击轴线交点即可绘制梁。需要注意的是,画梁前一定先在图层中选择好梁的类型。

画板的步骤是:单击工具栏右方的"选择构件"按钮,进入绘图输入界面。板的画法可以采取画点的方法来完成,在工具栏中选择"点",单击相应的板即可;也可以采取画矩形的方法来完成,在工具栏中选择"画矩形",分别单击板的对角线两点即可。

(7)第七步:汇总计算

所有的构件绘制完成后,就可以完全交给计算机完成后续的工作,软件就会根据所选择的计算规则自动计算出所有的工程量。直接单击工具栏中的"汇总计算"按钮,选择画好的构件所在的楼层,然后单击"计算"按钮即可,计算机根据绘制的图形,依照选定的规则进行扣减、汇总计算。如果要查看工程量,可以单击"选择"按钮,用鼠标左键拉框选择想查看的构件,然后单击工具栏中的"查看工程量"按钮,在"查看图元工程量"窗口中即可查看到构件的工程量等信息。也可以通过选择"工程量"下拉菜单中的"全楼查看做法工程量"命令查看全楼工程量。

(8)第八步:输出工程量

汇总计算完成后,使用者可以根据自己的需要,在导航栏中切换到"报表预览"界面即可预览报表。最后,选择合适的报表输出。软件中内置了《建设工程工程量清单计价规范》要求的所有表格形式。报表中,可以进行如下操作:

①选择报表数据内容。

②设计报表。

③打印报表。

计算出的最终结果,可以选择打印报表,也可以导入到计价软件中作进一步的处理,完成最后的报价。

二、钢筋抽样软件

1. 钢筋抽样软件的原理

钢筋抽样软件和图形算量软件一脉相承,共有平台和绘图数据,采用绘图输入与单构件输入相结合的方式,自动按照现行的"平法"G101-X系列图集,整体处理墙、梁、板、柱、基础等构件中的钢筋工程量,大大提高工作效率。

钢筋抽样软件中内置了各种常用钢筋混凝土结构图集中的钢筋布置、钢筋锚固、搭接、弯钩、损耗、线密度等参数值,使用者只需根据图纸结构设计说明的内容,选择相匹配的计算规则,按照图纸中提供的信息,将各混凝土构件的钢筋属性值定义好,然后将构件沿着定义好的轴网画入或布置到软件中相应的位置,最后按照所选择的计算规则汇总计算所有构件的钢筋工程量,并得到相应的钢筋计算公式和报表。

2. 钢筋抽样软件的操作流程

用钢筋抽样软件进行钢筋工程量计算,可以按下面六个步骤完成:建立工程项目→建立楼层信息→建立轴网信息→定义构件属性→绘图→汇总对量。

(1)第一步:建立工程项目

启动软件,单击左上角的"钢筋抽样软件"按钮即可进入。根据新建向导,选择"工程"菜单下的"新建"命令,打开"新建工程"界面,根据工程要求按照要求输入信息即可。

在新建工程界面,注意选择计算规则,如16G101,这将会直接影响钢筋的配置方法和钢筋工程量。

在新建工程以后,需要重新填写或者修改工程信息时,可以在"工程设置"界面进行设定。"比重设置"和"弯钩设置"如果在图纸中没有说明,可不做修改,直接单击"下一步"即可。

(2)第二步:建立楼层信息

在导航栏中,单击"楼层管理"按钮,进入楼层管理界面。和图形算量软件一样,按照图纸的要求添加楼层等内容,所不同的是,在层高中遇到没有钢筋构件的部分要扣除高度,如钢筋混凝土基础垫层等。在"楼层钢筋缺省设置"中按图纸要求把构件的混凝土标号、保护层等信息修改好后,单击"复制到其他楼层"按钮。

(3)第三步:建立轴网信息

选择导航栏中的"绘图输入"按钮,进入绘图界面。根据图纸,建立轴网信息。轴网的建立方法和图形算量相同。

(4)第四步:定义构件属性

钢筋抽样软件中,构件的定义同样是通过"构件管理"界面的"新建"构件来实现的。与图形算量软件的本质区别是,钢筋抽样软件中所有构件的内置属性基本都是钢筋的配置情况,如柱、梁对应的构件属性界面。

按照图纸的配筋要求输入完毕后,构件属性定义完成,然后"选择构件"进入下一步操作。下面以框架柱梁为例,说明操作步骤。

按照图形算量软件的操作方法打开柱的"构件管理"界面。按照配筋图输入柱的钢筋值。这里要注意,软件是用 A、B、C 这 3 个字母来代替Ⅰ级、Ⅱ级和Ⅲ级钢筋的。

选择"钢筋量"下拉菜单中的"汇总计算"命令,单击"确定"按钮,即可查看柱内钢筋,再单击工具栏中的"查看钢筋量"按钮,选择要查看的柱,在绘图区下方会显示该柱内的钢筋信息。

按照同样方法打开梁的"构件管理"界面。按照配筋图输入框架梁的钢筋信息。根据梁的平面整体表示方法制图规则,梁的钢筋信息包括集中标注和原位标注两部分,在定义构件时,已经把梁的集中标注信息输入进去了,而梁的原位标注信息则需要从绘图区输入。此时可以单击工具栏中"原位标注"按钮,绘图区下方就会出现"梁平法表格"输入框。使用者可以在弹出的"梁平法表格"中输入各跨的原位标注信息,也可以对照图纸中的标注,在软件中梁对应位置的方框中直接输入该处的钢筋信息。检查无误后在绘图区单击鼠标右键,该梁变成绿色,以区分未标注的梁。

所有梁都标注完毕后,选择"钢筋量"下拉菜单中的"汇总计算"命令,单击"确定"按钮,即可查看梁内钢筋,再单击工具栏中的"编辑钢筋"按钮,选择要查看的梁,在绘图区下方会显示该梁内的钢筋信息。

(5)第五步:绘图

按照图形算量软件中介绍的绘图方法将混凝土构件绘制到轴网的对应位置。可以用"点"或"智能布置"画柱,方法和图形算量软件的操作方法相同。画梁的方法和步骤与图形算量软件的操作方法也相同。

(6)第六步:汇总对量

通过"汇总计算"功能实现钢筋工程量的计算,然后将计算结果报表输出。

广联达计价软件还可以通过单击工具栏"布筋分析"按钮,在绘图界面单击需要显示的构件,然后进入"布筋分析"界面,此界面显示钢筋的排布情况,可对照此图查看钢筋摆放位置、钢筋计算长度、钢筋根数等。

三、清单计价软件

清单计价软件一般包括工程量清单、标底编制、投标报价编制三部分内容。在软件中,内置了完整的工程量清单的内容、定额库和材料预算价格、建筑工程估价取费程序等信息,使用者只要输入相应的清单编号、定额编号和工程量,便可以得到完整的工程量清单和相应的报价。

运用清单计价软件进行工程量清单和投标报价的编制,可以通过以下八个步骤来完成:

新建工程→工程概况输入→分部分项工程量清单项的输入与组价→措施项目清单组价→其他项目清单组价→人工、材料、机械调价→费用汇总→报表输出。

下面以广联达清单计价软件 GBQ3.0 为例,介绍清单计价的流程。

(1)第一步:新建工程

在新建工程时,可以选择工程量清单模式、定额模式两种计价模式,以适应不同的业务流程,并且根据工程所在地区,选择相匹配的清单和定额。

(2)第二步:工程概况输入

根据图纸和实际情况,按照软件提供的各个属性名称,输入预算信息、工程信息、工程特征、计算信息等信息。这些信息主要起到标识的作用。

(3)第三步:分部分项工程量清单项的输入与组价

①工程量清单项的输入

在"工程量清单"模式下,直接输入清单项的编码,软件自动弹出清单名称和计量单位;在特征项目中输入清单项目的各项特征值,然后刷新,完成清单特征的描述;最后输入清单项目的工程量。采用同样的方法,将整个工程所有的清单项输入完毕。

②清单项目组价内容的输入

要想对每一个清单项目进行报价,必须清楚完成每一个清单项目所包含的工作内容,然后对每一个工作内容进行工程量的计算和选择适合的定额,再将所有组价内容对应的定额编号和工程量输入软件中的每一个清单项目下,便完成组价内容的输入。

③费用计取

组价内容的输入只是完成了人工、材料和机械费的计算,根据综合单价的组成,还需要按照内置的计价程序计取管理费和利润。通过"单价构成"这一功能,在弹出的表格中输入管理费和利润率,完成综合单价的计算。

(4)第四步:措施项目清单组价

措施项目清单的组价相对比较简单,有的是按照一定的费率计算,如夜间施工增加费、二次搬运费等;有的是按照定额计算,如脚手架费、模板与支撑费等。对于按费率计算的项目,直接输入拟定的费率即可;对于按定额计算的项目,组价的方法和程序与分部分项工程量清单的组价方法相同。

(5)第五步:其他项目清单组价

其他项目清单中招标人部分和投标人部分均可以通过"费用代码"和"金额"输入拟定的费率或一定的金额来完成组价。

(6)第六步：人工、材料、机械调价

软件中内置的是当地的预算价格，有些价格可能与组价时期的市场价格或工程上拟采用的人工、材料、机械价格不符。在竞争性报价的情况下，就需要对软件中的部分人工、材料、机械的价格进行调整。可以通过软件中的人工、材料、机械汇总表对材料价格统一进行调整，对材料汇总表中某种材料的价格进行调整，则与之有关的材料及半成品和分部分项工程的综合单价也随之做相应的调整，完成对材料的批量换算。

(7)第七步：费用汇总

在分部分项工程量价款、措施项目价款和其他项目价款等计算成果的基础上，在取费程序中输入相应的规费费率和税率，汇总计算得出该单位工程的工程造价。

(8)第八步：报表输出

4.2　工程造价软件应用实训任务指导书

一、实训目的

通过工程造价软件的实训，能使学生的识图能力进一步提高，在强化手工算量的基础上，全面掌握计算机算量和套价的基本方法和基本技能，提高学生的动手能力和软件操作能力，为适应建筑企业信息化建设的需要打好坚实的基础。

二、实训能力目标

1. 掌握图形算量软件基本原理、操作流程和画图方法，能进行小型工程的工程量计算。
2. 掌握钢筋抽样软件的原理、操作流程和方法，能进行钢筋工程量的计算。
3. 掌握计价软件的操作流程，学会定额与价格的换算和取费程序的使用方法。

三、实训要求

目前我国工程造价算量计价软件很多，大约有二三百家从事工程造价软件开发的企业，应用在工程建设中的工程造价应用软件已有上百种，这些计价软件各有优点，但有一个共同点就是安装简单、操作方便，既减轻了计算的工作量、提高了准确度，又加快了造价文件的编制速度。这就要求学生应掌握至少一种计价软件的操作方法，通过反复操作，强化训练，至少完成两套不同结构类型图纸的算量计价。在实训过程中，要求学生应提高读图、识图的能力，加深对计算规则的理解，严格按照相关计价规定编制；使学生养成科学严谨的工作态度，独立完成实训课程设计，以提高自己的软件操作能力；严禁抄袭复制他人的实训成果。

四、实训内容

本章以广联达计价软件的使用操作为例，系统地讲述如何应用造价软件编制建筑工程预算文件。实训内容主要包含以下几个方面。

1. 图形算量 GCL9.0 软件操作

(1)新建工程。

(2)新建轴网。

(3)构件的定义和绘制。

2. 钢筋抽样 GGJ10. 0 软件操作

(1)新建工程。

(2)新建轴网。

(3)钢筋的定义和绘制。

3. 清单计价软件操作

(1)工程概况输入。

(2)分部分项工程量清单项输入与组价。

(3)措施项目清单组价。

(4)费用汇总。

五、实训时间安排(表 4-1)

表 4-1　　　　　　　　　　　　实训时间安排表

序号	内　容	课时
1	实训准备上包括熟悉图纸,消耗量定额、清单计价规范,了解工程概况,进行项目划分	4
2	图形算量软件操作	12
3	钢筋抽样软件操作	16
4	报表汇总	4
5	打印、整理装订成册	4
6	合计	40

六、编制依据

1. 国家计量计价实训依据

课程实训应严格执行国家和省(市)颁布的最新行业标准、规范、规程、定额、计价规范及有关造价的政策及文件。

2. 地方计量计价实训依据

本课程实训依据《省建筑工程消耗量定额》,《建筑工程价目表》,工程造价管理部门颁布的最新取费程序、计费费率以及施工图设计文件等完成。

3. 实训施工图纸

实训施工图纸以平法标注的框架结构图纸为对象。

七、操作步骤

1. 图形算量 GCL9. 0 软件操作步骤

启动软件→新建工程→工程设置(楼层管理)→绘图输入→表格输入→汇总计算→报表打印。

2. 钢筋抽样 GGJ10. 0 软件操作步骤

启动软件→新建工程→新建轴网→计算柱筋→计算梁筋→计算板筋→计算基础筋→表格输出→报表打印。

3. 清单计价软件操作步骤

启动软件→新建工程→工程概况输入→分部分项工程量清单→措施项目清单→其他项目清单→人工、材料、机械调价→费用汇总→报表输出。

第5章
建筑工程计量与计价课程设计资料

5.1 建筑工程计量与计价课程设计任务书

工程造价专业课程设计的业务技能训练是实现建设工程相关专业培养目标、保证教学质量、培养合格人才的综合性实践教学环节,是整个教学计划中不可缺少的重要组成部分。通过实训,应使学生在综合运用所学知识的过程中,了解建设工程在招投标(工程量清单与投标报价)中从事造价工作的全过程,从而建立理论与实践相结合的完整概念,提高在实际工作中从事建筑工程计量与计价工作的能力,培养认真细致的工作作风,使所学知识进一步得到巩固、深化和扩展,提高学生所学知识的综合应用能力和独立工作能力。

一、课程设计选题

根据本专业实际工作的需要,学生通过实训,应会编制较复杂的建设工程工程量清单和工程量清单报价。

建筑工程计量与计价课程设计选题,以工程量清单编制和工程量清单报价为主线,选择民用建筑混合结构或框架结构工程,含有土建、装饰内容的施工图纸。

二、课程设计的具体内容

建筑工程计量与计价课程设计具体内容包括:

1. 会审图纸

对收集到的土建、装饰施工图纸(含标准图)进行全面的识读、会审,掌握图纸内容。

2. 编制工程量清单

根据施工图纸和《房屋建筑与装饰工程工程量计算规范》,按表格方式手工计算工程量,编制工程量清单,最后上机打印。

3. 投标报价的工程量计算

根据施工图纸、《建筑工程工程量计算规则》、《建筑工程消耗量定额》和施工说明等资料,按表格方式统计出建筑、装饰工程量。

4. 工程量清单报价

根据《建筑工程工程量清单计价规则》,上机进行综合单价计算,确定投标报价文件。

三、课程设计的步骤

1. 布置任务

布置建筑工程计量与计价课程设计任务,发放实训相关资料。

2. 审查施工图纸

学生通过看图纸(含标准图),对图纸所描述的建筑物有一个基本印象,对图纸存在的问题全面提出,指导教师进行图纸答疑和问题处理。

3. 工程量清单的编制

根据《房屋建筑与装饰工程工程量计算规范》中的工程量计算规则,按收集的图纸的具体要求,进行各项工程量的计算,确定项目编码、项目名称,描述项目特征,编制工程量清单。

4. 投标报价的工程量计算

根据施工图纸和《建筑工程工程量计算规则》,按表格方式手工计算,并统计出建筑、装饰工程量,列出定额编号和项目名称。

5. 工程量清单报价(上机操作)

对工程量清单进行仔细核对,将工程量清单所列的项目特征与实际工程进行比较,参考《建筑工程工程量清单计价规则》,对工程量清单项目所关联的工程项目的定额名称和编号进行挂靠,利用工程量清单计价软件,进行工程量清单报价。如有不同之处应考虑换算定额或做补充定额。对照现行的《建筑工程价目表》(有条件也可使用市场价)和《建筑工程费用项目组成及计算规则》,查出人工、材料、机械单价(不需调整),以及措施费、管理费、利润、规费、税金等费率,进行工程造价计算,决定投标报价值。

6. 打印装订

经检查确认无误后,存盘、打印,设计封面,装订成册。

四、课程设计内容时间分配表(表5-1)

表 5-1   课程设计内容时间分配表

内　　容	学时	说　　明
布置课程实训任务	1	全面了解设计任务书
会审图纸	3	收集有关资料,看图纸
编制工程量清单	8	用表格计算清单工程量
工程量计算	16	用表格计算建筑、装饰工程量
工程量清单报价	8	用计算机计算
整理资料	4	按要求整理、打印装订
合　　计	40	最后1周完成(应提前进入)

五、需要准备的资料和课程设计成果要求

1. 需要准备的资料

(1)某工程图纸一套及相配套的标准图;

(2)《建设工程工程量清单计价规范》、《房屋建筑与装饰工程工程量计算规范》;

(3)《建筑工程工程量计算规则》;

(4)《企业定额》或《建筑工程消耗量定额》;

（5）《建筑工程价目表》；

（6）《建筑工程费用项目组成及计算规则》；

（7）《建筑工程工程量清单计价规则》；

（8）《建筑工程计量与计价实务》、《建筑工程计量与计价学习指导实训》等教材及《建筑工程造价工作速查手册》等相关手册。

2. 课程设计成果要求

课程设计要求学生根据工程量清单计价计量规范和相关定额，编制工程量清单和工程量清单报价。本着既节约费用，又能呈现出一份较完整资料的原则，需要打印的表格及成果资料应该包括：

（1）工程量清单 1 套（含实训成果封面、招标工程量清单封面、招标工程量清单扉页、工程计价总说明、分部分项工程量清单与计价表、单价措施项目清单与计价表、总价措施项目清单与计价表、其他项目清单与计价汇总表、暂列金额明细表、材料暂估单价及调整表、规费和税金项目计价表等）。

（2）工程量清单报价建筑和装饰各 1 套（含投标总价封面、投标总价扉页、工程计价总说明、单位工程费汇总表、分部分项工程量清单与计价表、单价措施项目清单与计价表、总价措施项目清单与计价表、其他项目清单与计价汇总表、规费和税金项目计价表等；如果打印量不大，也可打印部分有代表性的工程量清单综合单价分析表和综合单价调整表）。

（3）工程量计算单底稿（手写稿）1 套，附封面。

六、封面格式

××××学校

建筑工程计量与计价课程设计

建筑工程量清单与工程量清单报价

（正本）

工程名称：

院　　系：

专　　业：

指导教师：

班　　级：

学　　号：

学生姓名：

起止时间：　　自　　　年　　月　　日至　　　年　　月　　日

5.2　建筑工程计量与计价课程设计指导书

一、编制说明

1.内容

(1)工程招标文件编制;

(2)清单工程量计算;

(3)定额工程量计算;

(4)工程招标控制价文件编制;

(5)工程投标报价文件编制。

2.依据

某工程施工图纸和有关标准图;《建设工程工程量清单计价规范》、《房屋建筑与装饰工程工程量计算规范》、《建筑工程工程量计算规则》、企业定额或建筑工程消耗量定额、费用定额、《建筑工程价目表》和《建设工程价目表材料机械单价》。

3.目的

通过该工程的计量与计价课程设计,使学生基本掌握工程量清单编制和工程量清单计价的方法和基本要求。

4.要求

在教师的指导下,手工计算工程量,用计算机进行工程量清单和工程量清单报价的编制。

二、建筑设计说明

1.工程概况

(1)本工程为某小区商住楼中段,地上六层,建筑高度 21 m,框架结构。

(2)本工程建筑结构类别为二类,使用年限 50 年,建筑耐火等级为二级,抗震设防烈度为七度一组,地下工程防水等级为二级,屋顶防水等级为二级。

2.设计标高

(1)本工程施工定位时,由建设单位、设计单位和施工单位现场确定标高。

(2)各层标注标高均为建筑完成面标高,屋面标高为结构面标高。

(3)本工程标高以 m 为单位,其他尺寸以 mm 为单位。

3.墙体工程

(1)地下部分

外墙:外墙为防水钢筋混凝土墙,厚度详见结施。

内墙:除钢筋混凝土墙外,为 200 mm 厚加气混凝土砌块墙。

(采用专用加气混凝土砌筑砂浆详见 L06J125)

(2)地上部分

墙体的基础部分详见结施。

砌体墙均为加气混凝土砌块,外墙厚均为 200 mm。内隔墙为 200 mm,轻质隔墙为 120 mm。非承重墙体采用加气混凝土砌块,砂浆砌筑,其构造和技术要求详见 02SG614。

（3）墙身防潮

墙身防潮层：在室内地坪下 60 mm 处做 20 mm 厚 1∶2 水泥砂浆内掺 5％防水剂的墙身防潮层，如室内地坪变化处防潮层应重叠，并在埋土一侧墙身做 20 mm 厚立面防潮层，如埋土侧位于室外，还应加 1.5 mm 厚聚氨酯防水涂料（或其他防潮材料）。

（4）墙体留洞及封堵

加气混凝土墙上的留洞见结施和设备图。

砌筑墙体预留洞见结施和设备图。

砌筑墙体预留洞过梁见结施说明。

预留洞封堵：加气混凝土墙留洞的封堵见结施，其余砌筑墙留洞待管道设备安装完毕后，用 C15 细石混凝土填实，变形缝处双墙留洞的封堵，应在双墙分别增设套管，套管与穿墙管之间嵌填非燃烧材料，防火墙上严禁留洞。

4. 防水工程

地下室防水工程执行《地下工程防水技术规范》（GB 50108）和地方的有关规程和规定，具体详见建筑做法说明。

地下室工程防水等级为二级。采用钢筋混凝土自防水及卷材防水做法。防水混凝土设计抗渗等级 S6，要求连续不间断施工。防水混凝土的施工缝、穿墙管道预留洞、转角、坑槽、后浇带等地下工程薄弱环节应严格按《地下防水工程质量验收规范》（GB 50208—2002）执行。250 mm 厚防水钢筋混凝土外墙外贴 3 mm＋3 mm 厚双层高聚物改性沥青防水卷材。防水做法见 L06J002。

本工程的屋面防水等级为二级，防水层合理使用年限为 15 年。采用二道防水，做法详见建筑做法说明。

采用有组织排水，详见屋顶平面图；雨水斗、雨水管采用 UPVC 成品，订现货。

楼地面防水：卫生间地坪均比楼地面低 20，以 1％坡度坡向地漏；采用聚合物水泥防水涂料防水。

有防水要求的房间隔墙下部均做 300 mm 高混凝土挡水槛，与楼板一起浇筑。

5. 门窗工程

建筑外门窗抗风压性能分级为Ⅲ级，气密性能分级为Ⅲ级，水密性能分级为Ⅱ级，保温性能分级为Ⅲ级，隔声性能分级为Ⅲ级，门窗玻璃的选用应遵循《建筑玻璃应用技术规程》JGJ113 和《建筑安全玻璃管理规定》。

门窗立面均表示洞口尺寸，门窗加工尺寸要按照装修面厚度由承包商予以调整。

门窗立樘：外门窗立樘详见墙身节点图，内门窗立樘除图中另有注明者外，双向平开门立樘墙中，单向平开门立樘，开启方向门面与墙面平。管道竖井门设门槛高 600 mm。

门窗选料、颜色：玻璃见门窗表附注，门窗五金件符合图集要求，外门窗为铝合金隔热型材门窗；玻璃选用无色中空玻璃（厚度：5 mm＋9 mm＋5 mm）。

除图中另有注明者外，内门均不做盖缝条和贴脸。

防火墙和公共走廊上疏散用的平开防火门应设闭门器，双扇平开防火门安装闭门器和顺序器，常开防火门须安装关闭和反馈控制装置。

防火卷帘应安装在建筑的承重构件上，卷帘上部如不到顶，上部空间应用耐火极限与墙体相同的防火材料封闭。

6. 外装修工程

外装修设计和做法索引见立面图及外墙详图。

承包商进行二次设计轻钢结构、装饰物等,经确认后,向建筑设计单位提供预埋件的设置要求。

设有外墙外保温的建筑构造详见索引标准图及外墙详图,详见索引外墙外保温构造详图(二)L07J109。

外装修选用的各项材料及其材质、规格、颜色等,均由施工单位提供样板,经建设单位和设计单位确认后进行封样,并据此验收。

7. 内装修工程

内装修工程执行《建筑内部装修设计防火规范》(GB 50222)。楼地面部分执行《建筑地面设计规范》(GB 50037)。

楼地面构造交接处和地坪高度变化处,除图中另有注明者外均位于齐平门扇开启面处。

凡设有地漏房间应做防水层,图中未注明整个房间做坡度者,均在地漏周围 1 m 范围内做 1%～2%坡度坡向地漏,有水房间的楼地面应低于相邻房间 20 mm 或做挡水门槛,有大量排水的应设排水沟和集水坑。

内装修选用的各项材料,均由施工单位制作样板和选样,经确认后进行封样,并据此进行验收。

8. 油漆涂料工程

室内外装修所采用的油漆涂料详见建筑做法说明。

金属、木材、抹灰面油漆均按中级油漆要求施工,外露雨水斗、落水管颜色应协调。

各项油漆均由施工单位制作样板,经确认后进行封样,并据此进行验收。

9. 室外工程(室外设施)

外挑檐、雨篷、室外台阶、坡道、散水、窨井、排水明沟或散水带明沟、大门做法详见相应图集。

10. 其他施工中注意事项

楼梯、上人屋面及室外楼梯等临空处设置的栏杆应采用不易攀登的构造,垂直栏杆间的净距≤110 mm。

本图所标注的各种预埋件与预留洞应与各专业密切配合,确认无误后方可施工。

两种材料的墙体交接处,应根据饰面材质在做饰面前加钉金属网或在施工中贴玻璃丝网格布,以防止裂缝。

预埋木砖及贴邻墙体的木质面均做防腐处理,露明铁件均做防锈处理。

施工中应严格执行国家各项施工质量验收规范。

施工中应与总平面规划图、结构、给排水、采暖通风、电气等专业图纸密切配合施工,各种预埋件及预留孔洞位置数量必须准确,不得遗漏。

电梯井道根据电梯厂家提供的资料另附详图。

柱截面尺寸位置以结施图为准。

11. 标准图参考目录(表 5-2)

表 5-2　　　　　　　　　　　　标准图参考目录

参　考　目　录			
L06J002	建筑做法说明	L03J602	铝合金门窗
J02J101	墙身配件	L99J605	塑料门窗
L03J004	室外配件	L96J003	卫生间配件及洗池
L96J901	室内配件	L01J202	屋面
L96J401	楼梯配件	L07J109	外墙外保温构造详图(二)
L92J606	防火门	L09J130	公共建筑保温构造详图
L92J601	木门		

12. 建筑做法说明(表 5-3)

表 5-3　　　　　　　　　　　建筑做法说明

	名称	编号	适用范围	附　注
1 室外	铺广场砖地面	场 3	室外广场、人行道、硬地	
	混凝土水泥散水	散 1	建筑四周,宽度 900 mm	
2 地面	细石混凝土防水地面		地下室全部地面	1.60 mm 厚 C25 细石混凝土,表面撒 1:1 水泥砂子随打随抹
				2.素水泥浆一道
				3.40 mm 厚 C15 混凝土垫层
				4.素土夯实
				5.现浇钢筋混凝土底板抗渗等级 P8,厚度见结施
				6.50 mm 厚 C20 细石混凝土保护层
				7.1.5 mm+1.5 mm 厚双层 PVC 防水卷材
				8.1:2.5 防水水泥砂浆找平层 20 mm 厚抹光
				9.C15 混凝土垫层 100 mm 厚
				10.素土夯实
3 楼面	细石混凝土楼面	楼 4	用于机房层	
	铺地砖楼面(地暖)	楼 48	除注明外的其他楼面	
	陶瓷锦砖防水楼面	楼 18	用于各层卫生间	面层改为防滑瓷砖,瓷砖规格 300 mm×300 mm
	花岗岩楼面	楼 20	用于楼梯间、走廊	
4 内墙	混合砂浆抹面内墙	内墙 6	其余内墙面	白色乳胶漆面层
	防水瓷砖墙面	内墙 30	用于所有卫生间	高度到顶
5 外墙	保温涂料外墙	外墙 19	详见立面图	
	地下室卷材防水	地下室侧墙 1	地下室外墙	二级防水
6 踢脚	水泥砂浆踢脚	踢 3	水泥砂浆地面房间	高 150 mm
	地砖踢脚	踢 6	地砖地面房间	高 150 mm
7 裙	花岗岩墙裙	裙 14	楼梯、电梯间、走廊	高 1000 mm
8 顶棚	混合砂浆涂料顶棚	棚 4	未注明部位	乳胶漆面层
	PVC 板吊顶	棚 3	卫生间	
	不采暖地下室顶板保温顶棚	棚 31	地下室顶板	40 mm 厚阻燃型挤塑聚苯板

（续表）

名称	编号	适用范围	附　注
水泥砂浆平屋面	屋面 15	非上人屋面	60 mm 厚挤塑型聚苯板保温层 1.5 mm＋1.5 mm 厚两道防水
9屋面 干铺仿石砖上人屋面		上人屋面	1.10 mm 厚广场砖 1：1 水泥细砂浆粘贴，缝宽 10 mm，1：1 水泥细砂浆填缝
			2.20 mm 厚 1：2.5 水泥砂浆找平层
			3.40 mm 厚 C20 防水细石混凝土（6 m×6 m 分格，缝宽 20 mm，密封胶嵌缝）
			随打随抹，内配φ4 双向间距 150 mm 钢筋网（钢筋网在分格处断开）
			4.隔离层：干铺玻纤无纺布一道
			5.20 mm 厚 1：3 水泥砂浆找平层
			6.60 mm 厚挤塑聚苯板
			7.1.5 mm 厚 PVC 防水卷材二道
			8.刷基层处理剂一道
			9.20 mm 厚 1：3 水泥砂浆找平层
			10.40 mm 厚（最薄处）1：6 水泥珍珠岩找坡 2%
			11.现浇钢筋混凝土屋面板
10油漆 清漆	涂 2	用于楼梯木扶手	
金属面油漆	涂 12	用于外露金属构件	

13. 门窗表（表 5-4）

表 5-4　　　　　　　　　　　门窗表

类型	设计编号	洞口尺寸（mm）	一层	二层	三层	四层	五层	六层	数量	图集名称	备注
门	FM1	1200×2400			2	2	2	2	8	L92J606	乙级防火门
	FM2	1200×2000	1						1	L92J606	乙级防火门
	JM	600×1800					4	4	8		丙级防火门
	BM	2200×2400	2						2		全玻璃门
	MM1	1000×2400					5	5	10	L92J601	木装饰镶板门
	MM2	750×2400					5	5	10	L92J601	木装饰镶板门
	MM3	700×2000	1						1	L92J601	木装饰镶板门
窗	BC1	1300×2400	1						1		全玻璃窗
	BC2	1500×2400	1						1		全玻璃窗
	BC3	3200×2400	1						1		全玻璃窗
	C-1	1800×1200	2						2	L03J602	断桥铝合金中空玻璃窗
	C1	1800×2000		2	3	3	3	3	14	L03J602	断桥铝合金中空玻璃窗
	C-2	7200×2000		1	1	1			3	L03J602	断桥铝合金中空玻璃窗
	C-4	3200×2000		1	1	1			3	L03J602	断桥铝合金中空玻璃窗
	C-7	2700×1700					1	1	2	L03J602	断桥铝合金中空玻璃窗
	C-8	2500×1700					1	1	2	L03J602	断桥铝合金中空玻璃窗
	C-9	2200×1700					1	1	2	L03J602	断桥铝合金中空玻璃窗

14. 门窗附注说明

门窗生产厂家应由甲乙方共同认可,厂家负责提供安装详图,并配套提供五金配件。

预埋件位置视产品而定,但每边不得少于二个。

防火疏散门和防火墙上的防火门应在门的疏散方向安装单向闭门器。

管井检修门应安装暗藏式插销以防误开。

卫生间等处的门应作防腐处理。一层外窗设防盗网。

门窗节能设计要求详见建筑节能设计专篇。

15. 图纸附注说明

本工程外墙厚度为 200 mm。

内承重墙厚度为 200 mm,轴线居中。

所有门垛除注明以外距轴线距离为 300 mm。

建筑图中所示钢筋混凝土柱布置以结构图布置为准。

图中所示家具、部件均为用户自理。

三、结构设计说明

1. 工程概况

(1)本工程为山东××置业有限公司××楼。建筑总长 12 m,总宽度 17 m,地上六层,总高度 21 m,钢筋混凝土框架结构。

(2)本工程抗震设防烈度为 7 度,设计基本地震加速度值为 0.10g,所属地震设计分组为第一组,抗震设防类别为乙类,建筑场地类别为 Ⅲ 类,按 7 度采取抗震措施。框架抗震等级为二级。

(3)结构安全等级为二级,结构的设计使用年限为 50 年。

(4)计量单位除注明外均为:长度——mm;角度——(°);标高——m。

2. 本工程设计采用的标准图

混凝土结构施工图平面整体表示方法制图规则和构造详图	16G101-1
钢筋混凝土过梁	L03G303
钢筋混凝土结构抗震构造详图(山东省标准图)	L03G323
加气混凝土砌块墙体构造(山东省标准图)	L06J125

3. 混凝土结构的环境类别

基础梁、板,无保温层的露天阳台、雨篷、台阶踏步为二$_b$类;上部结构的卫生间、厨房、阳台、屋面等潮湿环境为二$_a$类;其他部位为一类。

4. 钢筋混凝土保护层厚度(表 5-5)

表 5-5　钢筋混凝土保护层厚度

环境类别	板、墙	梁	柱
一	15	25	30
二$_a$	20	30	30
二$_b$	25	35	35

注:a.基础梁、板为 40 mm。

　　b.混凝土为 C20 的构造柱、圈梁、压顶梁等非抗震结构构件为 30 mm。

　　c.除满足表中的要求外,且不应小于纵筋直径。

5. 地基基础

岩土工程勘察报告如表 5-6 所示。

表 5-6　　　　　　　　　　　岩土工程勘察报告

地层	土层名称	土层厚度 （m）	地基承载力特征值 F_{ak}(kPa)	压缩模量 （MPa）	备注
1	粉土	6.00～7.70	100	7.0	持力层
1—1	粉质黏土	0.50～2.50	90	4.5	夹层
2	粉质黏土	0.50～1.70	80	4.0	
3	粉土	2.90～4.70	120	8.0	

地下水位：勘探期间确定水位均为自然地坪下 4.00 米，为第四系潜水。

基础持力层采用第 1 层粉土，地基承载力特征值 f_{ak}＝100 kPa，基槽开挖至基底设计标高，并挖至地基持力层，局部超挖部分用 3∶7 灰土分层夯填至基底设计标高，分层压实的土层厚度为 250 mm，灰土的压实系数不小于 0.97。当采用机械开挖时，注意保持槽底原状土结构，槽底预留 0.3 m 以上，然后改用人工开挖。

基槽采用机械开挖时，应预留 300 mm 厚土层人工开挖。

基础结构材料：混凝土强度等级，基础垫层 100 mm 厚 C15 素混凝土，基础 C30。

基础所用粗、细骨料含泥量要求：石子＜1%，砂 ＜3%。

大体积混凝土施工应采取保温、保湿养护。养护时间≥14 天。混凝土中心温度与表面温度的差值≤25 ℃。混凝土表面温度与大气温度的差值≤25 ℃。

大体积混凝土必须进行二次抹面工作，减少混凝土表面收缩裂缝。大体积混凝土可采用粉煤灰混凝土，设计强度等级的龄期为 60 天。

基础达到设计强度后，应及时进行基坑回填。回填土应采用素土分层夯实，每层厚度≤250 mm，压实系数不小于 0.94。与大气温度的差值≤25 ℃。大体积混凝土必须进行二次抹面工作，减少混凝土表面收缩裂缝。大体积混凝土可采用粉煤灰混凝土，回填时，应先清除基坑中的杂物，并应在相对的两侧或四周同时回填并分层夯实。回填应室内外同时进行，或先回填室内。

开挖基坑时应注意边坡稳定，定期观测其对周围道路、市政设施和建筑物有无不利影响。非自然放坡时，基坑支护工程的设计和施工应由具备专项资质的单位完成，并经过质量检查和验收。

基础、柱混凝土保护层较大时，采用钢筋原位不变（即保持同上部结构对应的钢筋位置），增加保护层厚度的做法。

基础工程的施工应严格按照国家现行的《地基与基础工程施工及验收规范》和《湿陷性黄土地区建筑规范》，以及有关的规范规程进行施工。

水场地环境类型为Ⅱ型，水质对钢筋混凝土结构具有腐蚀性，基槽开挖后，严禁晒槽、泡槽、晾槽等。标准冻结深度为 0.5 m。

6. 主要结构材料

（1）混凝土强度等级：一层梁、板、柱均为 C30，上部结构梁、板、柱均为 C25。

（2）钢筋设计强度如表 5-7 所示。

表 5-7　　　钢筋设计强度

φ	HPB235	设计强度 $f_y = 210 \text{ N/mm}^2$
Φ	HRB335	设计强度 $f_y = 300 \text{ N/mm}^2$
Φ	HRB400	设计强度 $f_y = 360 \text{ N/mm}^2$

注:预埋件钢板采用 Q235B,预埋件锚筋及吊钩、吊环均采用 HPB235 级热轧钢筋,不得采用冷加工钢筋。

普通钢筋的抗拉强度实测值与屈服强度实测值的比值不应小于 1.25;钢筋的屈服强度实测值与屈服强度标准值的比值不应大于 1.30 且钢筋在最大拉力下的总伸长率实测值不应小于 9%。

(3)焊条:E43××型:用于 HPB235 级钢筋之间、两种级别不同的钢筋之间的焊接。

E50××型:用于 HRB335 级钢筋之间、HRB400 级钢筋之间的焊接。钢筋与型钢或钢板焊接,按要求选定焊条。

(4)砌体墙体

基础部分填充墙体:采用 MU10 机制实心黏土砖;内、外墙:采用粉煤灰蒸压加气混凝土砌块,厚 200 mm;隔墙:采用粉煤灰蒸压加气混凝土砌块,厚 120 mm;砌筑砂浆:基础 M7.5 水泥砂浆,其他 M5.0 混合砂浆,室外地坪及室内地坪以下墙体两侧用 1∶2.5 水泥砂浆掺 5% 防水剂(水泥质量比)抹 20 mm 厚。

(5)防潮层:1∶2.5 水泥砂浆掺 5% 防水剂(水泥重量比)抹 20 mm 厚,位于室内地坪 −0.060 处(遇混凝土梁时防潮层取消)。

(6)油漆:凡外露铁件必须在除锈后涂防腐漆、面漆各两道,并经常注意维护。

(7)为减少混凝土的收缩裂缝,特对混凝土的配合比提出以下要求:

楼板混凝土应采用硅酸盐水泥或普通硅酸盐水泥拌制,并控制掺和料的掺量,粉煤灰掺量不得超过水泥用量的 15%,矿粉掺量不得超过水泥用量的 20%,用水量不得大于 180 kg/m。有条件时,可在混凝土中加入纤维等抗裂材料。用于拌制现浇楼板混凝土的细骨料,不得采用细砂、特细砂(细度模数 $\mu \geqslant 2.3$),并保证现场浇捣时的坍落度 <150。

(8)卫生间混凝土抗渗等级大于等于 S6。

(9)泵送混凝土应分点布料,防止集中堆积。宜先振捣出料口处混凝土,形成自然流淌坡度,然后全面振捣。

严格控制振捣时间、移动间距和插入深度。严禁用振捣棒振动钢筋或模板的方法振实混凝土。

7. 钢筋的连接

(1)直径 $D \geqslant 22$ mm 的钢筋及梁、柱纵向受力筋,优先采用机械连接,其他情况除特殊注明外可采用搭接。

机械连接应按照《钢筋机械连接通用技术规范》的有关规定执行。钢筋连件的混凝土保护层厚度应满足附表要求,连接件之间的横向净距 $\geqslant 25$ mm。

(2)机械连接建议采用镦粗头直螺纹或套筒冷挤压连接,接头等级为 Ⅱ 级。

钢筋焊接应按照《钢筋焊接及验收规程》的有关规定执行,焊接接头采用闪光接触对焊。

(3)纵向钢筋的锚固长度、搭接长度见表 5-8、表 5-9。

表 5-8　　　　　　纵向钢筋的锚固长度

钢筋种类	非抗压锚固长度	混凝土强度等级		
	抗震锚固长度	C20	C25	C30
HPB235	l_a	31d	27d	24d
	l_{aE}一、二级抗震等级	36d	32d	28d
	l_{aE}三、四级抗震等级	33d	29d	26d
HRB335	l_a	40d	33d	30d
	l_{aE}一、二级抗震等级	46d	36d	35d
	l_{aE}三、四级抗震等级	42d	35d	32d
HRB400	l_a	47d	40d	36d
	l_{aE}一、二级抗震等级	46d	46d	42d
	l_{aE}三、四级抗震等级	50d	42d	38d

表 5-9　　　　　　纵向钢筋的搭接长度

纵向钢筋的搭接接头百分率/%	≤25	50	100
纵向受拉钢筋的搭接长度	$1.2l_a<l_{aE}>$	$1.4l_a<l_{aE}>$	$1.6l_a<l_{aE}>$
纵向受压钢筋的搭接长度	$0.85l_a<l_{aE}>$	$1.00l_a<l_{aE}>$	$1.13l_a<l_{aE}>$

纵向受拉钢筋的搭接长度不应小于 300 mm,纵向受压钢筋的搭接长度不应小于 200 mm。

(4)钢筋的连接位置

上部结构梁、板:上部纵筋在跨中 1/3 跨度范围内连接,下部纵筋在支座处连接。

钢筋连接区段的长度:绑扎搭接为 1.3 倍的搭接长度,机械连接为 35d,焊接为 35d 且 ≥500 mm。

凡连接接头中点位于上述连接区段长度内,属于同一连接区段。

同一连接区段内钢筋接头面积百分率:梁、板、墙≤25%;柱≤50%。

纵筋搭接范围内箍筋间距加密为≤10 倍纵筋直径,且≤100 mm。

(5)同一根钢筋上宜少设接头,同一构件中相邻纵筋的接头宜错开。

柱在每层高度范围、梁在每跨范围,每根钢筋只能有一个接头。

(6)有避雷要求的柱内至少有两根纵向钢筋作为避雷引下线。作为避雷引下线的纵向钢筋,必须从上到下焊成通路,且其下端必须就近与基础内底部钢筋焊接,其上端须露出柱顶或墙顶 150 mm 与屋顶避雷带连接。焊接长度≥100 mm。基础钢筋应与楼板、梁、柱钢筋连接成通路,施工时必须配合电气专业图纸。

8.上部结构

(1)本工程梁、柱绘图采用平面整体表示方法,绘图规则和构造详图详见国标 16G101-1。

板绘图采用平面整体表示方法,绘图规则和构造详图详见国标 16G101-1。

施工、下料前应认真阅读有关说明。标准图中条款与本设计不符处,以本设计为准。

（2）现浇钢筋混凝土梁

①梁内箍筋除单肢箍外，其余采用封闭形式，并做成 135°弯钩。纵向钢筋为多排时，应增加直线段弯钩在两排或三排钢筋以下弯折，梁内第一根箍筋距支座边 50 mm 起。

②主梁内在次梁作用处箍筋应贯通布置，凡未在次梁两侧注明箍筋者均在次梁两侧各设 3 组箍筋，箍筋肢数、直径同主梁箍筋，间距 50 mm，次梁吊筋在梁配筋图中表示。

③梁的纵向钢筋需要设置接头时，底部钢筋应在距支座 1/3 跨度范围内接头，上部钢筋应在跨中 1/3 跨度范围内接头，同一接头范围内的接头数量不应超过总钢筋数量的 50%。

④在梁跨中开不大于 150 mm 的洞，在具体设计中未说明做法时，洞的位置应在梁跨中的 2/3 范围内，梁高的中间 1/3 范围内，洞边及洞上下配双面 4 ϕ14，$l=800$ mm。

梁（板）跨度≥4 m 时，模板按跨度的 0.2% 起拱，悬臂梁按悬臂长度的 0.4% 起拱，起拱高度不小于 20 mm。

⑤门窗洞口过梁除楼层梁代替及特殊注明外，根据相应墙厚及净跨选用 L03G303，墙厚≤120 mm 时，荷载级别选 0 级；墙厚＞120 mm 时，荷载级别选 1 级。过梁与梁、柱相碰时改现浇。

当洞口上方有承重梁通过，且梁底与过梁底之间净空≤过梁高度时，可直接在梁下挂板。

当门窗洞口较大，超出过梁标准图范围，采用承重梁下挂板方式代替过梁。

⑥当悬臂梁的悬挑跨度＞1500 mm 时，梁根部设置附加弯起钢筋，详见 16G101－1。

⑦当梁的腹板高度≥450 mm 时，对各层梁配筋平面图中未表示腰筋的梁，均按本规定设置腰筋。

在梁的两个侧面沿高度配置纵向构造钢筋，直径为 ϕ12，间距≤200 mm，腰筋的拉筋为 ϕ6@400。

腹板高度为梁高扣除现浇板厚。当梁内纵向钢筋为两排或两排以上时，在两排钢筋之间设置垫筋，垫筋为 ϕ25@1000。

⑧当梁与柱斜交时，梁的纵向钢筋应放样下料，满足钢筋锚固长度的要求。

⑨当主梁与次梁底标高相同时，次梁的下部纵向钢筋应置于主梁下部纵向钢筋之上。

悬臂梁端头边梁的下部纵向钢筋，应置于挑梁端头下弯钢筋之上部。

⑩梁上起柱大样详见 16G101－1。

（3）现浇钢筋混凝土板

①板的底部钢筋伸入支座长度应≥5d，且应伸入到支座中心线。

②板的边支座和中间支座板顶标高不同时，负筋在梁活墙内的锚固应满足受拉钢筋最小锚固长度 l_a。

③双向板的底部钢筋，短跨钢筋置于下排，长跨钢筋置于上排。

当板底与梁底平时，板的下部钢筋伸入梁内必须弯折后置于梁的下部纵向钢筋之上。

施工图中没注明的板内分布筋应同时满足表 5-10 要求，且大于受力主筋的 15%，分布筋的最大间距为 250 mm。

单向板板底筋的分布筋及单向板、双向板支座筋的分布筋,除图中注明者外,均为ϕ6@250。

表 5-10   板内分布筋应满足的要求

板厚/(mm)	100	120	150	180~200	250
分布钢筋	ϕ6@180	ϕ8@250	ϕ8@200	ϕ8@150	ϕ10@200

如设计图中屋面板及地下室顶板未双层双向配筋时,则按表 5-11 要求配置双向温度收缩钢筋网。

表 5-11   温度收缩钢筋的配置

板厚(mm)	≤150	150~200
温度收缩钢筋	≥ϕ6@150	≥ϕ8@200

注:温度收缩钢筋网可与周边板面钢筋搭接 300 mm。

④板上孔洞应预留,一般结构平面图中只表示出洞口尺寸≥300 mm 的孔洞,施工时必须根据各专业图纸配合土建预留全部孔洞,不得后凿。当孔洞尺寸≤300 mm 时,洞边不再另设钢筋,板内钢筋由洞边绕过,不得截断。当洞口尺寸≥300 mm 时,应设洞边加筋,按平面图中示出的要求施工。当平面图未交代时,一般按照下图施工,加筋的长度为单向板受力方向或双向板的两个方向沿跨度通长,并锚入支座≥5d,且应伸入到支座中心线。

单向板非受力方向的洞口加筋长度为洞口宽加两侧各 40d,且应放置在受力钢筋之上。

⑤对于外露的现浇钢筋混凝土女儿墙、挂板、栏板、檐口等构件,当其水平直线长度超过 12 m 时,应设置温度伸缩缝,缝宽 20 mm,缝隙用弹性密封膏处理,伸缩缝间距≤12 m,做法参见 L01J202 $\frac{3}{16}$。

⑥现浇板内埋设管线时,管外径不得大于板厚的 1/3,管子交叉处不受此限制。

所铺设管线应放在板底钢筋之上,板上部钢筋之下。预埋管线的混凝土保护层厚度≥30 mm。

梁上预埋钢管 D≤100 mm 应设构造加强筋。

⑦现浇板短跨≥4.2 m 的楼面板以及所有屋面板,应在板上皮未设钢筋区域设置构造钢筋焊接网片。

现浇板构造钢筋网片规格、间距及布置详见 L03G323。

⑧楼板上后砌墙的位置应严格遵守建筑施工图,不可随意砌筑。

(4)框架柱、填充墙、圈梁和构造柱的要求

①当填充墙的高度>4 m 时,在墙体半高处设置与柱连接且沿墙全长贯通的水平圈梁 QL,内墙在门洞顶设一道且兼作过梁;外墙在窗台及窗顶处各设一道,当外墙窗顶靠近楼层梁时,只在窗台设一道。圈梁 QL 兼作过梁时,在洞口上方按过梁要求确定截面和配筋,并不小于圈梁详图配筋。

②当填充墙的长度>5 m时,在墙长中部适当位置设置构造柱 GZ,填充墙与构造柱的拉结及墙顶与梁、板拉结。详见 L03G323。

填充墙 GZ 的设置还应满足以下要求:悬臂梁端头、墙体转角、内外墙相交处,直墙端头。

③填充墙与柱的拉结,根据墙柱相对位置详见 L03G323。

未尽事宜可参考 L06J125。

④柱与现浇过梁、圈梁连接处,在柱内应预留插筋,插筋锚入柱内满足受拉钢筋锚固长度。

⑤尺寸≤200 mm 的墙垛,当砌块砌筑有困难时,可采用 C20 素混凝土现浇。

⑥楼层处,当外墙开窗>2500 mm 时,窗台以下填充墙应按女儿墙的构造要求。

⑦构造柱与墙体拉结筋为 2φ6@500,伸入墙内 1000 mm,遇门窗洞口截断。

⑧通长条窗下砌体按女儿墙处理。

⑨女儿墙高度大于 500 mm 时,均在顶层梁上设置压顶圈梁 QL 和构造柱。墙体转角处、纵横墙交接处、框架柱位置处,详图及墙柱拉结详见本图。

⑩砌体和构造柱的抗震措施详见 L03G323。

9. 基础结构附注说明

(1)未注明基础板厚为 500 mm,标高为−1.500 m。

(2)马凳设置 φ12@1200。

(3)基础混凝土为 C30。

(4)基础砌体为 M10 水泥砂浆,M10 黏土烧结实心砖。

(5)未注明钢筋处按相应位置设置。

(6)未注明梁腰筋均为 2φ14。

(7)▭▭▭▭ 表示上部钢筋,└──┘ ◢ 表示下部钢筋。

筏板配筋均不得在近支座三分跨度内搭接。

10. 梁结构附注说明

(1)未注明定位尺寸的梁中心线均与轴线重合或其边线与墙边齐。

(2)未注明梁顶标高同本层板面。

(3)主次梁交接处,主梁内附加箍筋均为每侧 3φd@50。

箍筋直径及肢数均同主梁内箍筋。

吊筋未注明者均为 2φ16。

11. 板结构附注说明

(1)未注明板厚 $h=120$ mm。

(2)未注明支座分布钢筋为 φ8@200。

(3)本层板顶标高 $H-0.040$(H 为建筑楼面标高)。

(4)本图中所注尺寸均为水平投影尺寸。

12. 楼梯栏杆扶手附注说明

(1)楼梯栏杆扶手选用 L96J401－P5－T－3,施工时预留埋件。

(2)靠墙扶手选用 L96J401－P34－2,施工时预留埋件。

(3)栏板扶手高踏步前缘为 1000 mm。

　　平直段高度为 1100 mm。

(4)楼梯其他节点构造详见 L96J401。

(5)未注明板厚均为 90 mm。

(6)未注明钢筋均为ϕ8@200。

(7)支座负弯矩钢筋分布筋均为ϕ6@200。

三、施工组织设计说明

1. 施工注意事项

(1)施工期间不得超过附表中负荷堆放建筑材料和施工垃圾。特别注意梁、板上集中负荷时对结构受力和变形的不利影响,必要时加设临时支承。

(2)混凝土结构施工前,应对预留孔、预埋件、楼梯及阳台的栏杆、阳台及雨篷的泄水孔等位置与各专业图纸核对,并与各工种密切配合施工。

(3)混凝土现浇板施工时应加强养护,避免由于温度、收缩应力导致现浇板产生非结构性裂缝。

(4)凡悬挑构件必须设临时支承,须待构件强度达到 100％以后,方可拆除支承。

　　悬挑板上皮受力筋应采取有效措施保证其保护层厚度。

(5)为防止施工过程中结构板面上部钢筋塌陷,应采取措施,具体措施由施工单位自定。

(6)室外台阶、平台与主楼相交处,待主体竣工后再进行浇注。

(7)在施工安装过程中,应采取有效措施保证结构的稳定性,确保施工安全。

(8)本设计未考虑冬季、雨季施工,施工单位应根据有关施工及验收规范自定。

(9)本设计未考虑塔式起重机、施工用电梯、泵送设备、脚手架等施工机具对主体结构的影响。

有影响时,施工单位应对受影响的结构构件进行承载力、变形和稳定验算;验算不满足时,必须采取加强、加固措施。

(10)未经技术鉴定或设计许可,不得任意改变结构的用途和使用环境。

(11)结构标高为建筑标高减去面层厚度,实际做法应根据建筑做法面层而定。

(12)图中钢筋按每层编号。

(13)梁、柱内不得预埋木砖,不得设置膨胀螺丝,需要时可预埋铁件或插筋。

(14)本说明及图纸未尽之处,均必须按照国家、地方有关现行规范和图集执行。

2. 施工说明

(1)施工单位:××建筑工程有限公司(二级建筑企业)。

(2)施工驻地和施工地点均在市区内,相距 10 km。

(3)设计室外地坪与自然地坪基本相同,现场无障碍物、无地表水;基坑采用挖掘机挖土,载重汽车运土,运距 400 m,其他部分采用人工开挖,手推车运土,运距 100 m;机械钎探(每米 1 个钎眼);坑底采用碾压机械碾压。

(4)模板采用竹胶模板,钢支承;钢筋现场加工。

(5)脚手架均为金属脚手架;采用塔吊垂直运输和水平运输。

(6)人工费单价按造价主管部门最新公布的单价计算;材料价格、机械台班单价均执行价目表,材料和机械单价不调整。

(7)措施费主要考虑安全文明施工、夜间施工、二次搬运、冬雨季施工、大型机械设备进出场及安拆费。其中临时设施全部由乙方按要求自建。水、电分别为自来水和低压配电,并由发包方供应到建筑物中心 50 m 范围内。

(8)预制构件均在公司基地加工生产,汽车运输到现场;混凝土采用场外集中搅拌,搅拌量按 25 m^3/h 计。

(9)施工期限合同规定:自 3 月 1 日开工准备,10 月底交付使用。

(10)其他未尽事项可以根据规范、规程及标准图选用,也可由教师给定。

四、打印装订要求

将上机做好的课程设计文件保存到移动硬盘上,在装有工程造价软件的计算机上打印出建筑工程计量与计价课程设计文件。或将工程造价文件的表格转换成 Excel 文件,表格调整完成后转换成 PDF 文件,然后打印出课程设计文件,不符合要求的单页可重新设计打印。

课程设计资料编制完成后,合到一起,装订成册。装订顺序为封面、招标工程量清单扉页、工程计价总说明、分部分项工程量清单与计价表、单价措施项目清单与计价表、总价措施项目清单与计价表、其他项目清单与计价汇总表、暂列金额明细表、材料暂估单价及调整表、规费和税金项目计价表,以及建筑、装饰工程报价的封面、投标总价扉页、工程计价总说明、单项工程投标报价汇总表、单位工程投标报价汇总表、分部分项工程量清单与计价表、单价措施项目清单计价表、总价措施项目清单计价表、其他项目清单与计价汇总表、规费和税金项目计价表等。建筑和装饰工程取费基数不同,一般应分开,建筑工程报价在前,装饰工程报价在后。所有资料均采用 A4 纸打印,并将工程量计算单底稿(手写稿)整理好,附实训作业后面备查。底稿一般不要求重抄或打印。因此,手写稿格式要统一,最好用工程量计算单计算;各分项工程量计算式之间要留有一定的修改余地,各个分部工程内容之间要留有较大的空白,以便漏项的填补。还要注意页边距的大小,不要影响到装订。为了便于归档保存,底稿不要用铅笔书写,装订时请不要封装塑料皮。

5.3　课程设计实训图纸

二层平面图　1:100
本层建筑面积206.89 m²

一层平面图　1:100
本层建筑面积206.89 m²

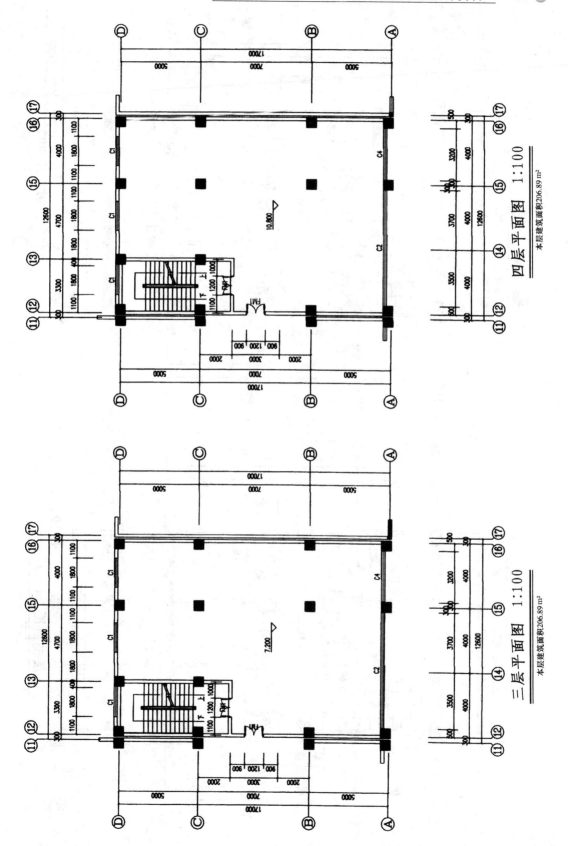

四层平面图 1:100

本层建筑面积206.89 m²

三层平面图 1:100

本层建筑面积206.89 m²

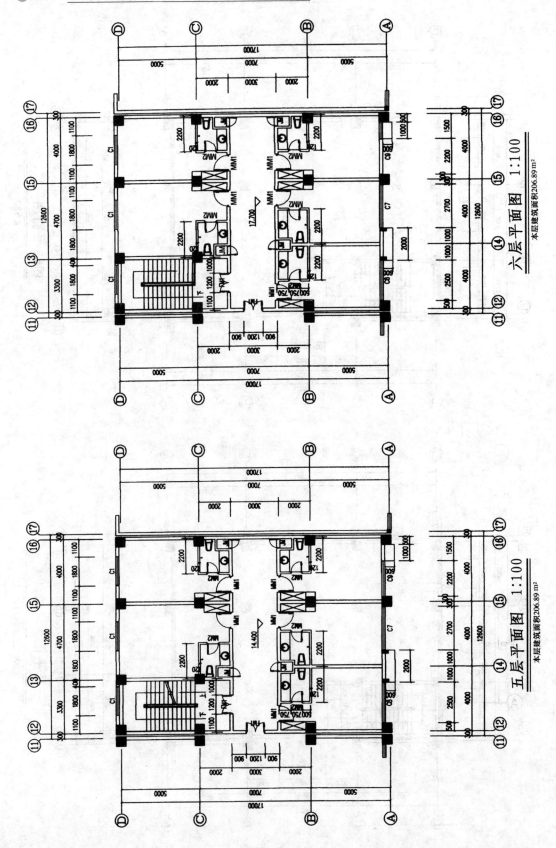

六层平面图 1:100

本层建筑面积206.89 m²

五层平面图 1:100

本层建筑面积206.89 m²

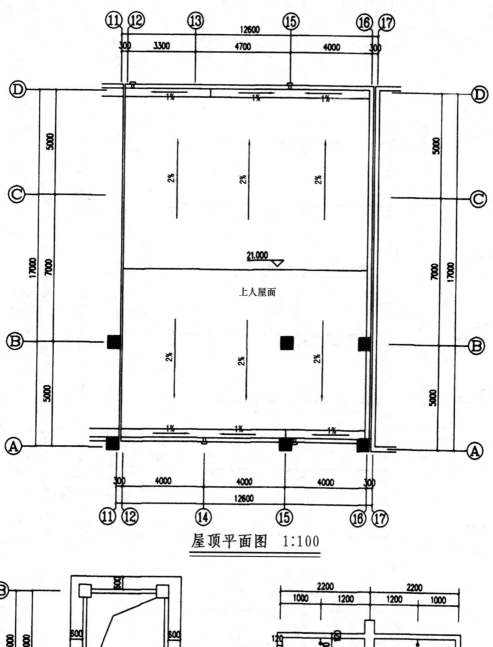

屋顶平面图　1:100

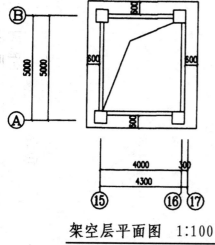

架空层平面图　1:100

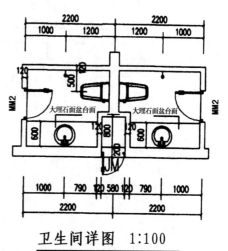

卫生间详图　1:100

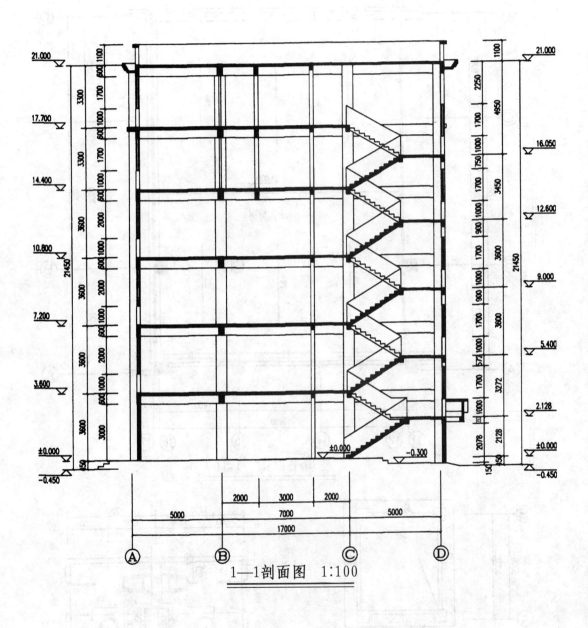

1—1剖面图　1:100

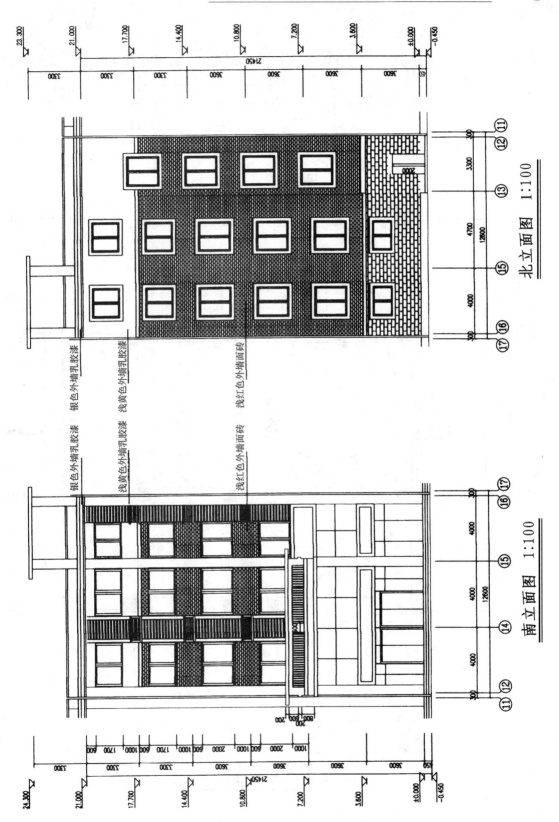

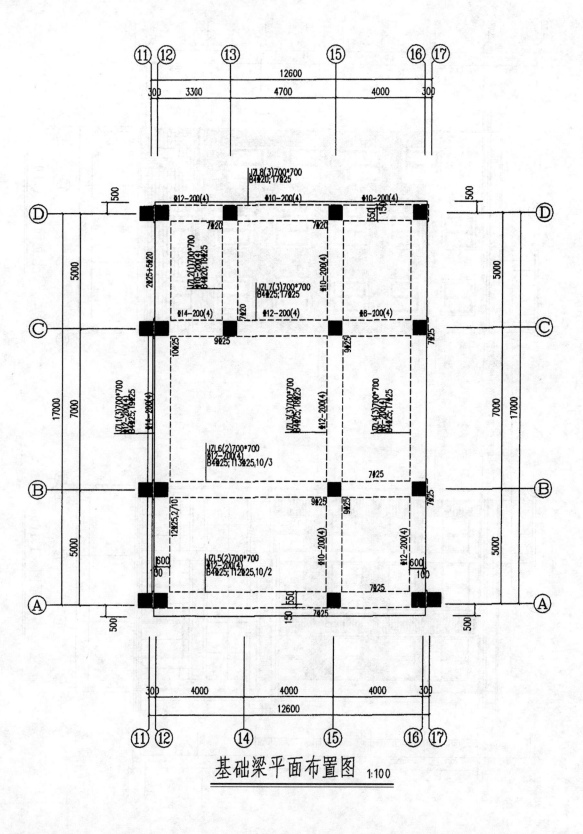

基础梁平面布置图 1:100

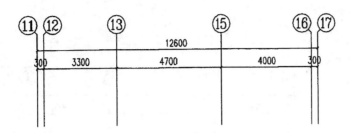

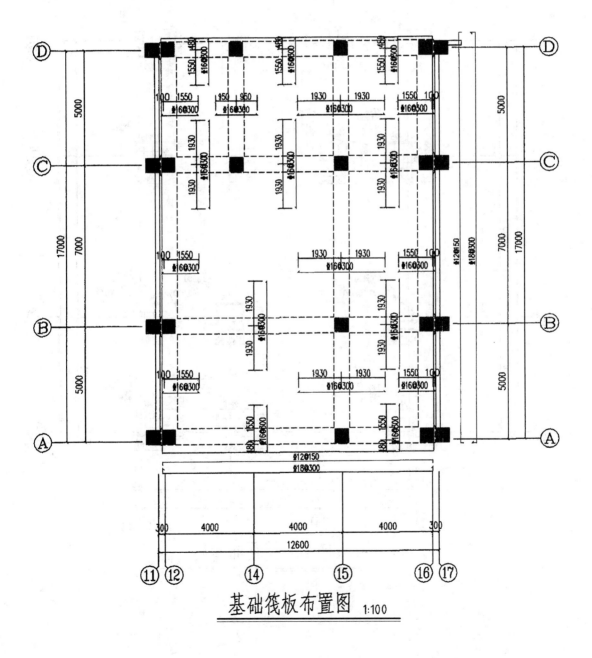

基础筏板布置图 1:100

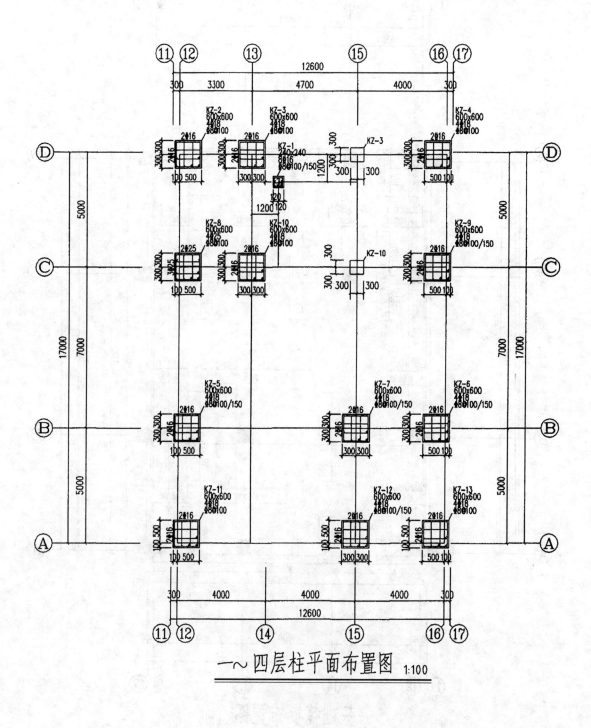

一～四层柱平面布置图 1:100

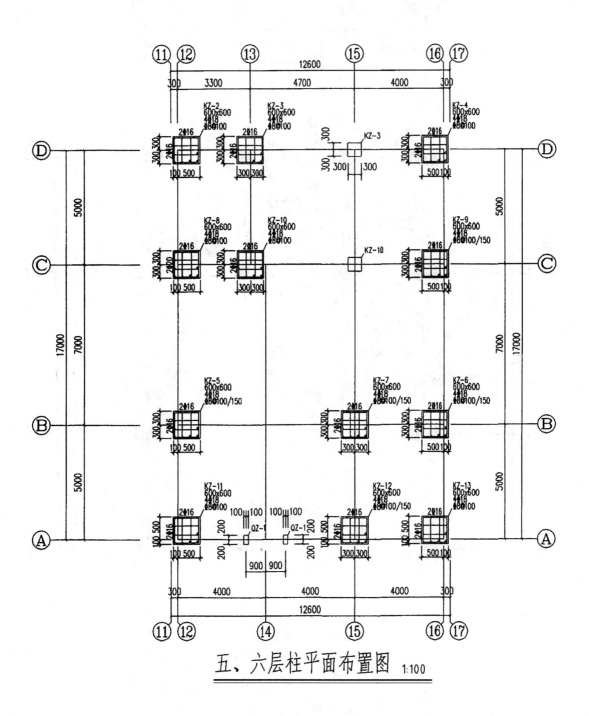

五、六层柱平面布置图 1:100

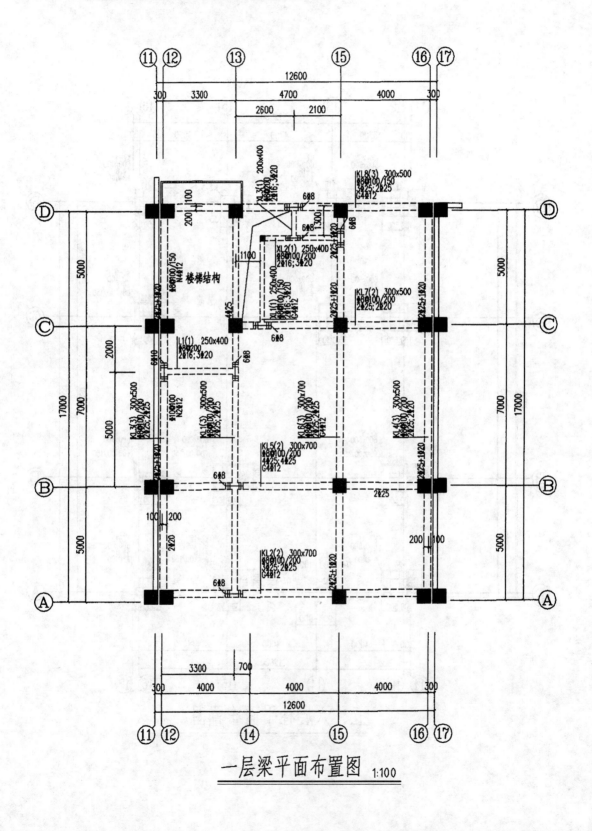

一层梁平面布置图 1:100

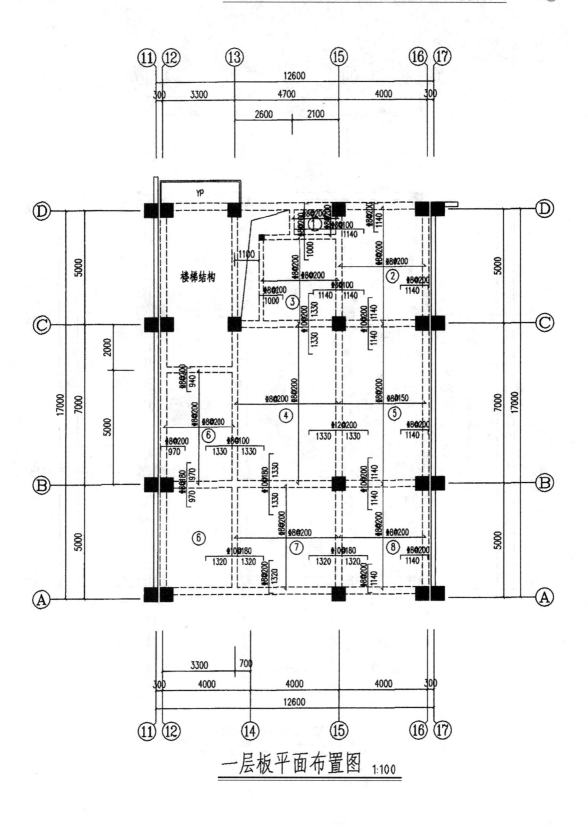

一层板平面布置图 1:100

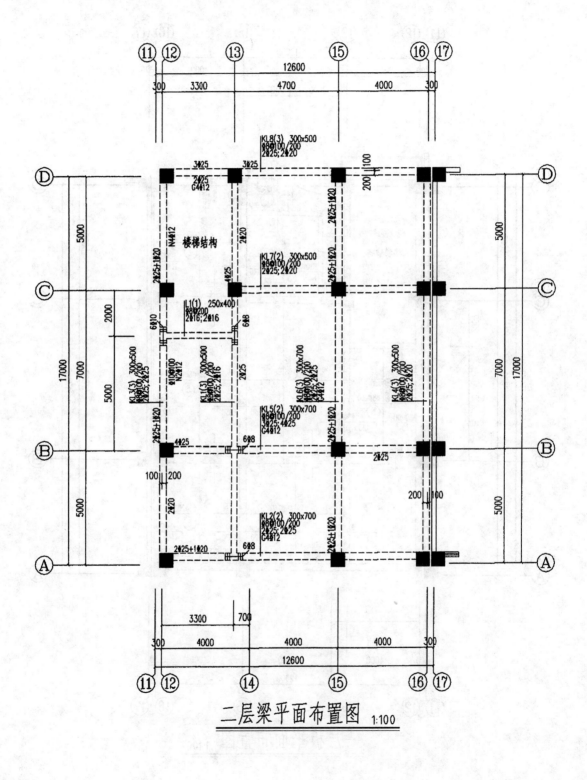

二层梁平面布置图 1:100

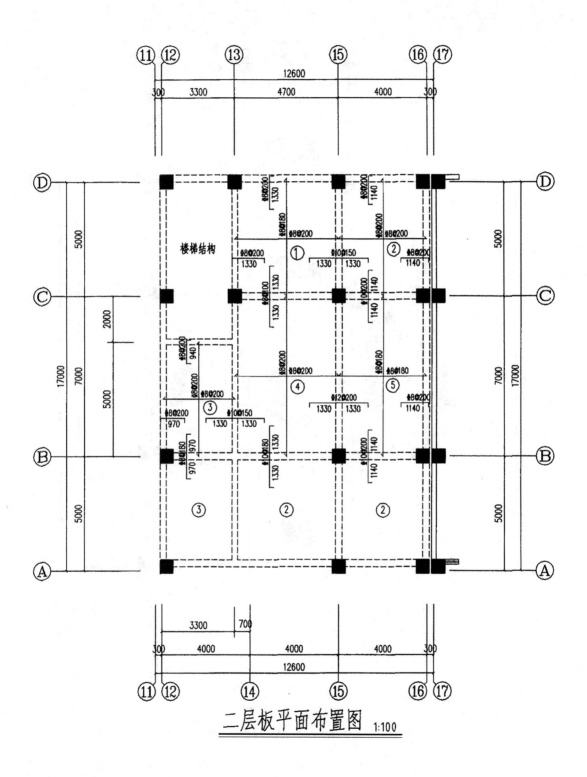

二层板平面布置图 1:100

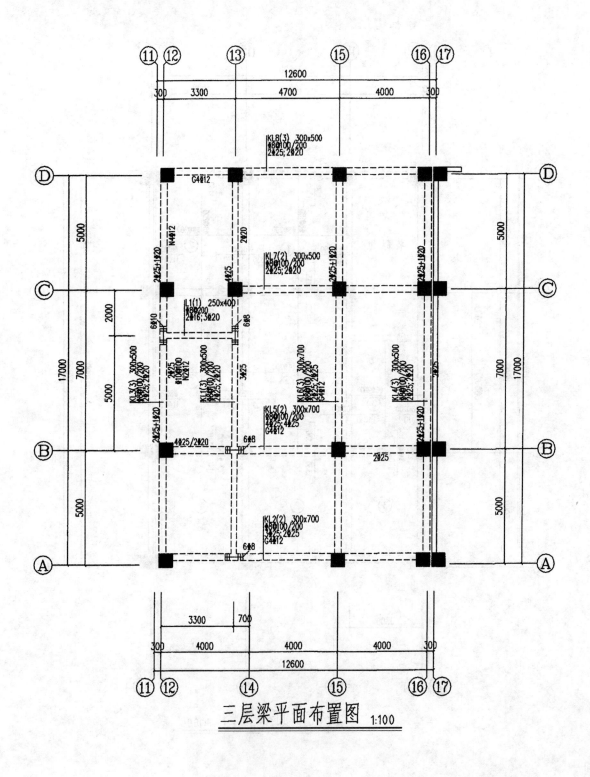

三层梁平面布置图 1:100

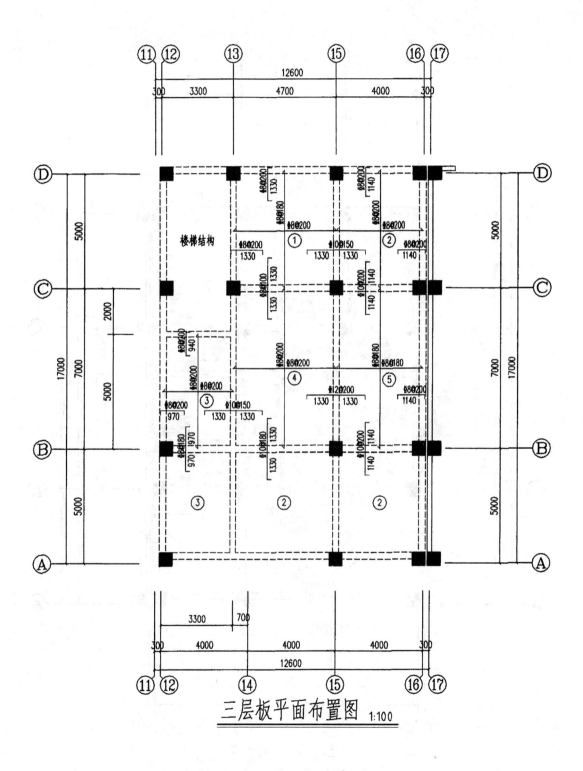

三层板平面布置图 1:100

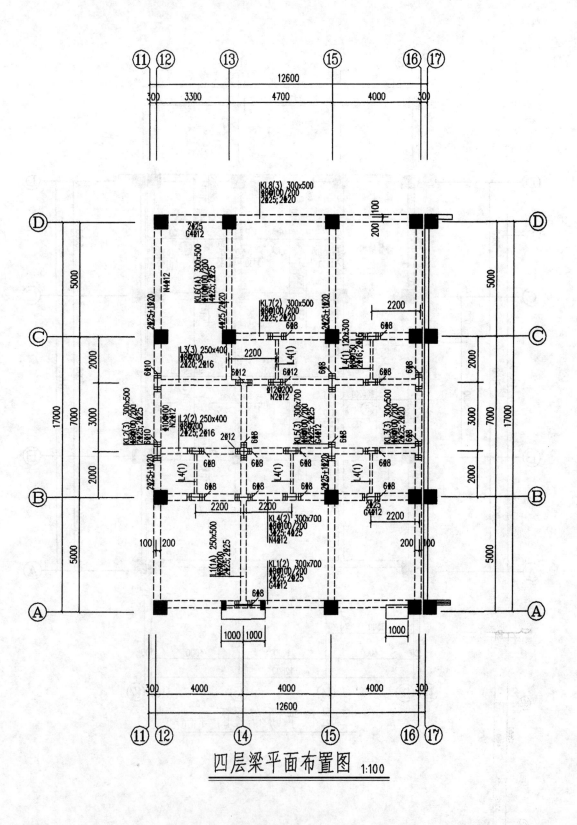

四层梁平面布置图 1:100

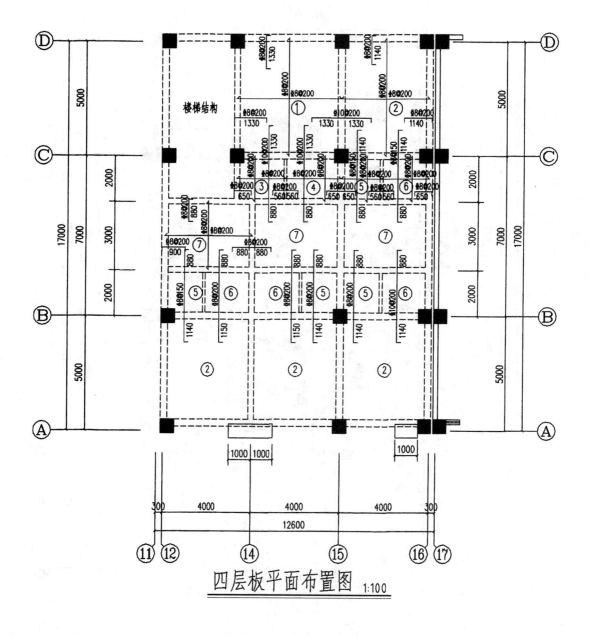

四层板平面布置图 1:100

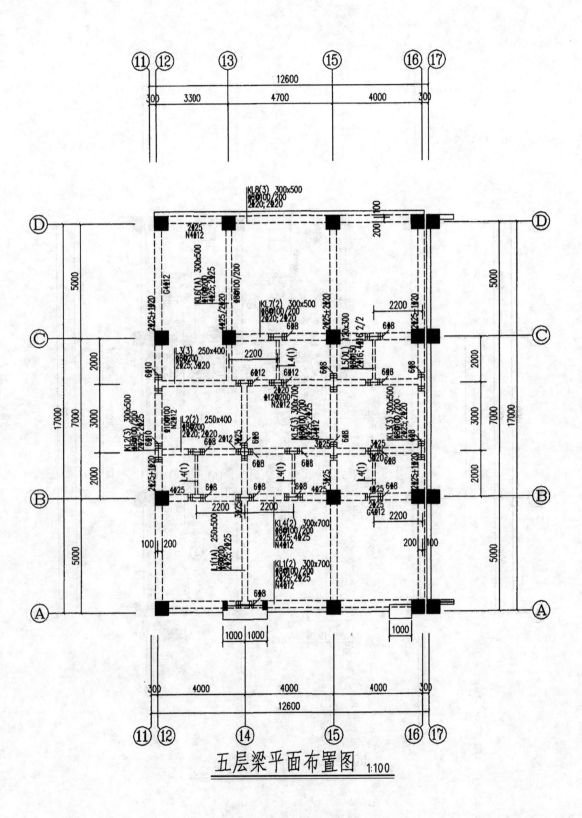

五层梁平面布置图　1:100

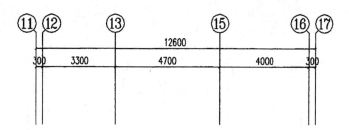

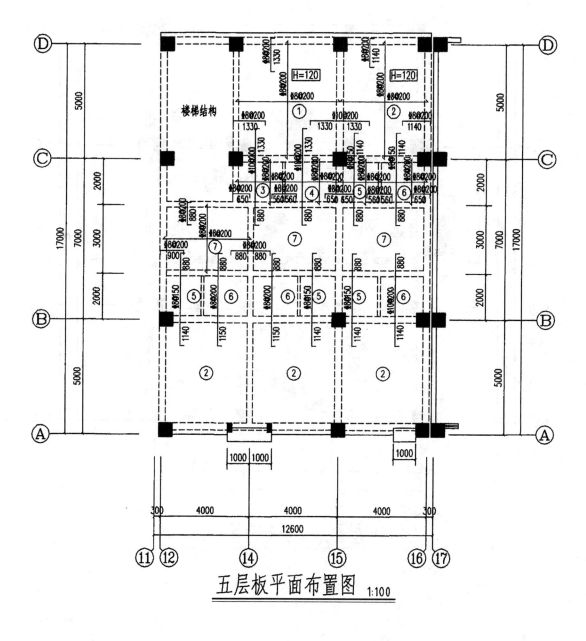

五层板平面布置图 1:100

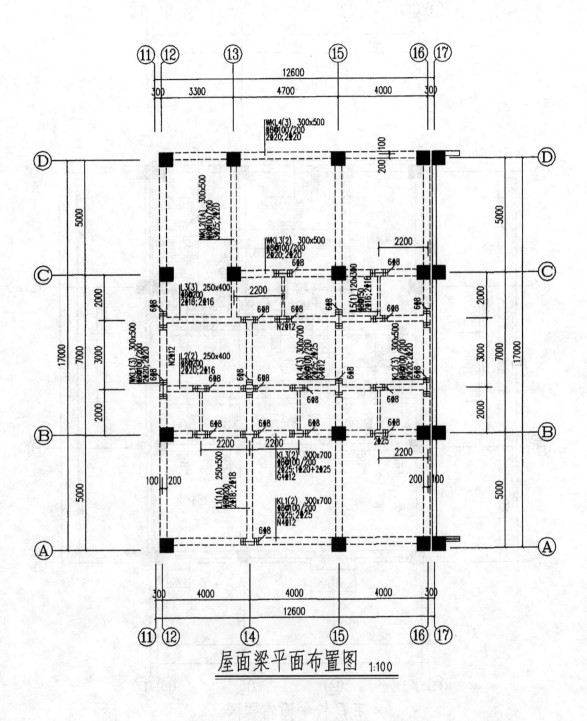

屋面梁平面布置图 1:100

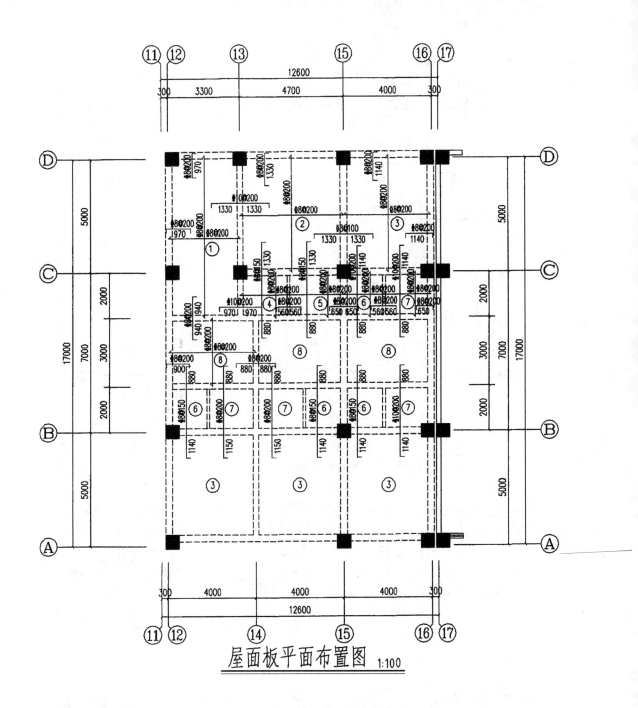

屋面板平面布置图 1:100

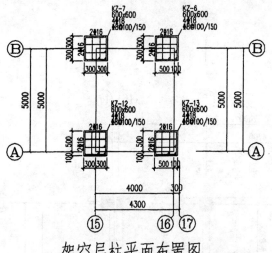

架空层柱平面布置图 1:100

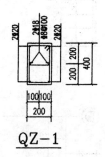

QZ-1

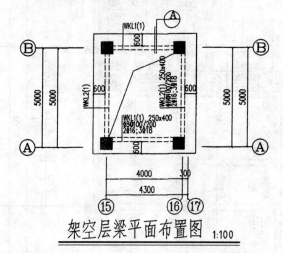

架空层梁平面布置图 1:100

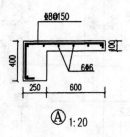

Ⓐ 1:20

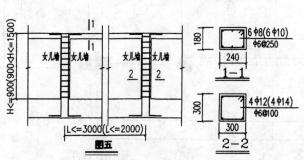

图五

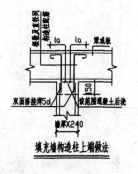

填充墙构造柱上端做法

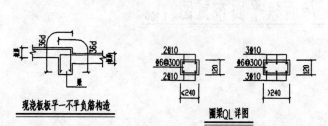

现浇板板平—不平负筋构造

圈梁QL详图

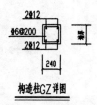

构造柱GZ详图

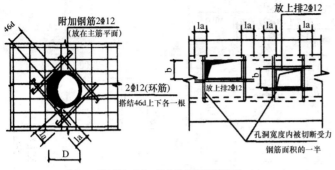

附加钢筋2Φ12
（放在主筋平面）

2Φ12（环筋）
搭结46d上下各一根

放上排2Φ12

孔洞宽度内被切断受力
钢筋面积的一半

0.3 m≤D(或b)<1.0 m板上的孔洞钢筋加固

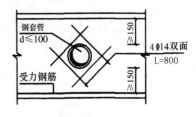

钢套管
d≤100

受力钢筋

4Φ14双面
L=800

框架梁内预埋套管大样

开洞位置应在弯距和剪力较小处。一般在
梁跨度的1/3处，且避开次梁集中力处。
开洞多孔并列时孔心间距不小于3倍孔径。

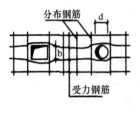

分布钢筋

受力钢筋

板上孔洞小于
0.3 m时的钢筋做法

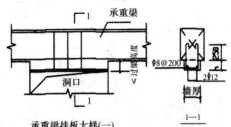

承重梁

洞口

Φ8@200

2Φ12

墙厚

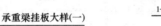

承重梁挂板大样(一)

1—1

Φ8@150
Φ8@150

2Φ12

墙厚

承重梁挂板大样(二)
用于较大洞口

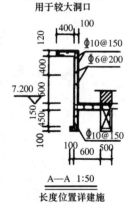

Φ10@150
Φ6@200

7.200

Φ10@150

A—A 1:50
长度位置详建施

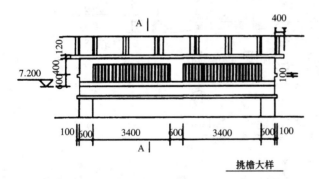

A

400

7.200

100 600 3400 600 3400 600 100

A

挑檐大样

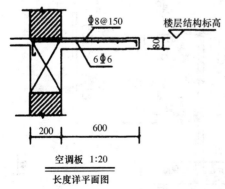

Φ8@150

6Φ6

楼层结构标高

200 600

空调板 1:20
长度详平面图

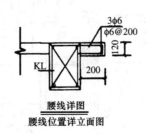

3Φ6
Φ6@200

KL

200

腰线详图
腰线位置详立面图

3Φ8道长
Φ8@250

200

窗台压顶 1:20

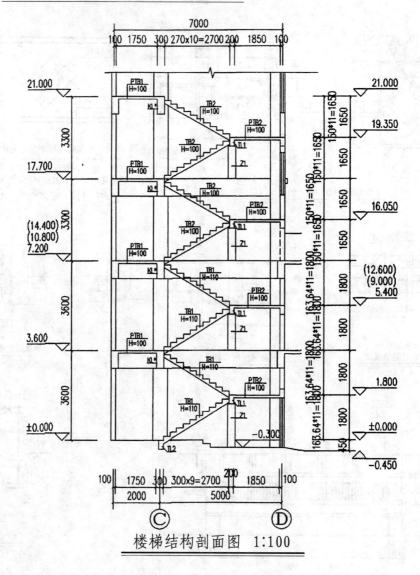

楼梯结构剖面图 1:100

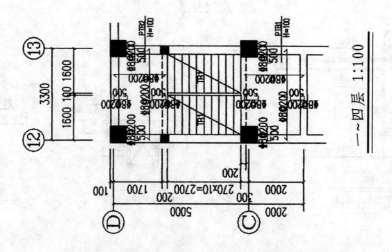

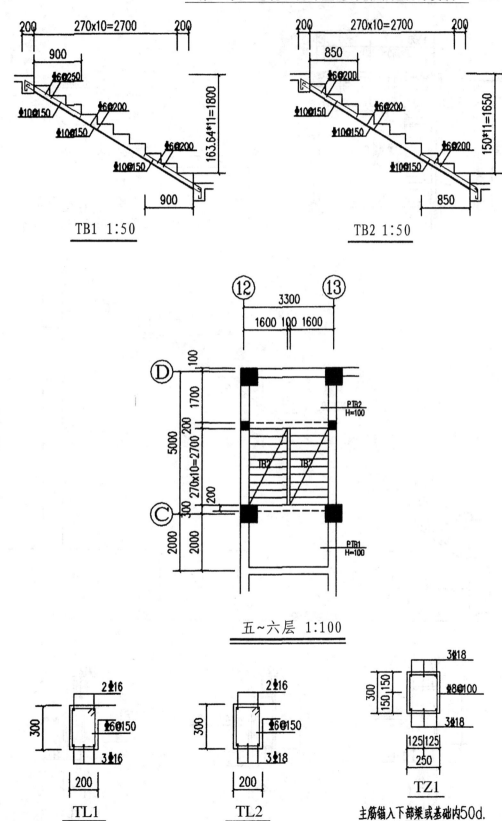

TB1 1:50

TB2 1:50

五~六层 1:100

TL1

TL2

TZ1

主筋锚入下部梁或基础内50d.

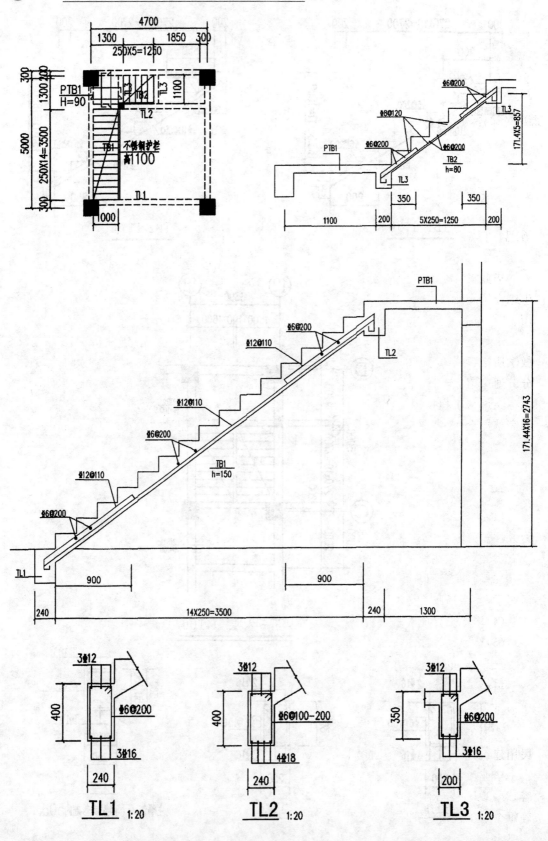

TL1 1:20　　　　TL2 1:20　　　　TL3 1:20

第6章 建筑工程计量与计价毕业设计资料

6.1 建筑工程计量与计价毕业设计任务书

毕业设计是完成和达到工程造价专业培养目标所必需的实践性教学环节,对于培养学生综合运用所学基础理论、基本知识、基本技能和解决实际问题的能力,具有十分重要的作用。

工程造价专业毕业设计阶段的业务技能训练是实现建筑工程相关专业培养目标、保证教学质量、培养合格人才的综合性实践教学环节,是整个教学计划中不可缺少的重要组成部分。通过毕业设计,应使学生在综合运用所学知识的过程中,了解建筑工程在招投标(工程招标文件与工程投标报价文件编制)中从事造价工作的全过程,从而建立理论与实践相结合的完整概念,提高在实际工作中从事建筑工程计量与计价工作的能力,培养认真细致的工作作风,使所学知识进一步得到巩固、深化和扩展,提高学生所学知识的综合应用能力和独立工作能力。

一、毕业设计的基本要求

(1)通过毕业设计应使学生具有调查研究、收集资料的能力;一定的理论分析与运算能力并注意进一步培养应用计算机的能力;工程计量与计价及编写说明书的能力。

(2)学生应在教师指导下按时独立完成所规定的内容和工作量。

(3)毕业设计说明书应包括与设计有关的阐述说明及计算,要求内容完整、计算准确、简洁明了,文字通顺、书写工整、装订整齐。提倡应用电算技术解决复杂技术问题。

(4)毕业设计应能较好地表达设计意图,应正确清晰,符合标准及有关规定。

(5)毕业设计文本按规范化要求装订。

二、毕业设计的选题

根据本专业实际工作的需要,学生通过设计,应会编制较复杂的建筑工程工程量清单和工程量清单计价表。

建设工程计量与计价毕业设计选题,以工程量清单编制和工程量清单计价为主线,选择民用建筑混合结构或框架结构工程,含有土建、装饰内容的施工图纸。

毕业设计题目可分为工程招标文件、招标控制价文件编制、工程投标报价文件编制等内容,2~3人一组,各完成一个设计题目,共同形成一个单项工程造价完整的文件,但必须明确每个人工程量计算任务。

三、毕业设计的具体内容

建筑工程计量与计价毕业设计具体内容包括：

1. 会审图纸

对收集到的土建、装饰施工图纸(含标准图)，进行全面的识读、会审，掌握图纸内容。

2. 工程招标文件编制

根据施工图纸和《房屋建筑与装饰工程工程量计算规范》，按表格方式手工计算清单工程量，编制工程量清单，根据标准招标文件格式编制工程招标文件。

3. 招标控制价文件编制

根据施工图纸、《建筑工程工程量计算规则》、《建筑工程消耗量定额》和施工说明等资料，按表格方式统计出建筑、装饰定额工程量。根据工程量清单、价目表等资料，上机编制招标控制价文件。

4. 工程投标报价文件编制

根据工程量清单、定额工程量，上机进行综合单价计算，确定工程投标报价文件。

四、毕业设计的步骤

1. 布置任务

布置建筑工程计量与计价毕业设计任务，发放毕业设计相关资料。

2. 审查施工图纸

学生通过看图纸(含标准图)，对图纸所描述的建筑物有一个基本印象，对图纸存在的问题全面提出，指导教师进行图纸答疑和问题处理。

3. 工程量清单的编制

根据《房屋建筑与装饰工程工程量计算规范》中的工程量计算规则，按收集的图纸的具体要求，进行各项工程量的计算，确定项目编码、项目名称，描述项目特征，编制工程量清单。

4. 定额工程量计算

根据施工图纸和《建筑工程工程量计算规则》，按表格方式手工计算，并统计出建筑、装饰工程量，列出定额编号和项目名称。

5. 工程量清单计价(上机操作)

对工程量清单进行仔细核对，将工程量清单所列的项目特征与实际工程进行比较，参考《建筑工程工程量清单计价规则》，对工程量清单项目所关联的工程项目的定额名称和编号进行挂靠，利用工程量清单计价软件，进行工程量清单计价。如有不同之处应考虑换算定额或做补充定额。对照现行的《建筑工程价目表》和《建筑工程费用项目组成及计算规则》，查出工料机单价(不需调整)及措施费、管理费、利润、规费、税金等费率，进行工程造价计算，决定投标报价值。

6. 打印装订

经检查确认无误后，存盘、打印，设计封面，装订成册。

五、毕业设计内容时间分配表

毕业设计安排在最后一学期，时间为 8 周。时间分配见表 6-1。

表 6-1　　　　　　　　　　　　毕业设计内容时间分配表

内　容	周	说　明
布置课程实训任务	0.5	全面了解设计任务书
会审图纸	0.5	收集有关资料,看图纸
编制工程量清单	2	用表格计算清单工程量
定额工程量计算	3	用表格计算建筑、装饰工程量
工程量清单计价	1	用计算机计算
整理资料	1	按要求整理、打印装订
合　计	8	答辩前 2 天完成

六、需要准备的资料和毕业设计成果要求

1. 需要准备的资料

(1)某工程图纸一套及相配套的标准图;

(2)《建筑工程工程量清单计价规范》、《房屋建筑与装饰工程工程量计算规范》;

(3)《建筑工程工程量计算规则》

(4)《企业定额》或《建筑工程消耗量定额》;

(5)《建筑工程价目表》;

(6)《建筑工程费用项目组成及计算规则》;

(7)《建筑工程工程量清单计价规则》;

(8)《建筑工程计量与计价实务》、《建筑工程计量与计价学习指导实训》等教材及《建筑工程造价工作速查手册》等相关手册。

2. 毕业设计成果要求

学生在规定时间内,在教师指导下独立完成毕业设计工作,最后提交毕业设计文本。

毕业设计要求学生根据工程量清单计价计量规范和相关定额,编制工程量清单和工程量清单计价。本着既节约费用,又能呈现出一份较完整资料的原则,需要打印的表格及成果资料应该有:

(1)工程量清单 1 套(含毕业设计成果封面、招标工程量清单封面、招标工程量清单扉页、工程计价总说明、分部分项工程量清单与计价表、单价措施项目清单与计价表、总价措施项目清单与计价表、其他项目清单与计价汇总表、暂列金额明细表、材料暂估单价及调整表、规费和税金项目计价表等)。

(2)工程量清单计价,建筑和装饰各 1 套(投标报价文件含投标总价封面、投标总价扉页、工程计价总说明、单位工程费汇总表、分部分项工程量清单与计价表、单价措施项目清单与计价表、总价措施项目清单与计价表、其他项目清单与计价汇总表、规费和税金项目计价表等;如果打印量不大,也可打印部分有代表性的工程量清单综合单价分析表和综合单价调整表)。

(3)工程量计算单底稿(手写稿)1 套,附封面。

七、封面格式

××××学校
建筑工程计量与计价毕业设计

建筑工程量清单与工程量清单报价

（正本）

工程名称：

院　　系：
专　　业：
指导教师：
班　　级：
学　　号：
学生姓名：
起止时间：　　自　　　年　月　日至　　　年　月　日

6.2　建筑工程计量与计价毕业设计指导书

一、编制说明

1.内容

(1)工程招标文件编制；

(2)清单工程量计算；

(3)定额工程量计算；

(4)工程招标控制价文件编制；

(5)工程投标报价文件编制。

2.依据

某工程施工图纸和有关标准图；《建设工程工程量清单计价规范》、《房屋建筑与装饰工程工程量计算规范》、《建筑工程工程量计算规则》、企业定额或建筑工程消耗量定额、费用定额、《建筑工程价目表》和《建设工程价目表材料机械单价》。

3.目的

通过该工程的计量与计价毕业设计，使学生基本掌握工程量清单编制和工程量清单计价文件编制的方法和基本要求。

4.要求

在毕业设计老师的指导下，手工计算工程量，用计算机进行工程量清单和工程量清单计价文件的编制。

二、建筑设计说明

1. 工程概况

(1)本工程底部为储藏室及设备用房,地上一层至六层为住宅。

(2)抗震烈度按六度设防,耐火等级为二级。

2. 墙体工程

(1)本工程为砖混结构,承重墙为 240 mm 厚煤矸石烧结多孔砖。

(2)非承重墙采用轻集料混凝土空心砌块,100 系列(住宅户内隔墙)。

3. 门窗工程

(1)本工程首层单元入口处,设电控对讲防盗门;首层外门窗均加防盗措施,由用户自理。

(2)外墙玻璃距楼面高度 900 mm 以下内外两侧和面积大于 1.5 m² 的单块玻璃使用中空安全玻璃。

(3)所有外窗均为双层节能中空玻璃外窗,空隙层厚度大于等于 12 mm,可开启,均带纱窗。

(4)外门窗采用塑钢节能门窗,阳台门为推拉门,外窗为推拉窗,部分平开窗参考选用 C 型 65 系列平开门窗。

(5)户内各房间门只留洞口,门由住户自理,门洞口预埋混凝土块,门高 2100 mm。

(6)公共部分外窗窗下墙高度小于 900 mm 者,均需设护窗栏杆,栏杆距地高度 900 mm,间距 110 mm,栏杆扶手为不锈钢扶手。

(7)户内外窗(包括凸窗)窗下墙高度小于 900 mm 者,900 mm 以下为固定扇,均需设护窗栏杆,栏杆距地高度 900 mm;户内阳台均需设护窗栏杆,栏杆距地高度 1100 mm,间距 110 mm,栏杆扶手为不锈钢扶手。

(8)防火门均为钢制喷漆、仿木色、带闭门器、不带锁、双扇门加顺序器。

4. 防水工程

(1)本工程屋面为不上人屋面,屋面做法见标准图 L06J002 屋 15,见建筑做法说明。

(2)卫生间及有洗衣机的阳台:地面采用聚合物水泥基防水涂料,涂膜厚大于 2 mm,门口处刷出 300 mm 宽,墙角处刷 300 mm 高。卫生间内墙刷 1800 mm 高。

(3)凡楼面做防水的房间,穿楼板立管处均做套管,高出地面 40 mm,立管安装后,缝隙用建筑密封胶堵严。

5. 外装修工程

(1)本工程外墙部分采用灰色外墙面砖,规格为 145 mm×45 mm×5 mm,缝宽 5 mm,水泥砂浆擦缝;部分采用外墙涂料,做法见建筑做法说明。具体部位见建筑立面图。

(2)外墙铝合金百叶的设计加工安装应符合行业标准,且通风遮减量小于 30%。

6. 内装修工程

(1)本工程室内装修要求完成毛坯房标准,并应符合国家行业验收标准。

(2)室内抹灰、涂料和釉面砖饰面做法见建筑做法说明。

7. 油漆工程

(1)本工程露明的铁件均刷防锈漆一遍,罩面调和漆三遍;非露明的铁件均刷防锈漆两遍。金属件做法见 05J909 油 25,木制件做法见 05J909 油 11。

(2)栏杆、百叶窗采用静电喷涂,成品安装。

8. 其他工程

(1)本工程厨房、卫生间通风道选用 07J916-1 中 B 型排气道,截面尺寸对应层数选用,具体见单元图。

(2)雨水管采用φ100 mm 塑料落水管,具体位置见平面图。

(3)厨房、卫生间、阳台凡有防水要求的楼地面必须设置柔性防水隔离层。

(4)厨房、卫生间、阳台凡有防水要求的楼板周边除门洞外,应做上翻高度不小于 180 mm 的混凝土防水台,且与楼板统一浇筑,具体做法见图 6-1。

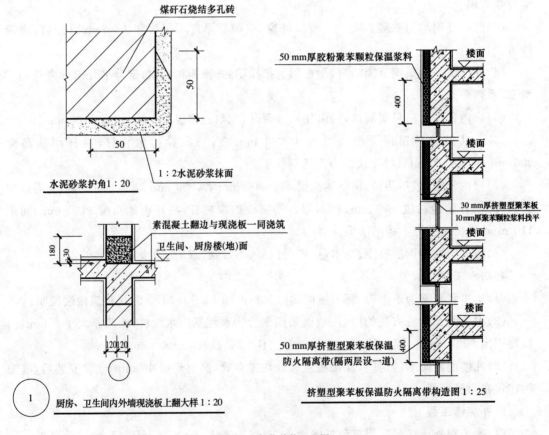

图 6-1　部分其他工程图

(5)凡外墙洞口部位均做上翻高度不小于 120 mm 的混凝土挡台,与圈梁一同浇筑,具体做法见详图。

10. 标准图集参考目录 (表 6-2)

表 6-2 　　　　　　　　　　　　　采用标准图集

序号	套用标准图集	名　　称	备注
1	L06J002	建筑工程做法	省标
2	L92J601	木门	省标
3	L99J605	PVC 塑料门窗	省标
4	L96J901	室内装修	省标
5	L03J004	室外配件	省标
6	L96J401	楼梯配件	省标
7	L01J202	屋面	省标
8	L02J101	墙身配件	省标
9	L08J107	住宅防火型垂直排烟气系统	省标
10	L02J902—903	住宅厨房与卫生间	省标
11	L96J003	卫生间配件及洗漱池	省标
12	L06J113	居住建筑保温构造详图(节能)65%	省标
13	00J202—1	坡屋面建筑构造(一)	国标
14	L07SJ906	太阳能热水系统建筑一体化设计与应用	省标
15	L96J606	防火门	省标
16	L04J006	建筑无障碍设计	省标

11. 建筑做法说明 (表 6-3)

表 6-3 　　　　　　　　　　　　　建筑装修表

除注明外,建筑做法均选用图集 L06J002(图纸中已有设计均按具体设计做法) 　　　　　(mm)

项目	做法名称	做法编号	适用范围	备注
散水	混凝土散水	散 1	建筑物室外周边	宽度 900
坡道	带齿槽混凝土坡道	参坡 4	所有出入口室外坡道	
地面	混凝土防水地面	地 6	用于储藏室地面	
楼面	水泥砂浆楼面	参楼 16	除卫生间、洗刷间、阳台外	
	铺地砖地面(防滑)	参楼 17	洗刷间、卫生间、阳台	
外墙面	涂料外墙	外墙 9	详见各立面图	
	贴保温板		构造做法详见 L06J107	
踢脚	水泥砂浆踢脚	踢 1	除厨房、卫生间、洗刷间外	高度 150
内墙面	内墙漆墙面	内墙 4	除厨房、卫生间、洗刷间外	内墙涂料二道
	釉面砖内墙面	内墙 28	厨房、卫生间、洗刷间	高度至板底
	聚氨酯涂膜内墙面		各楼层靠近洗刷间、厕所一侧墙体涂 300 高	
顶棚	混合砂浆顶棚	棚 4	除厨房、卫生间、洗刷间、阳台外	外罩白色内墙涂料
	水泥砂浆顶棚	棚 3	厨房、卫生间、洗刷间、阳台	外罩白色防水内墙漆
	轻钢吊顶	棚 8	16.500　标高平面图	用户自理
油漆	金属面油漆	涂 11	楼梯栏杆等金属构件	银灰色
	木材面油漆	涂 1	户内木门	奶白色
层面	不上人平面层	屋 15	50 厚挤塑型聚苯板保温、合成高分子防水材料	

12. 门窗表(表 6-4)

表 6-4　　　　　　　　　　　　　　门窗表　　　　　　　　　　　　　(mm)

门窗类型	门窗编号	洞口尺寸（宽×高）	门窗数量					安装方法	备注
			储藏室	一层	二～五层	顶层	合计		
防火门	FM0820 丙	800×2000	2	2	8	2	14	成品订制安装	丙级,管道井防火门,下槛100
外门	JLM1	2400×1800	4				4	成品订制安装	车库卷帘门
	WM0818	800×1800	2				2	成品订制安装	丙级,管道井防火门,下槛100
	WM1018	1000×1800	2				2	成品订制安装	储藏室外门
	WM1218	1200×1800	4				4	成品订制安装	储藏室外门
	WM1221-DK	1200×2100	1				1	成品订制安装	楼门,带门禁控制系统
门	HM1021	1000×2100		2	8	2	12	成品订制安装	户门,三防门
	M0821	800×2100		2	8	2	12	成品订制安装	厨房门
	M0821′	800×2100		2	8	2	12	成品订制安装	卫生间门
	M0921	900×2100		4	16	4	24	成品订制安装	卧室门
	STM2423	2400×2300		2	8	2	12	成品订制安装	阳台门
窗	C0814	800×1400		2	8	2	12	见门窗大样	平开窗
	C1014	1000×1400		2	8	2	12	见门窗大样	平开窗
	C1514	1500×1400		2	8	2	12	见门窗大样	平开窗
	PC1220	(1200+600)×2000		2	8	2	12	见门窗大样	飘窗
	PC1820	(1800+600)×2000		2	8	2	12	见门窗大样	飘窗
	PC3	1200×4090					2	见门窗大样	楼梯飘窗
	PC3a	1200×2700					1	见门窗大样	楼梯飘窗
	YTC1	(3840+830)×2000		2	8		10	见门窗大样	阳台窗
	YTC1a	(3840+1430)×2000				2	2	见门窗大样	阳台窗

13. 图纸附注说明

(1)本工程图中外围护墙体为 240 mm 厚煤矸石烧结多孔砖,阳台栏板墙为 120 mm 厚,内墙除 120 mm 厚煤矸石烧结多孔砖外,均为 240 mm 厚煤矸石烧结多孔砖,轴线居中。墙垛除注明外,均出墙 120 mm 厚。

(2)所有未标注内门,门洞高度均为 2100 mm;所有户内未标注的洞口高度均为 2300 mm。

(3)弱电箱、配电箱在墙上留洞详见结构图。当嵌入墙体内时,在箱体背后加贴防火板,耐火极限不小于 2 h。

(4)储藏室内严禁存放和使用火灾危险性为甲、乙类物品。

三、结构设计说明

1. 工程概况

(1)本工程结构体系为砌体结构,主体地上层数为六层,主体高度 18.99 m。

（2）建筑结构等级二级，地基基础设计等级丙级，设计使用年限 50 年，砌体施工质量控制等级 B 级，抗震烈度按六度设防。

2. 主要材料技术指标

（1）混凝土强度等级：混凝土垫层 C15，基础及基础梁 C30，储藏室层梁 C30，一层及以上梁、柱、板、楼梯 C25。

（2）砌体材料：基础墙体～地面部分采用 MU15 煤矸石烧结实心砖，M10 水泥砂浆砌筑；储藏室～二层部分采用 MU15 煤矸石烧结实心砖，M10 混合砂浆砌筑；二层以上部分采用 MU15 煤矸石烧结实心砖，M7.5 混合砂浆砌筑。

（3）墙体均先砌墙后浇构造柱，按要求设马牙槎，见 L03G313 第 5 页。构造柱纵筋伸入钢筋混凝土条形基础内长度为 $40d$（d 为钢筋直径）。

（4）防潮层做法：采用 1：2.5 防水水泥砂浆（掺入水泥重量 5% 的防水剂）抹 20 mm 厚。基础墙体双面抹 1：2.5 防水水泥砂浆 30 mm 厚，并与防潮层相结合，如室外地面比室内地面高，则外墙面防水砂浆要高出地面不小于 300 mm。

3. 地基与基础

（1）地基为天然地基，地基持力层为黏土，基础为筏板基础。墙下混凝土条形基础分布钢筋伸入柱基内的长度为 300 mm。

（2）基坑采用机械大开挖方式，挖掘机挖土，载重汽车运土，基坑周边采用喷射混凝土防止产生滑坡。

（3）基坑回填：防水层工程周围 800 mm 以内宜用灰土回填，其他部分采用黏土回填。

4. 混凝土主筋保护层及钢筋连接锚固

（1）纵向受力钢筋混凝土保护层厚度应不小于钢筋的公称直径，且板保护层为 15 mm，梁保护层为 25 mm，柱保护层为 30 mm，基础保护层为 40 mm。

（2）对于纵向受力钢筋的连接，当受力钢筋直径 $d \geqslant 22$ mm 时，宜优先采用机械连接接头；当受力钢筋直径 $d < 22$ mm 时，可采用绑扎连接接头或焊接接头。

（3）在搭接区段范围内，箍筋必须加密，间距取搭接钢筋较小直径的 5 倍和 100 mm 两者之中的较小值。

5. 梁和板构造要求

（1）支承在砌体结构上的钢筋混凝土独立梁，在纵向受力钢筋的锚固长度 l_{as} 范围内应配置不少于两个箍筋。

（2）板的底部钢筋伸入支座 $\geqslant 5d$，且应伸过支座中心线。板的中间支座上部钢筋（负筋）两端直钩长度为板厚减两个保护层。板的边支座负筋在梁内锚固长度应满足受拉钢筋的最小锚固长度 l_a，见图 6-2。

（3）支座两侧的楼板面标高相差 $\Delta h \leqslant 30$ mm 时，钢筋可以弯折不断开；$\Delta h > 30$ mm 时，钢筋作分离处理，板面筋必须满足锚固长度要求，见图 6-3。

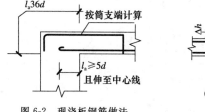

图 6-2　现浇板钢筋做法

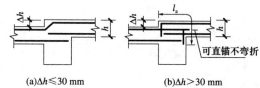

(a)$\Delta h \leqslant 30$ mm　　　(b)$\Delta h > 30$ mm

图 6-3　板面标高不同处钢筋连接做法

（4）楼板内的设备预埋管上方无板面筋时，沿预埋管走向设置板面附加钢筋网带，网带取φ6@150×200 mm，最外排预埋管中心至钢筋网带边缘水平距离为150 mm，见图6-4。

（5）未注明楼板支座面筋长度标注尺寸界线时，板面筋下方的标注数值为面筋自梁（混凝土墙、柱）边起算的直段长度，见图6-5。

（6）楼面板、屋面板开口处，当洞口长边b（直径φ）小于或等于300 mm时，钢筋可绕过不截断；当300 mm<b（直径φ）≤700 mm时，按图6-6设置①号加强钢筋，板底和板面分别为：板厚h≤120 mm时，设置2Φ12；板厚120 mm<h≤150 mm时，设置2Φ14；板厚150 mm<h≤250 mm时，设置2Φ16。梁上开洞补强钢筋见图6-7。

（7）楼板阳角附加钢筋，见图6-8。

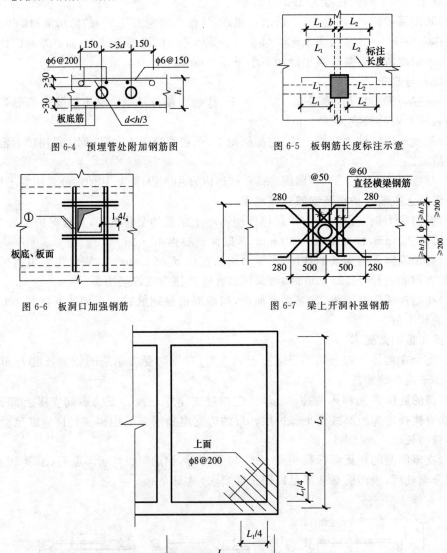

图6-4 预埋管处附加钢筋图

图6-5 板钢筋长度标注示意

图6-6 板洞口加强钢筋

图6-7 梁上开洞补强钢筋

图6-8 楼板阳角附加钢筋

(8)过梁配筋见表 6-5,圈梁和其他构件配筋见图 6-9。

表 6-5　　　　　　　　　　　过梁选用表

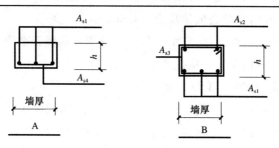

洞口宽度(L)	截面类型	h	A_{s1}	A_{s2}	A_{s3}	A_{s4}
$L \leqslant 900$	A	90	2φ10			φ6@200
$900 < L < 1200$	B	190	2φ12	2φ10	φ6@200	
$1200 < L < 1500$	B	190	3φ12	2φ12	φ6@200	
$1500 < L < 1800$	B	190	3φ14	2φ12	φ6@200	
$1800 < L < 2400$	B	290	3φ14	2φ12	φ6@150	
$2400 < L < 3000$	B	290	3φ16	2φ12	φ6@150	

备　注

过梁支承长度每端为 250 mm
过梁总长度为洞口宽度加 500 mm
过梁遇其他混凝土构件时应现浇筑

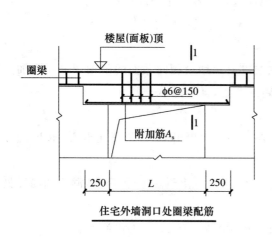

住宅外墙洞口处圈梁配筋

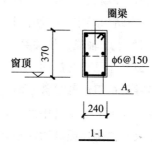

1-1

洞口宽度L	附加筋A_s
≤1500	2φ12
1500<L<2400	2φ14
2400<L<3000	3φ14
3000<L<3600	3φ16

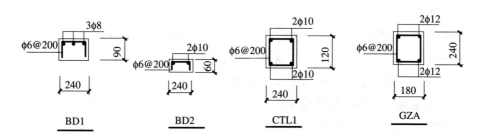

图 6-9　圈梁和其他构件配筋

6.基础图纸附注说明

(1)基础筏板厚 450 mm,下设 100 mm 厚 C15 素混凝土垫层。

(2)除基坑及注明外,基础底板标高为-4.800 m。

(3)设备及电气管线在施工时,应结合其他专业图纸预埋钢套管。

(4)基础筏板构造措施及施工执行图集 16G101-3。

(5)独立基础基底标高为-3.000 m。

(6)基础筏板按 16G101-3 平法图集施工;独立基础按 16G101-3 平法图集施工。

(7)钢筋锚固长度、搭接长度、保护层厚度见图集 16G101-3。

7.梁、柱图纸附注说明

(1)所有梁除注明外,均居轴线中布置,沿外墙周围设圈梁。

(2)本图需配合图集 16G101-1 共同使用。

(3)未经注明集中力处附加 $2×3\phi D@50$(D 同梁箍筋)。

(4)地面以上各层构造柱相同,仅在储藏室结构层进行标注。

(5)梁支承长度≥240 mm。

(6)图中有 A1 和 B2 两种单元形式,相应位置未标示时可互相参考。

(7)各层仅外墙做一道圈梁,首层做 QL1,标准层做 QL2。

(8)储藏室结构层中未注明的柱均为 GZ1,其他各层相同。

(9)单元关于⑦轴成镜像关系,故仅对左半部分进行标注。

(10)挑板尺寸见板配筋图。

(11)当圈梁被门窗洞口截断时,应在洞口上部增设相同截面的附加圈梁。附加圈梁与圈梁的搭接长度不应小于其中到垂直间距的 2 倍,且不得小于 1 m。

8.楼板及其他构件图纸附注说明

(1)未经注明的板通长筋遇降板及大洞口时自动断开,分段布置通长筋,长度随楼板外形尺寸变化。

(2)未注明洞口位置及大小的详见建筑图,洞口一律预留,不得后凿,洞边加筋详见总说明。

(3)现浇楼面板平面整体表示方法及构造详图见 16G101-1 相关规定。

(4)板上管道留洞,结构施工时钢筋预留甩出,不截断,待管道施工完毕用高一标号混凝土加膨胀剂后浇筑。

(5)除注明外,楼板板底配筋均采用 Φ8@200 双向,板厚 120 mm。

(6)板上未特殊注明的支座非贯通筋为增配的钢筋。

(7)材料及构造做法详见结构设计总说明。

(8)阳角附加筋构造详见结构设计总说明。

(9)WB 附加 $\phi 8@150$ 的用温度收缩构造钢筋。

(10)各层仅外墙做一道圈梁,首层做 QL1,标准层做 QL2。

(11)单元关于⑦轴成镜像关系,故仅对左半部分进行标注。

(12)WB上人孔边附加加强筋。做法及直径参见结构设计总说明。

四、施工说明

(1)施工单位:××建筑工程责任有限公司(一级建筑企业)。

(2)施工驻地和施工地点均在市区内,相距 10 km。

(3)设计室外地坪与自然地坪基本相同,现场无障碍物、无地表水;基坑采用挖掘机挖土,载重汽车运土,运距 200 m,其他部分采用人工开挖,手推车运土,运距 100 m;机械钎探(每米 1 个钎眼);坑底采用碾压机械碾压。

(4)模板采用竹胶模板,钢支承;钢筋现场加工;混凝土为商品混凝土。

(5)脚手架均为金属脚手架;采用塔吊垂直运输和水平运输,装修阶段采用井字架上下运输。

(6)人工费单价按当地造价主管部门规定计算;材料价格、机械台班单价均执行价目表,材料和机械单价不调整。

(7)措施费主要考虑安全文明施工、夜间施工、二次搬运、冬雨季施工、大型机械设备进出场及安拆费。其中临时设施全部由乙方按要求自建。水、电分别为自来水和低压配电,并由发包方供应到建筑物中心 50 m 范围内。

(8)预制构件均在公司基地加工生产,汽车运输到现场。

(9)施工期限合同规定:自 5 月 1 日开工准备,12 月底交付使用。

(10)其他未尽事项可以根据规范、规程及标准图选用,也可由教师给定。

五、打印装订要求

将上机做好的毕业设计文件保存到移动硬盘上,在装有工程造价软件的计算机上打印出建筑工程计量与计价毕业设计文件。或将工程造价文件的表格转换成 Excel 文件,表格调整完成后转换成 PDF 文件,保存到移动硬盘上,在装有打印机的任何计算机上打印出毕业设计,不符合要求的单页可重新设计打印。

毕业设计资料编制完成后,合到一起,装订成册。装订顺序为封面、招标工程量清单扉页、工程计价总说明、分部分项工程量清单与计价表、单价措施项目清单与计价表、总价措施项目清单与计价表、其他项目清单与计价汇总表、暂列金额明细表、材料暂估单价及调整表、规费和税金项目计价表,以及建筑、装饰工程报价的封面、投标总价扉页、工程计价总说明、单项工程投标报价汇总表、单位工程投标报价汇总表、分部分项工程量清单与计价表、单价措施项目清单计价表、总价措施项目清单计价表、其他项目清单与计价汇总表、规费和税金项目计价表等。建筑和装饰工程取费基数不同,一般应分开,建筑工程报价在前,装饰工程报价在后。所有资料均采用 A4 纸打印,并将工程量计算单底稿(手写稿)整理好,附毕业设计资料后面备查。底稿一般不要求重抄或打印。因此,手写稿格式要统一,最好用工程量计算单或 A4 纸计算;各分项工程量计算式之间要留有一定的修改余地,各个分部工程内容之间要留有较大的空白,以便漏项的填补;还要注意页边距的大小,不要影响到装订。为了便于归档保存,底稿不要用铅笔书写,装订时请不要封装塑料皮。

6.3 毕业设计实训图纸

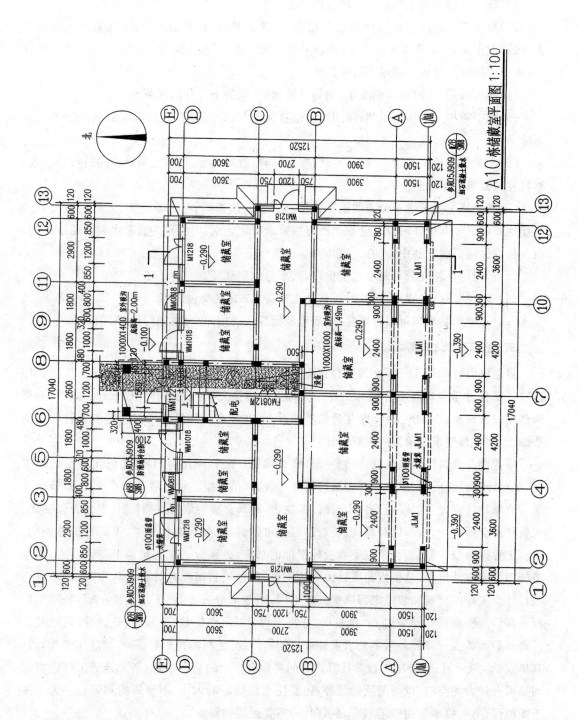

A10栋储藏室平面图 1:100

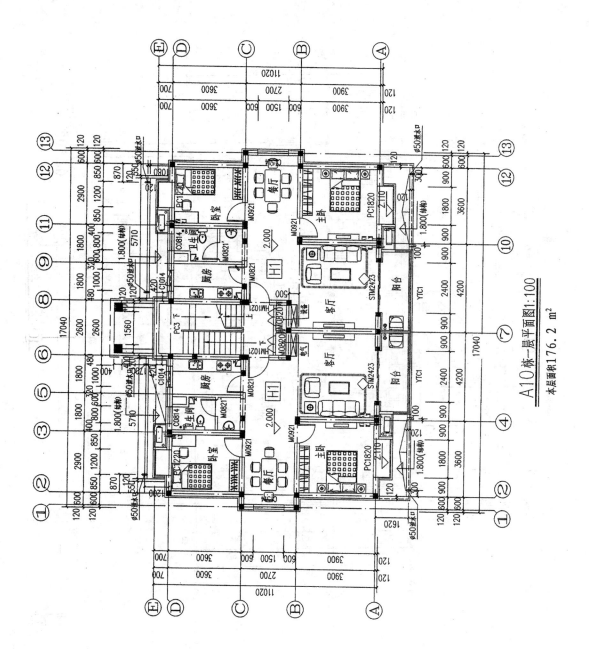

A10栋一层平面图1:100

本层面积176.2 m²

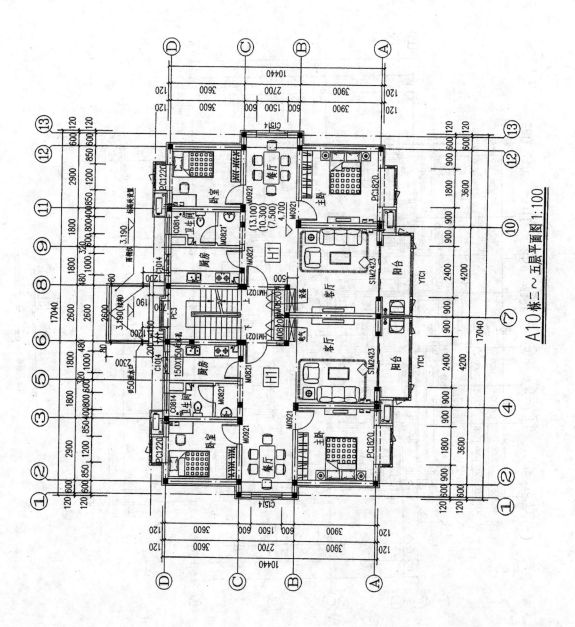

A10栋二~五层平面图 1:100

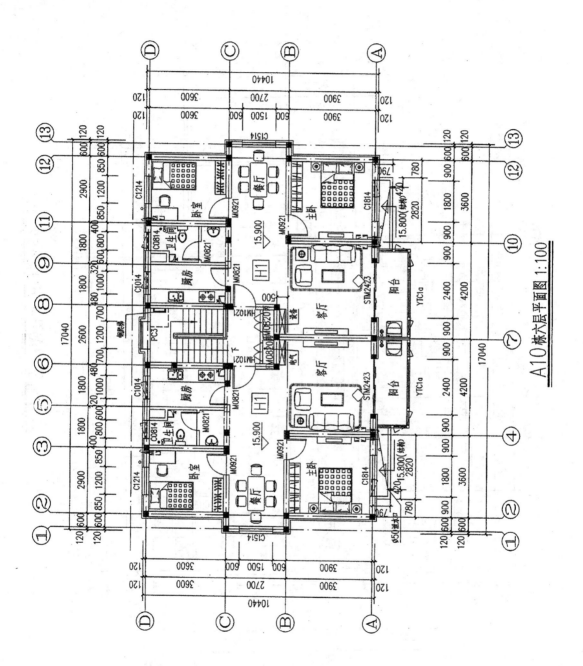

A10栋六层平面图 1:100

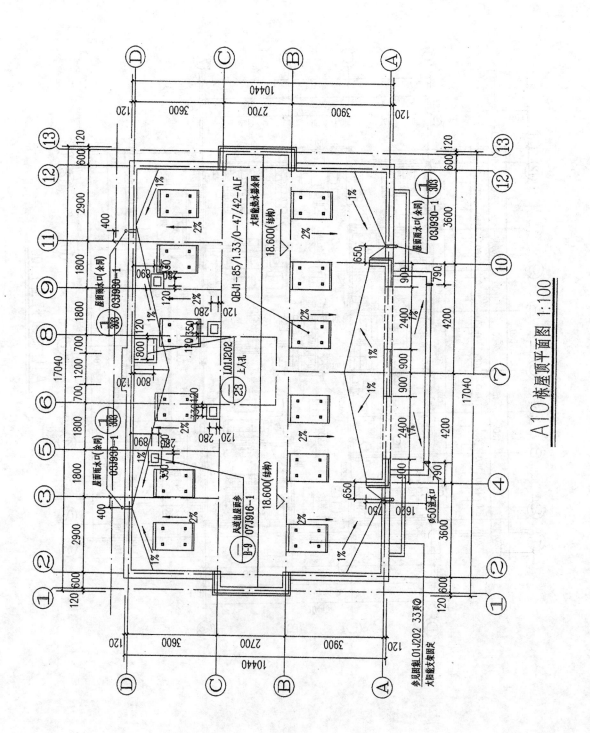

A10栋屋顶平面图 1:100

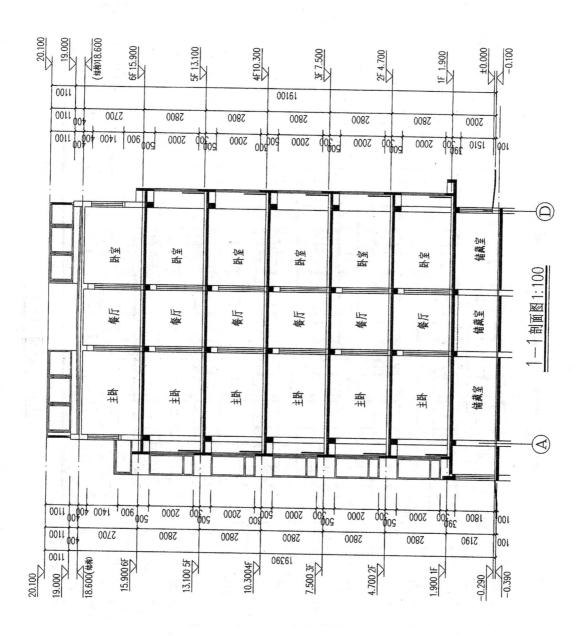

1—1 剖面图 1:100

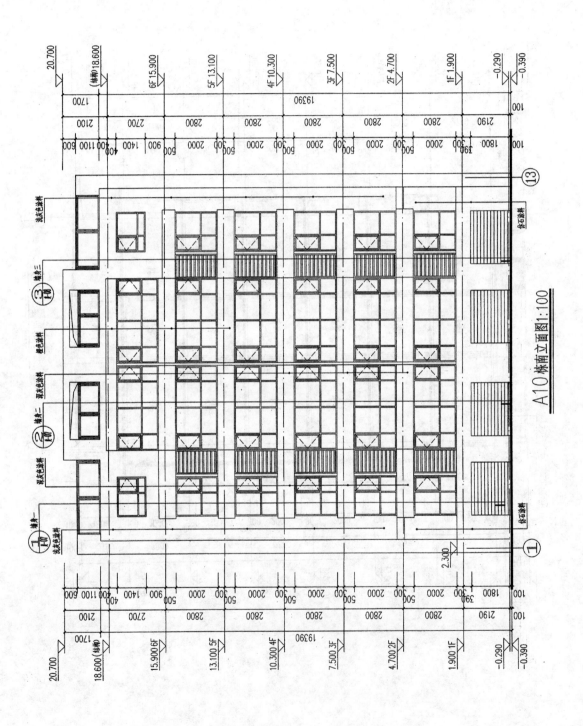

A10栋南立面图1:100

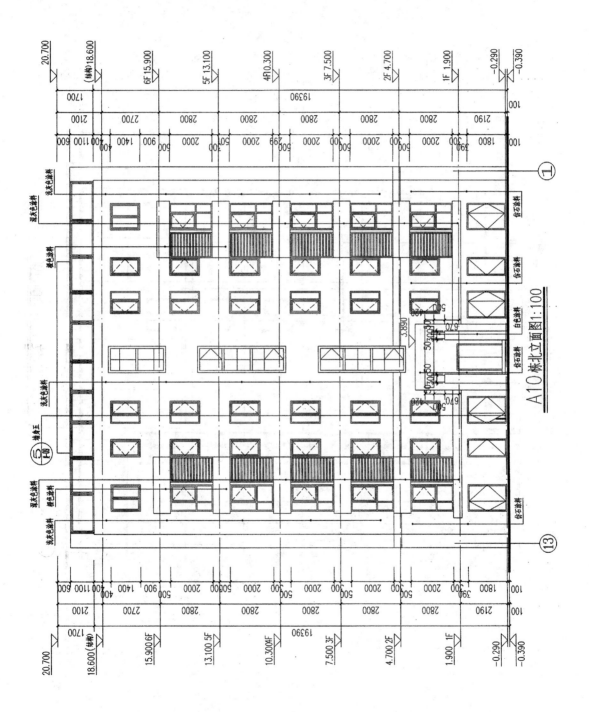

A10栋北立面图1:100

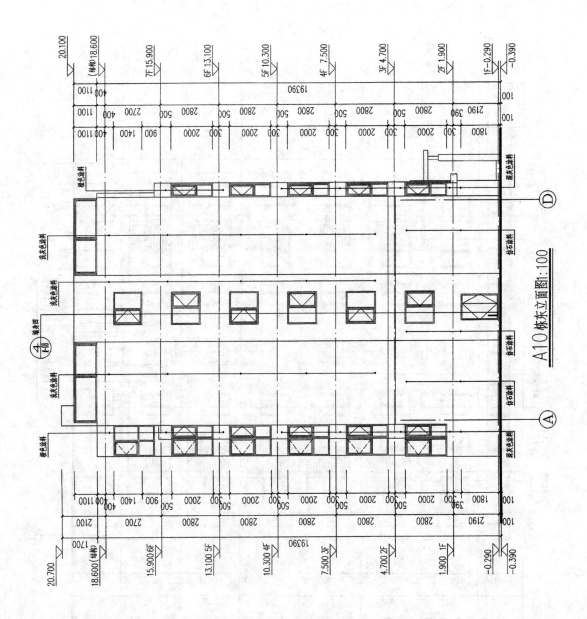

A10栋东立面图1:100

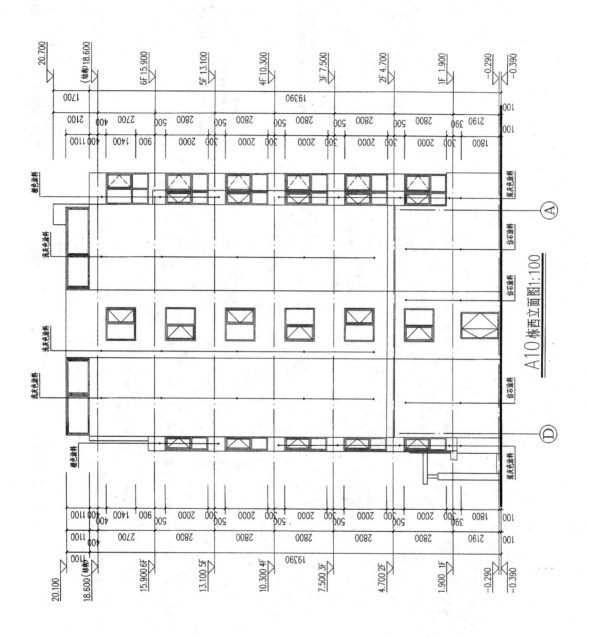

A10 栋西立面图 1:100

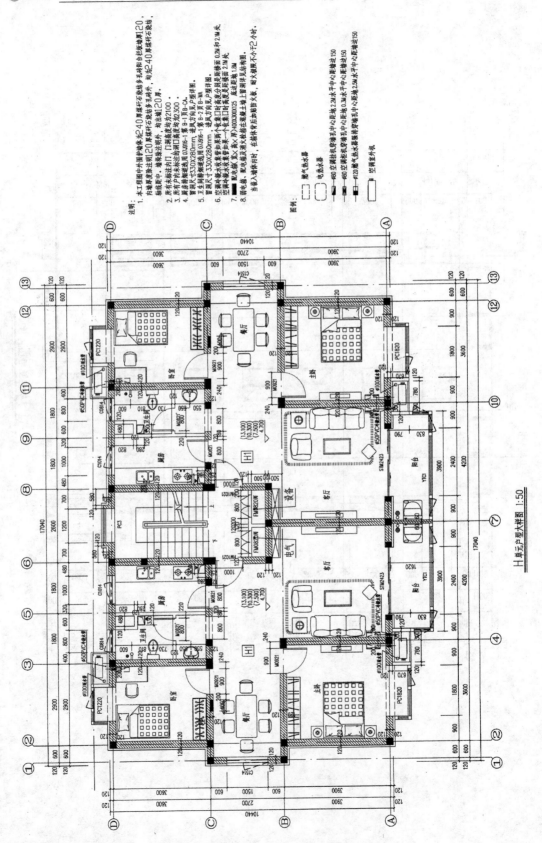

H单元户型大样图 1:50

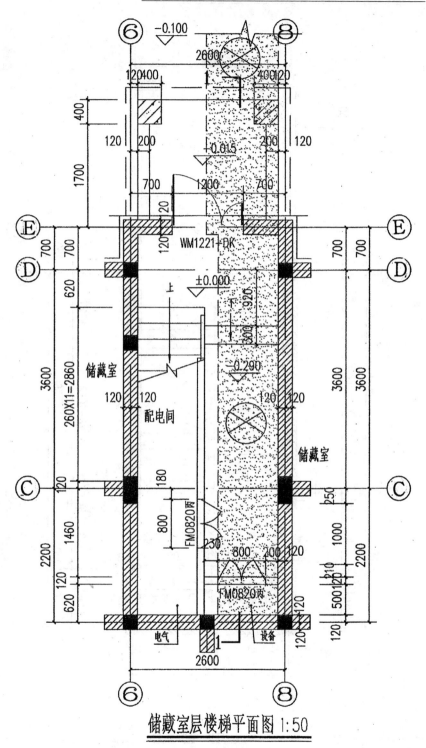

储藏室层楼梯平面图 1:50

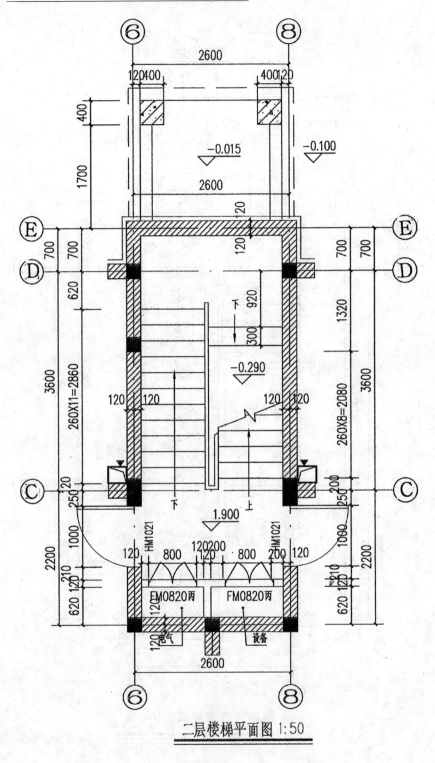

二层楼梯平面图 1:50

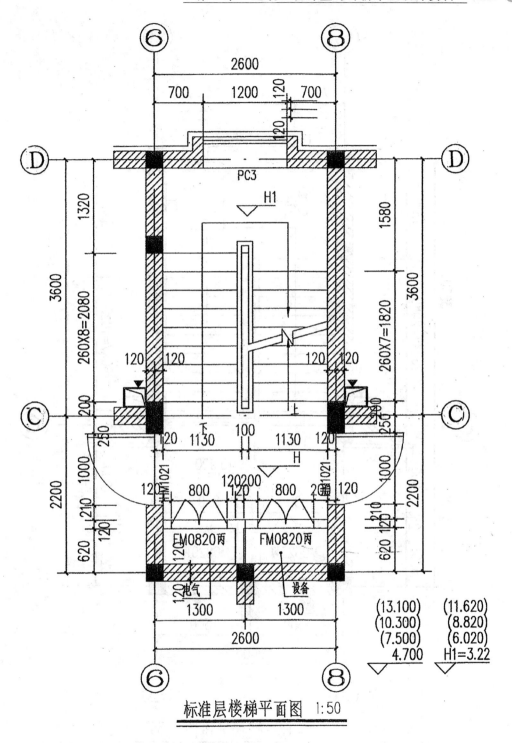

标准层楼梯平面图　1:50

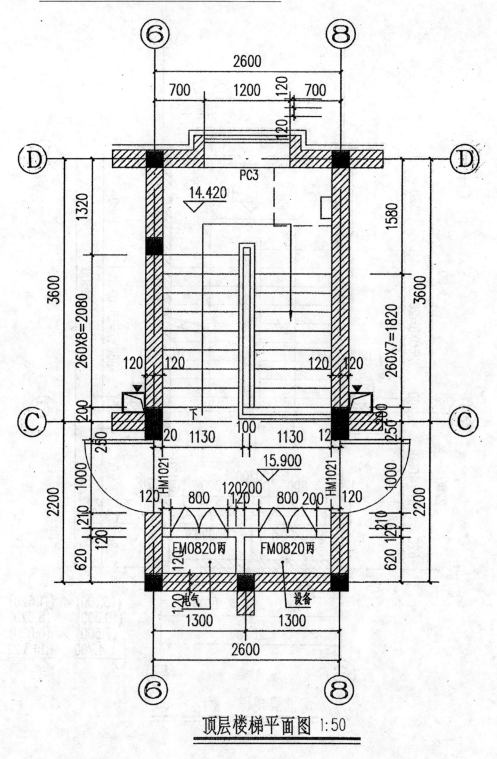

顶层楼梯平面图 1:50

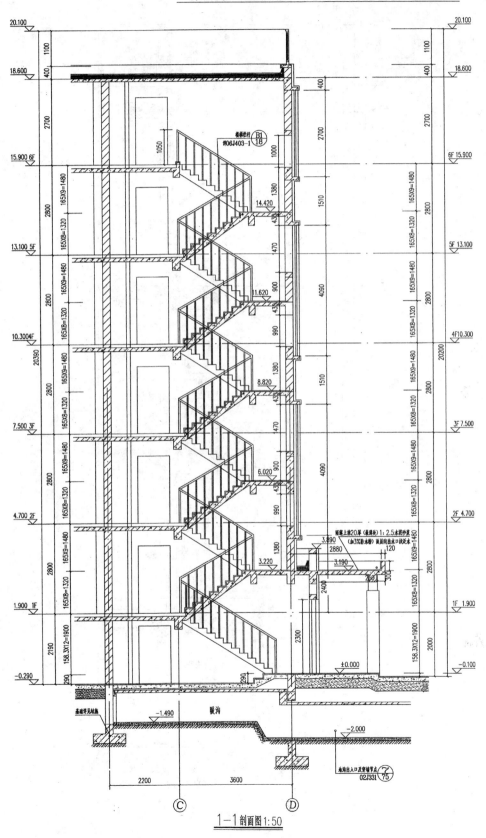

1—1 剖面图 1:50

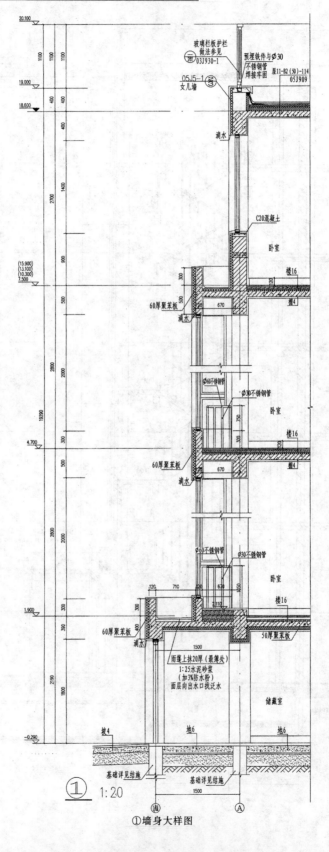

① 墙身大样图

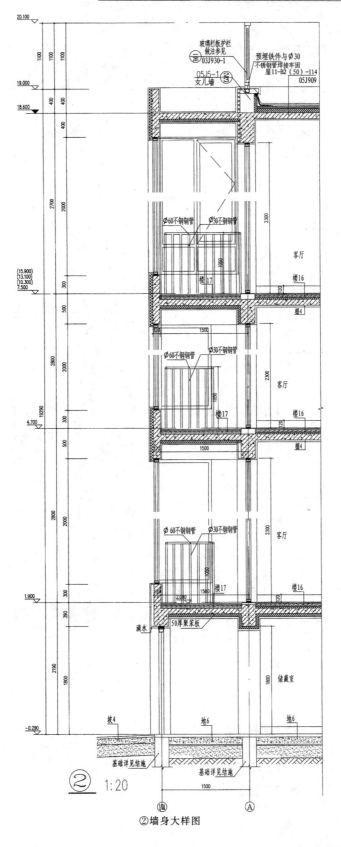

②墙身大样图

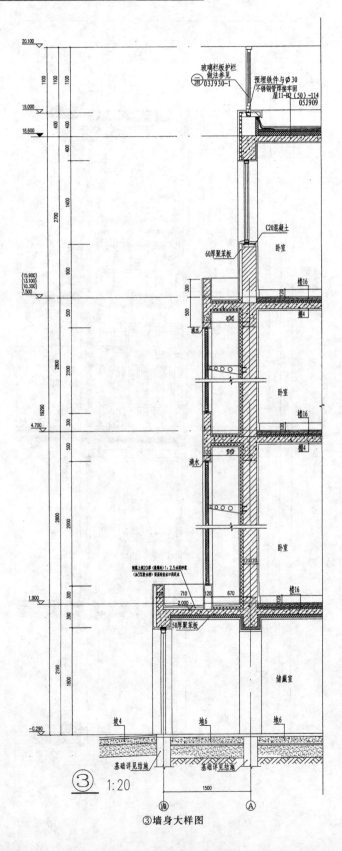

③墙身大样图

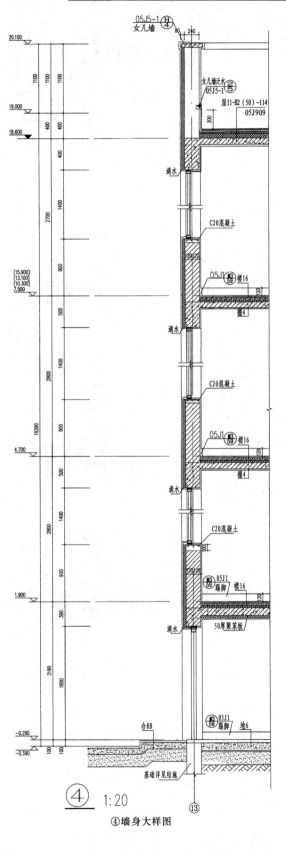

④ 1:20

④墙身大样图

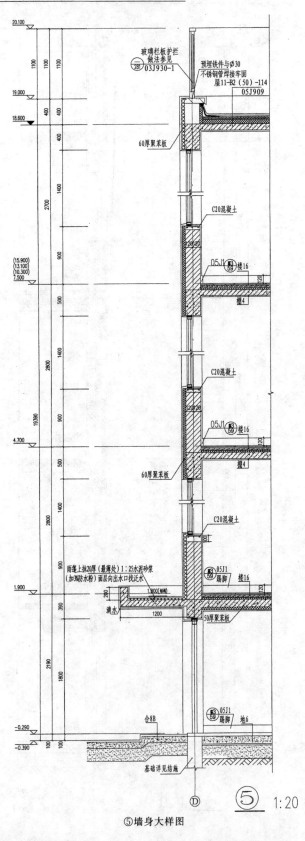

⑤墙身大样图

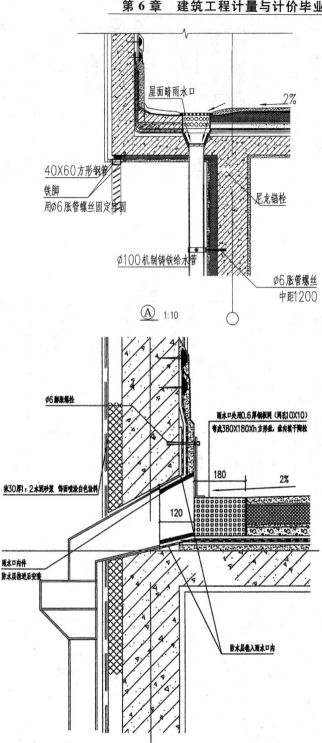

40X60方形钢管
铁脚
用Ø6胀管螺丝固定牢固
屋面暗雨水口
2%
尼龙锚栓
Ø100机制铸铁给水管
Ø6胀管螺丝
中距1200

Ⓐ　1:10

Ø6膨胀螺栓
雨水口处用0.6厚钢板两（网孔10X10）
专成380X180Xh方形盒，盒内装干陶粒
抹30厚1:2水泥砂浆 饰面喷涂白色涂料
180
2%
120
雨水口内件
防水层抛进后安装
防水层卷入雨水口内

Ⓑ　1:10

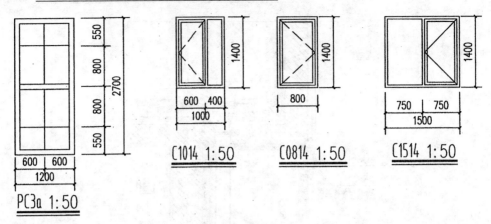

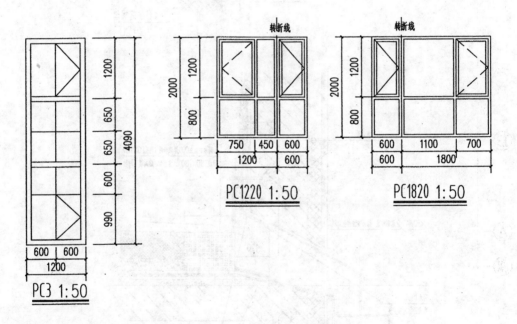

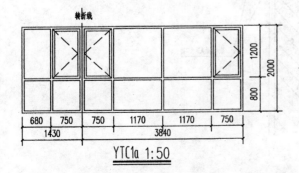

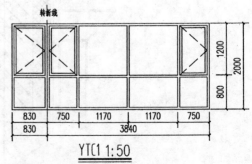

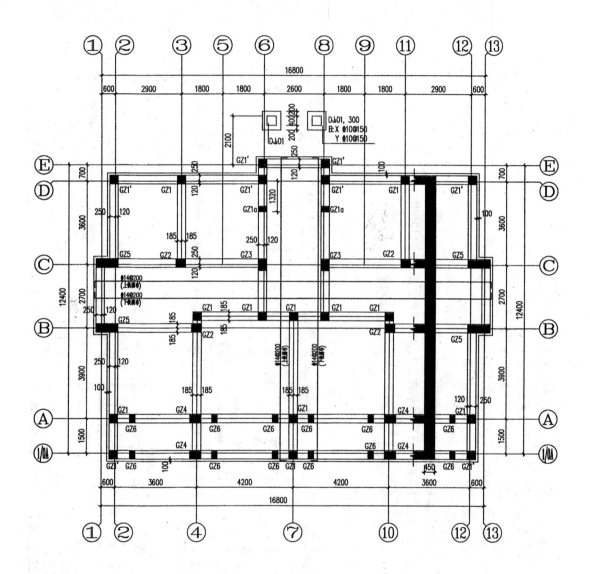

A10筏板配筋图　1:100

注：1. 基础垫板厚450，下设100厚C15素混凝土垫层。
 2. 除基坑及注明外，基础底板底标高为-4.800m。
 3. 设备与电气管线在施工时应给合其他专业图纸预埋钢套管。
 4. 基础筏板构造措施及施工执行图集04G101-3。
 5. 独立基础基底标高为：-3.000m。
 6. 筏板做04G101-3平法图集施工。筏板边缘端部无外伸构造见04G101-3平法图集第47页；端部等截面外伸构造见该图集第47页，其封边构造见该图集第43页纵筋交错封边方式，其侧面构造纵筋为Φ12@200。独立基础做04G101-6平法图集施工。
 7. 钢筋锚固长度、搭接长度，保护层厚度见图集(04G101-3)第25~27页。

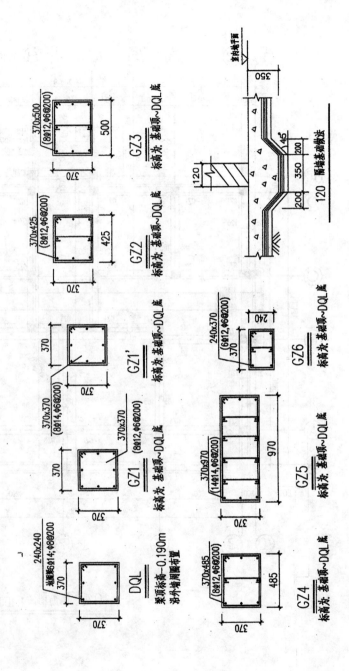

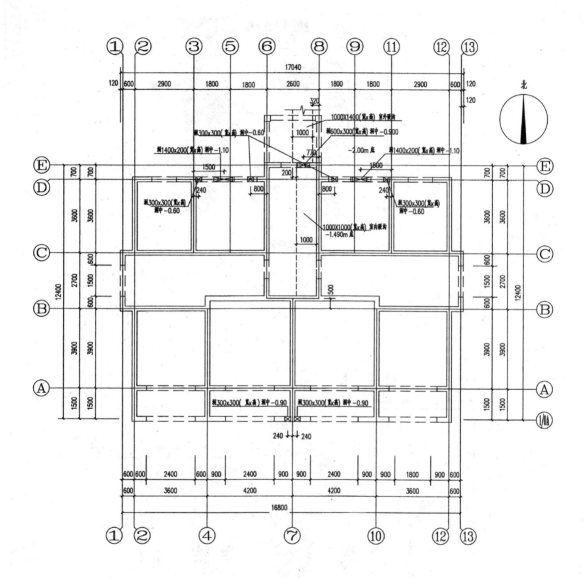

A10水暖留洞图   1:100

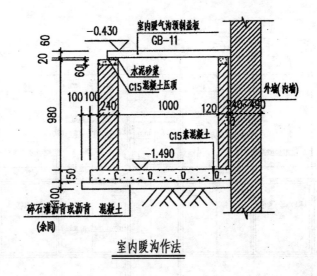

室内暖沟作法

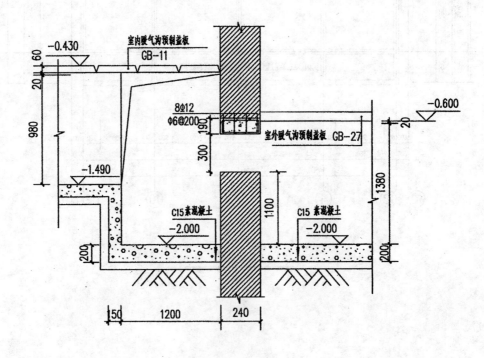

暖沟入口作法

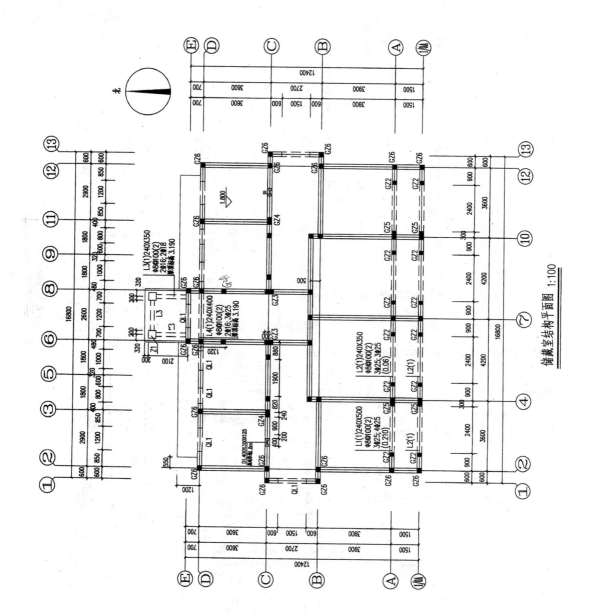

储藏室结构平面图 1:100

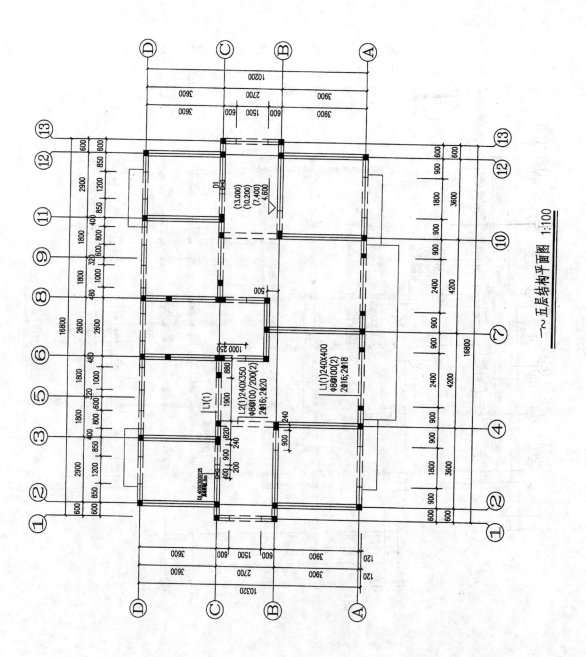

一~五层结构平面图 1:100

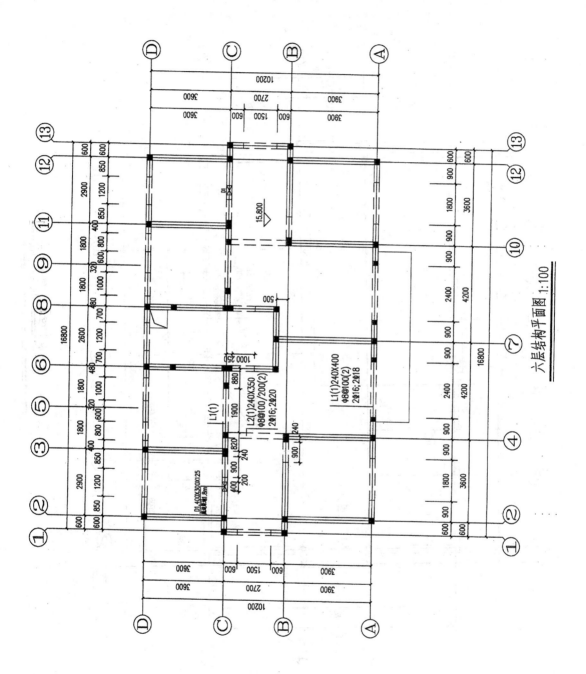

六层结构平面图 1:100

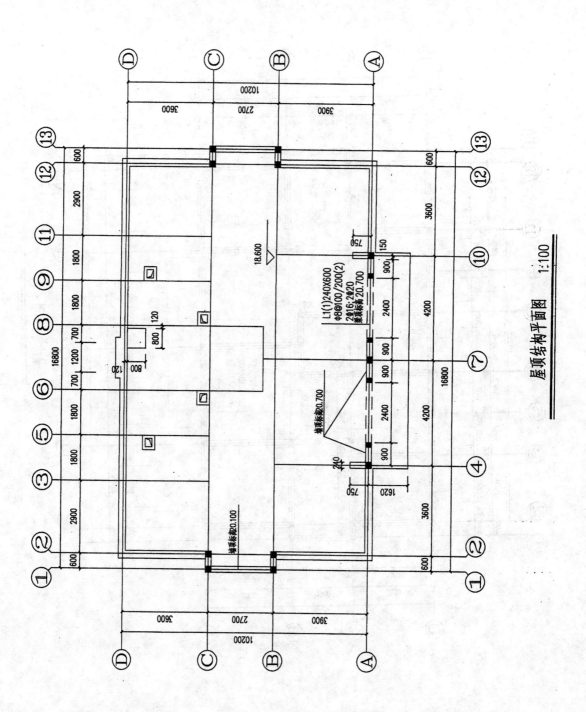

屋顶结构平面图　1:100

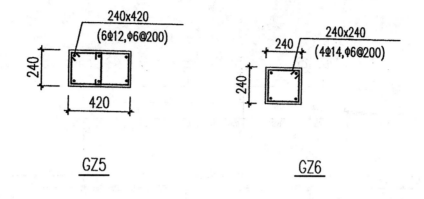

GZ5　　　　　　GZ6

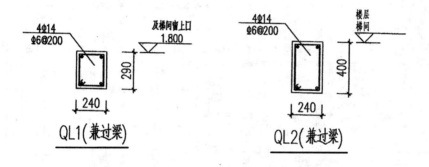

QL1(兼过梁)　　　QL2(兼过梁)

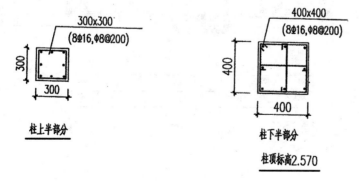

柱上半部分　　　柱下半部分

柱顶标高2.570

Z1详图

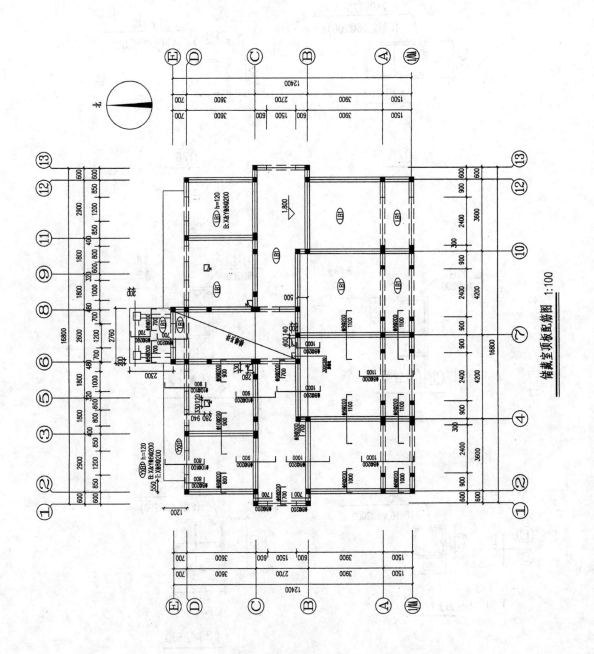

储藏室顶板配筋图　1:100

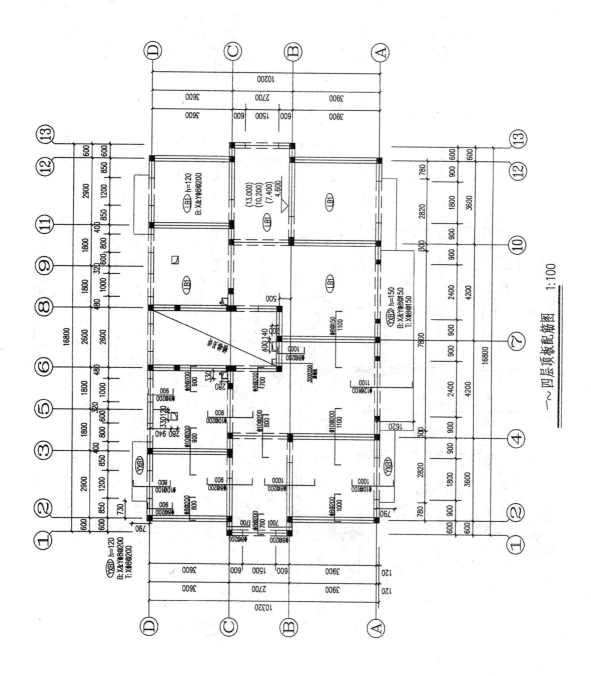

一~四层顶板配筋图 1:100

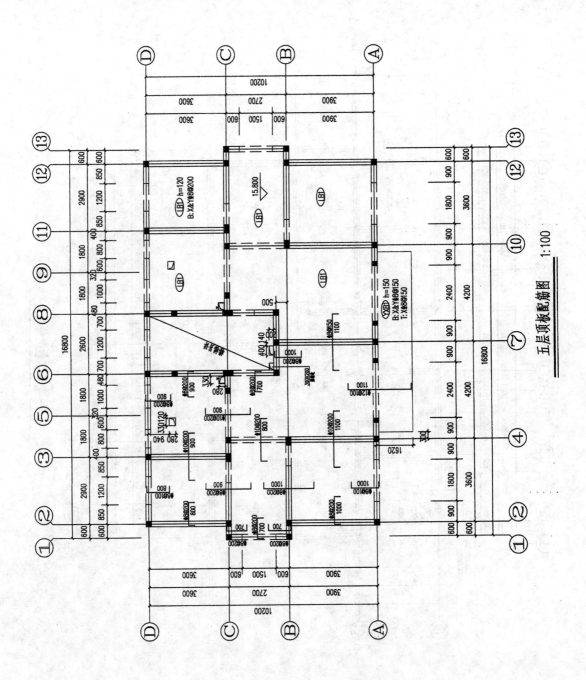

五层顶板配筋图   1:100

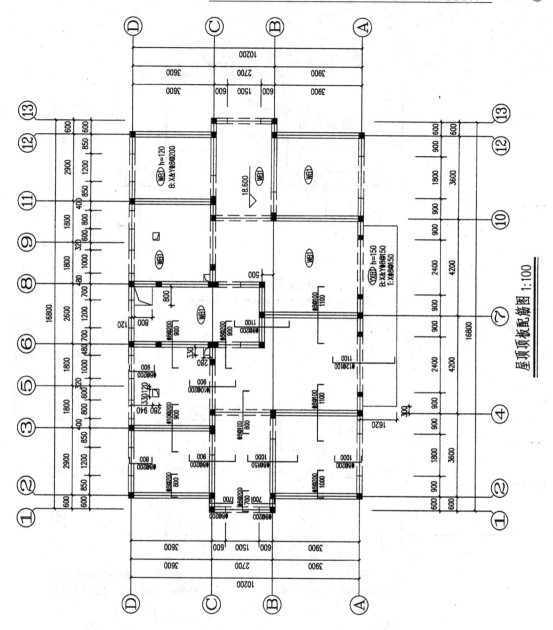

屋顶顶板配筋图 1:100

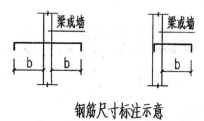

钢筋尺寸标注示意

注：b 为现浇板图中支座钢筋标注长度

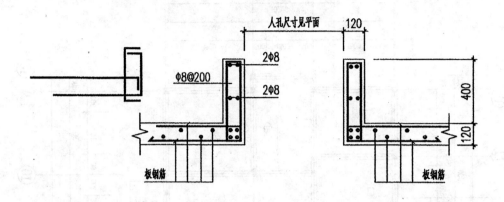

人孔出屋面详图

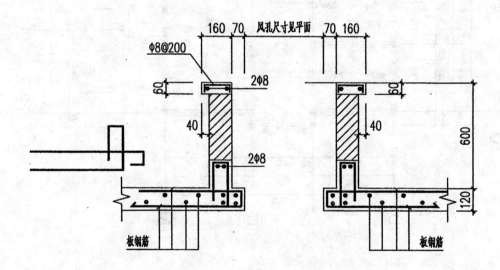

暖通专业留洞出屋面详图

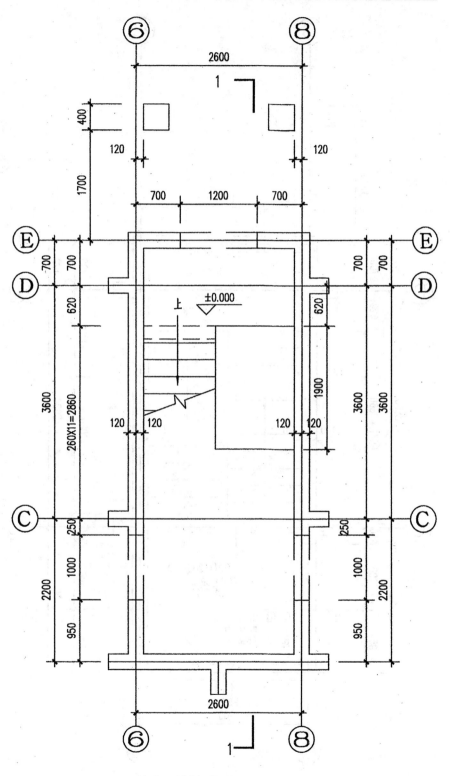

储藏室楼梯平面图 1:50

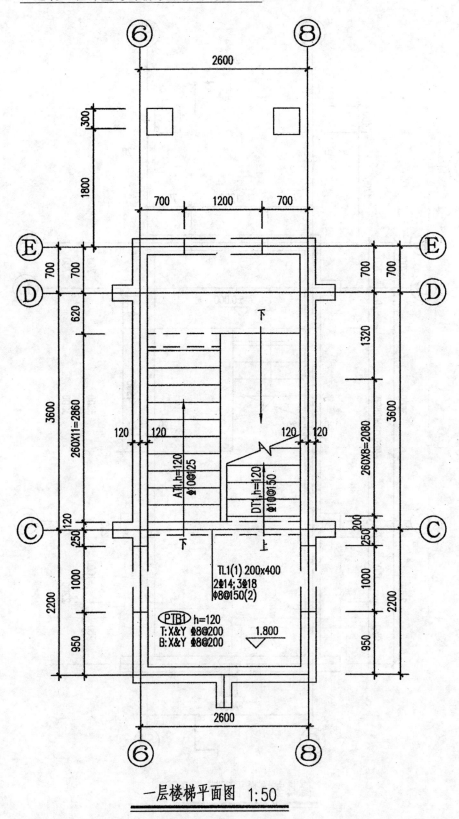

一层楼梯平面图 1:50

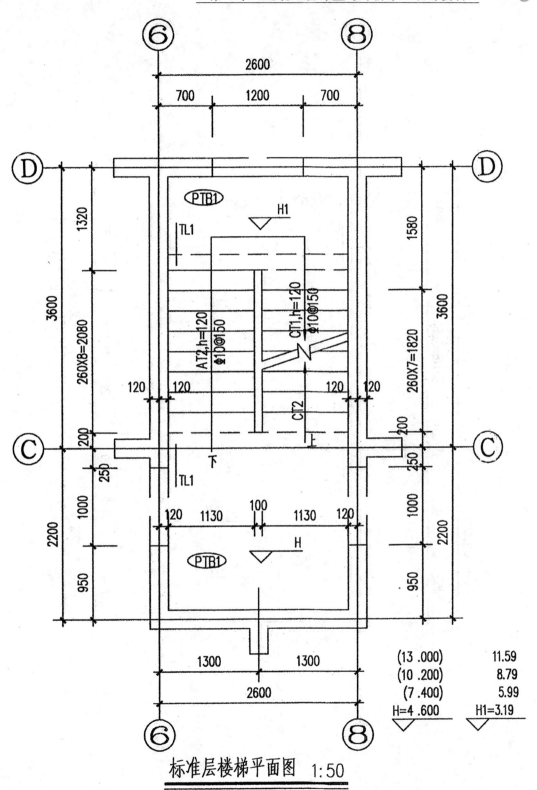

标准层楼梯平面图　1:50

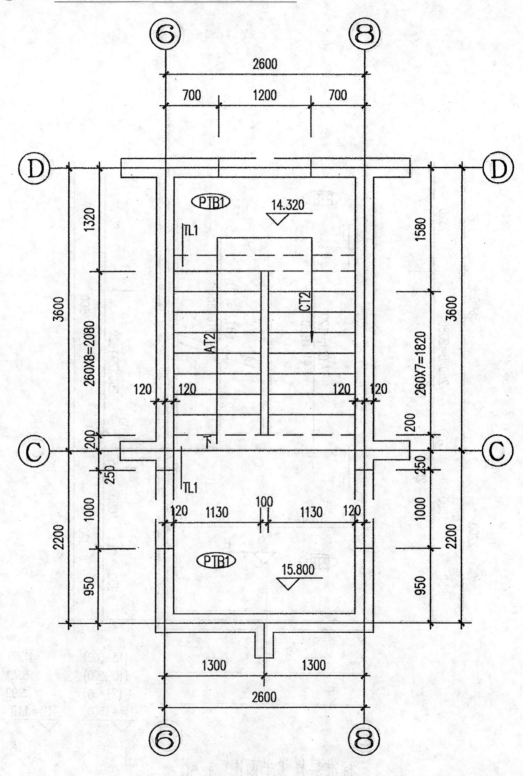

顶层楼梯平面图 1:50

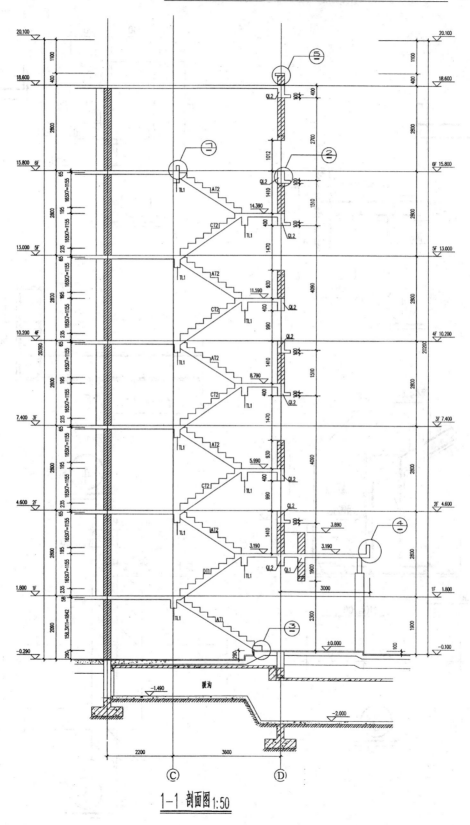

1-1 剖面图1:50

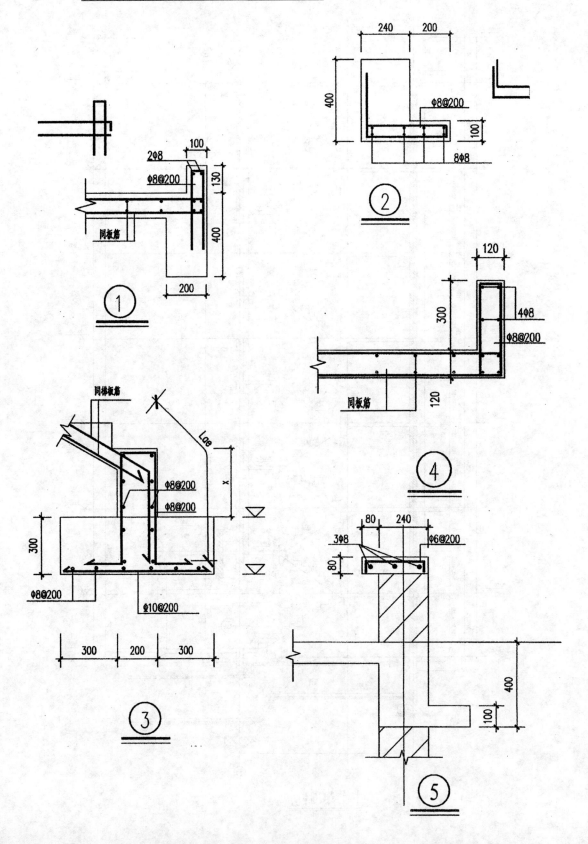

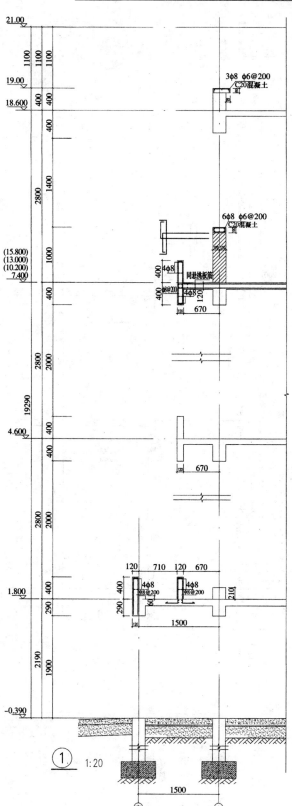

① 1:20

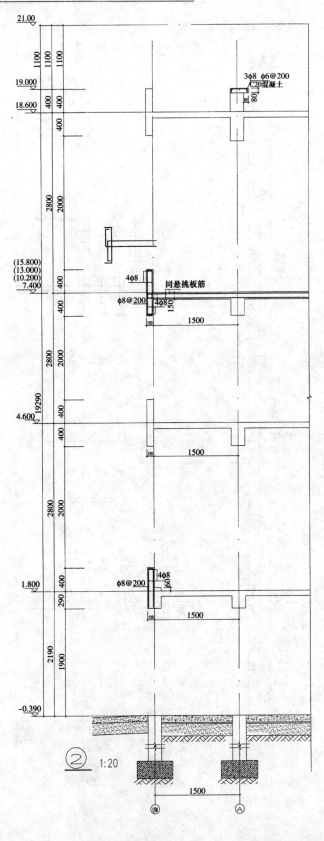

② 1:20

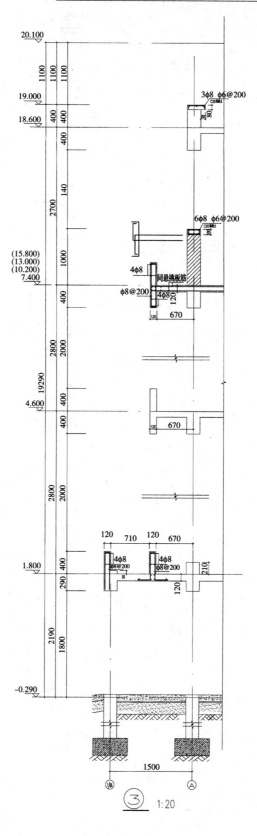

③　1:20

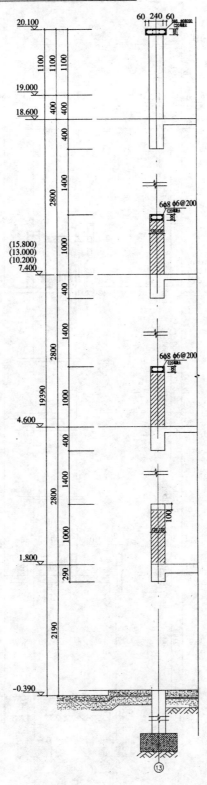

④ 1:20

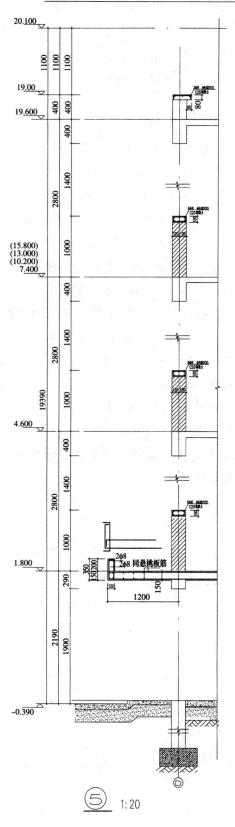

⑤　1:20

参 考 文 献

[1] 黄伟典.工程定额原理.北京:中国电力出版社,2013

[2] 黄伟典.建筑工程计量与计价(第二版).北京:中国电力出版社,2013

[3] 黄伟典,尚文勇.建筑工程计量与计价(第二版).大连:大连理工大学出版社,2014

[4] 黄伟典,张玉敏.建筑工程计量与计价.大连:大连理工大学出版社,2014

[5] 黄伟典.装饰工程估价.北京:中国电力出版社,2011

[6] 黄伟典.建设工程工程量清单计价实务.北京:中国建筑工业出版社,2013

[7] 黄伟典.建设项目全寿命周期造价管理.北京:中国电力出版社,2014

[8] 黄伟典.建筑工程计量与计价实训指导.北京:中国电力出版社,2012

[9] 黄伟典.建筑面积计算规范应用图解.北京:中国建筑工业出版社,2014

[10] 中华人民共和国住房和城乡建设部.《建设工程工程量清单计价规范》GB 50500—
     2013.北京:中国计划出版社,2013

[11] 中华人民共和国住房和城乡建设部.《房屋建筑与装饰工程工程量计算规范》GB 50854
     —2013.北京:中国计划出版社,2013

[12] 中华人民共和国住房和城乡建设部.《建筑工程建筑面积计算规范》GB/T 50353—
     2013.北京:中国计划出版社,2014